DÉCRYPTÉ

Diamant Salihu

DÉCRYPTÉ

Traduction : Elodie Coello

DARK SIDE

Édition originale publiée en 2023,
sous le titre **När ingen lyssnar** par Mondial, en Suède.
Cette édition est publiée avec l'accord de Mondial,
avec l'aide de l'agence littéraire Marotte et compagnie en France.

Imprint, DARK SIDE
58, rue Jean Bleuzen – 92178 Vanves Cedex
www.hachette-pratique.com

Direction Hachette Pratique : Catherine Saunier-Talec
Direction éditoriale : Stéphane Rosa
Responsable de projets : Mélanie Jean
Traduction : Elodie Coello
Responsable artistique : Carla Dalvy
Concept de couverture : Miroslav Sokčič
Mise en pages : Nord compo
Préparation de copie : Iris Dion
Relecture : Anne Le Tilly
Fabrication : Grégory Morin
Responsable partenariats : Dana Lichiardopol (dlichiardopol@hachette-livre.fr)

« Quand tu suis la drogue,
elle t'amène à des dealers et des camés.
Mais quand tu suis la thune,
tu sais jamais où tu vas tomber. »

Lester Freamon, *The Wire*

SOMMAIRE

PERSONNAGES

PARTIE 1
LA BOÎTE DE PANDORE
FÉVRIER 2020 – AVRIL 2020

PARTIE 2
LA CHAÎNE
MARS 2020

PARTIE 3
JOUR J
MAI 2020 – JUIN 2020

PARTIE 4
FOXTROT
MARS 2020 – AOÛT 2020

PARTIE 5
HONEYPOT
SEPTEMBRE 2020 – JUIN 2021

PARTIE 6
CHASSE AU RENARD
SEPTEMBRE 2021 – DÉCEMBRE 2022

PARTIE 7
QUAND PERSONNE N'ÉCOUTE
JANVIER 2023 – MARS 2023

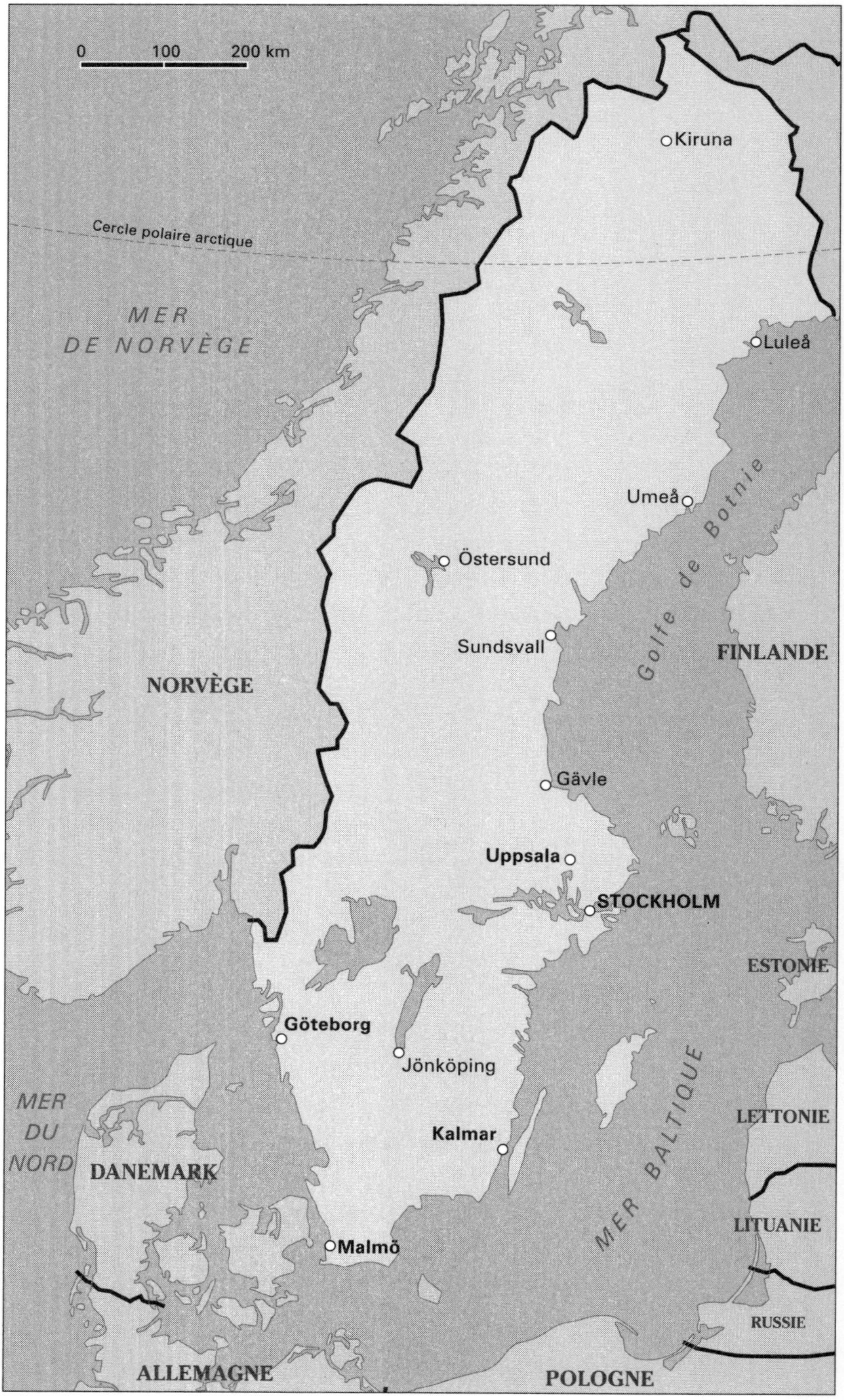

0
100
200 km
Kiruna
Cercle polaire arctique
MER
DE NORVÈGE
Luleå
Umeå
Golfe de Botnie
Östersund
Sundsvall
FINLANDE
NORVÈGE
Gävle
Uppsala
STOCKHOLM
ESTONIE
Göteborg
Jönköping
MER
DU
NORD
DANEMARK
Kalmar
MER BALTIQUE
LETTONIE
LITUANIE
Malmö
RUSSIE
ALLEMAGNE
POLOGNE

PERSONNAGES

Policiers, juristes

Putte. Agent de renseignements de l'unité opérationnelle de la police suédoise (la « NOA » en suédois) et agent d'Europol lors des opérations liées aux chats cryptés.

Cattis. Chef des renseignements de la NOA.

Emil Eisersjö. Chef opérationnel de la cellule renseignements de la NOA lors des opérations liées aux chats cryptés.

Linda H Staaf. Directrice des renseignements de la NOA lors des opérations liées aux chats cryptés.

Solveig Wollstad. Représentante de la Suède à l'unité de coopération judiciaire de l'Union européenne, Eurojust, lors des opérations liées aux chats cryptés.

Lise Tamm. Procureure générale de l'unité nationale de lutte contre la criminalité internationale et organisée (la « RIO » en suédois) lorsque la Suède obtient l'accès aux chats cryptés.

Henrik Söderman. Substitut du procureur à la RIO et contact privilégié de la NOA dans le cadre des opérations liées aux chats cryptés.

Ted Esplund. Chef de section de la cellule renseignements de la région Bergslagen. Puis chef de projet national lors des opérations liées aux chats cryptés.

Stefan Olofsson. Chef d'intervention policière de la région Sud[1] lors de l'opération *Rimfrost*.

---

1. En Suède, la police se répartit la gestion de tout le territoire en sept « régions » de police. Malmö est le chef-lieu de la région Sud, elle-même scindée en cinq « secteurs » de police.

Erik Åberg. Adjoint au commissaire de police de la région Sud.

Patrik Andersson. Chef de section au service de renseignements de la région Sud, et l'un des rares à être rapidement tenu informé de l'affaire EncroChat.

Richard. Agent de surveillance de la région Sud.

Équipe Foxtrot :

– **Jacob.** Chef d'unité contre les crimes graves dans le secteur de Stockholm Nord. Directeur d'enquête sur la tentative d'homicide de Viksjö et dans la traque du Renard et de son réseau.

– **Denny.** Responsable d'équipe de surveillance au commissariat de Järva.

– **Erik.** Agent de surveillance et collègue de Denny.

– **Thorbjörn.** Policier d'intervention, puis enquêteur dans la traque du Renard et de son réseau.

– **Niklas.** Policier d'intervention, puis enquêteur dans la traque du Renard et de son réseau.

Stefan Reimer. Conseiller de justice à la Cour suprême.

Patrik Zanders. Directeur d'enquête dans l'affaire du cousin du Renard, Shad. Travaille ensuite à la NOA sur les chats cryptés.

Vera. Agent de liaison de la NOA pour Europol lors du piratage d'EncroChat. A coordonné l'opération *Trojan Shield* avec le FBI.

Lisa dos Santos. Procureure dans l'affaire du meurtre du pont d'Årsta impliquant Abdul, Toj et Kevin.

Marie Lind Thomsen. Vice-procureure de la RIO lors des opérations liées aux chats cryptés.

Thomas Olsson. Avocat critiquant l'utilisation des chats cryptés comme preuves et la manière dont ces chats sont arrivés entre les mains de la police suédoise.

Martina. Policière, initialement à Rinkeby, puis à Norrköping.

Christoffer Bohman. Coordinateur d'équipe travaillant sur les chats cryptés dans le secteur de Stockholm Nord à l'automne 2021.

Anders Rissel. Commissaire du secteur de police de la région Nord.

Lisa Granqvist. Chef de section contre les crimes graves dans la région Nord.

Magnus Sjöberg. Directeur du conseil des stratégies tactiques de la NOA.

Helena Ljunggren. Substitut du procureur de la RIO à Malmö.

Malmö (province de Scanie)

Le Boxeur. Criminel de haut rang à Malmö, de son vrai nom Amir Mekky. Identifié par la police sous l'alias Airwalnut sur EncroChat et considéré comme le chef du gang Los Suecos.

Salle. Criminel de la région de Scanie, fidèle au Boxeur et donc ennemi de Danni. Rencontre Danni à l'hôtel d'Ängelholm.

Danni Jude. Criminel de haut rang à Malmö et ennemi du Boxeur depuis l'enlèvement de son demi-frère en 2018. Identifié par la police sous l'alias Waterbee sur EncroChat. Rencontre son rival Salle à l'hôtel d'Ängelholm.

Niff. Trempe dans le milieu du crime organisé à Malmö. Allié de Danni et identifié par la police sous l'alias Stiffherb sur EncroChat. En couple avec Karolin Hakim.

Karolin Hakim. Interne en médecine, assassinée en 2019, compagne de Niff.

Sadking. Criminel de Malmö. Fidèle à Danni et en lien avec Ftpftp au sein du réseau de Jakobsberg, à Stockholm.

Yougo. Jeune homme de Malmö qui met en relation les personnes en mesure de commettre des crimes. Associé à l'alias Valuedox sur EncroChat.

Kitekiller. Alias sur EncroChat d'un jeune homme payé pour commettre des crimes. Impliqué dans le complot visant Salle à l'hôtel d'Ängelholm.

Haraketamal. Alias sur EncroChat d'un criminel de la région de Scanie. Fidèle à Danni, participe au complot visant Salle.

Région de Stockholm

Maykil Yokhanna. Originaire de Vårby, supposé chef de gang. En conflit depuis de nombreuses années avec le réseau de Vårby.

Chihab Lamouri. Chef du réseau de Vårby et ennemi de Maykil. Identifié par la police sous l'alias Mujaheed sur EncroChat.

Le Capitaine. L'un des « capitaines » de Lamouri au sein du réseau de Vårby. Impliqué dans le complot visant Maykil.

Einár. Artiste rappeur, fut enlevé, séquestré et battu par des membres du réseau de Dalen. Assassiné en 2021.

La chaîne :

– **Donvar.** Trafiquant de drogue à Stockholm.

– **Sara.** Jeune femme d'une vingtaine d'années, revend de la drogue à Stockholm.

– **Maja.** Assistante sociale et consommatrice de drogue en soirée depuis plusieurs années.

Ftpftp. Alias sur EncroChat d'un criminel planifiant la tentative d'homicide de Viksjö. Lié au réseau de Jakobsberg et en contact avec Sadking.

Rolexmannen. Alias sur EncroChat d'un criminel planifiant la tentative d'homicide de Viksjö.

Jeune de 16 ans. Jeune de Rinkeby qui commet la tentative d'homicide de Viksjö. Il semblerait que le lien soit fait au sein de la Patrouille de la Mort par une personne plus âgée.

Le Poisson. Impliqué dans le complot à Viksjö. Lié à la Headshotligan.

Peter. Victime de la tentative d'homicide de l'arrêt de bus de Viksjö.

Le Changeur. Tient le bureau de change World Exchange à Södermalm. Associé à l'alias Muteherder sur EncroChat.

Shad. Cousin du Renard, proche de la Patrouille de la Mort et considéré par la police comme une personne influente dans la Headshotligan. Assassiné en 2018.

Le Masque. Considéré comme un loup solitaire avide de vengeance, accusé d'être responsable du meurtre de Shad, le cousin du Renard.

Ekrem Güngör. Ancien avocat, surnommé « le Roi », lié à l'alias Literalbeetle sur EncroChat.

Amir Amdouni. Ancien avocat, surnommé « le Prince », également lié à l'alias Literalbeetle sur EncroChat.

Chef de la Patrouille de la Mort. Originaire des environs de Järva, purge une longue peine dans la prison de Kumla. Accusé d'être impliqué dans le complot visant le Masque.

Leopardmaster. Alias sur EncroChat d'un homme de la région de Järva, qui aurait collecté des fonds et participé à l'assassinat du Masque.

Berno Khouri. Chef du réseau de Södertälje condamné à perpétuité, accusé d'avoir participé au complot visant le Masque.

Soupçonnés d'être en lien avec le réseau du Renard :

– **Le Renard.** Chef d'un vaste réseau de drogue, connu sous le pseudo de Foxkurdish. Il a 36 ans et son vrai nom est Rawa Majid. La police l'associe aux alias Foxkurdish, Foxplanet et Animal sur EncroChat.

– **Albin.** Coursier travaillant pour le Renard et arrêté à l'*Elite Hotel* en avril 2020. La police l'associe à l'alias Buckradio sur EncroChat.

– **Roger.** Homme d'affaires d'Ekerö, travaille comme coursier pour le Renard en livrant de la drogue avec Mesut à Sollentuna.

– **Mesut.** À Sollentuna, livre de la drogue avec Roger.

– **Wilhelm.** À Åkersberga, travaille comme coursier pour le Renard, livre des marchandises dans la zone industrielle de Vallentuna.

– **La mère du Renard.** Mère du Renard, habite à Uppsala.

– **Le père du Renard.** Père du Renard et frère de la mère de Shad.

– **Hasse.** Ami de la famille du Renard. Auparavant en couple avec la mère du Renard.

– **Le retraité.** Aide bénévolement à la gestion du kiosque à glaces de la famille du Renard à Uppsala.

– **Darthvvader.** Alias sur EncroChat associé à une personne haut placée dans la hiérarchie du Renard.

– **L'entraîneur sportif.** Soupçonné d'être le chargé de logistique du Renard en Suède, gérant les cargaisons de drogue à destination des entrepôts via des mules.

– **Rodrigo.** Stockeur travaillant pour le Renard. Cache la drogue dans des chambres d'hôtel du centre de Stockholm et se rend à Märsta en taxi.

– **Jerker.** Important trafiquant de drogue, livre à Märsta.

– **Oliver.** À Årsta, travaille comme coursier pour le Renard et livre près de la gare de Bro.

– **Teemu.** Citoyen finlandais et figure de proue d'un réseau criminel en Finlande.

– **Lars.** Donne des directives à Oliver. Utilise l'alias SAS sur EncroChat.

– **Le Forgeron.** Père de famille du sud de Stockholm faisant affaire avec le Renard.

– **Robin.** Entrepreneur du bâtiment et ancien légionnaire étranger. Achète de la drogue à Rivkin et fait affaire avec le Forgeron.

– **Kent.** Ouvrier du bâtiment et coursier pour Robin. Se fournit auprès d'Oliver à Bro.

Efficientbonsai. Alias sur EncroChat associé au chef du réseau de Dalen. Condamné pour avoir été le cerveau ayant fomenté l'enlèvement d'Einár.

Abdul Haleem. Chef d'un réseau criminel dans le sud de Stockholm. Ancien ami de Sascha.

Sascha Viklund. Ancien ami d'Abdul. A un long passif de criminel, est poursuivi par Abdul.

Kevin. Jeune homme du sud de Stockholm, associé au réseau d'Abdul.

Toj. Ancien ami de Sascha.

Shayan Gaff. Jeune de 22 ans, étudie pour entrer dans l'enseignement. La police soupçonne qu'il a été tué par erreur pour sa ressemblance avec Gee, ennemi du réseau de Vårby.

Gee. Trempe dans le milieu du crime organisé. D'après la police, en conflit avec le réseau de Vårby et celui d'Abdul Haleem.

Carina. Mère de Sascha.

Orhan. Soupçonné du meurtre d'Adriana. Se cache en Turquie pour éviter les poursuites.

Susanne Yakes. Mère d'Adriana.

Dumle. Proche du cercle de la Patrouille de la Mort. Soupçonné de complicité pour le meurtre d'Einár.

Le Grec. Figure d'autorité au sein du réseau de Dalen. En guerre ouverte contre le Renard depuis début 2023, se cache à l'étranger.

Autres régions de Suède

Homme de 47 ans. À la tête du gang No Surrender. Jadis ami de Hamid, devenu son ennemi.

Hamid. Chef du cartel d'Örebro.

Jappis. Alias sur EncroChat du chef d'un groupe d'assassins opérant dans toute la Suède.

Ako. Occupe un poste de haut rang chez No Surrender. Abattu devant son domicile à Örebro.

Silverear. Alias sur EncroChat enregistré à la même adresse que Jappis et faisant partie du même réseau.

Rebecca. Coursier, a une vingtaine d'années, livre de la drogue et vit à Stockholm. Elle rend notamment visite au Changeur. Elle récupère une grande quantité de cocaïne auprès du Hockeyeur.

Le Hockeyeur. Stockeur à Göteborg, remet ses livraisons à Rebecca.

Le Chef. Commanditaire du Hockeyeur, a autrefois fréquenté le milieu du crime organisé à Biskopsgården.

Le Norvégien. Narcotrafiquant de Norvège, qui entretient des liens étroits avec le Hockeyeur.

Maximilian Rivkin. À Malmö, « influenceur criminel » utilisé sans qu'il le sache par le FBI pour diffuser Anom, un service chiffré utilisé par les criminels. Associé à l'alias Microsoft sur Anom.

Rikard. Homme d'une cinquantaine d'années autrefois condamné. Gère un laboratoire d'amphétamines avec Rivkin et vend de la drogue sur le site Flugsvamp.

Piotr. Coursier et ouvrier au labo d'amphétamines, travaille pour Rikard et Rivkin.

Lennart. Coursier pour Rikard et Rivkin.

Un habitant de Göteborg. A 33 ans, figure d'autorité au sein du réseau Bergsjön, quartier de Göteborg. Gérant d'un spa. Fait passer du haschich dans des plaques de marbre.

Un artisan plombier. À Kungälv, repéré pour avoir été le destinataire des plaques de marbre chargées de haschich.

Homme de Kinna. Homme d'affaires réceptionnant le haschich qui lui est destiné dans des plaques de marbre.

À l'étranger

Alexandre. Procureur français à la tête de l'opération visant EncroChat.

Hanski. Policier finlandais à Europol qui insiste pour que la police suédoise participe à l'opération visant EncroChat.

L'Ange de la Mort. Surnom de Ridouan Taghi, chef de la mafia maroco-néerlandaise. Considéré comme contrôlant une grande partie du marché de la cocaïne en Europe. Il aurait collaboré avec le Boxeur.

Hakan Ayik. Trafiquant de drogue turco-australien et « influenceur criminel » sur Anom via le FBI.

PERSONNAGES

Ali. Employé des parcs municipaux en Turquie, trouve un sac rempli de billets appartenant au Renard.

Timur Soykan. Journaliste turc primé.

— NOA : unité opérationnelle de la police suédoise.

— RIO : unité nationale de lutte contre la criminalité internationale et organisée.

PROLOGUE

— T'es tout seul ?

— Oui, réponds-je.

Il jette un rapide coup d'œil dans la cage d'escalier avant de me laisser entrer dans l'appartement, d'où émane un doux parfum familier. Quand on a senti l'odeur de la beuh une fois, on la reconnaît entre mille. Il dit qu'il fume pour se détendre, parce qu'il a constamment la bougeotte. Il pense être atteint du TDAH, un autodiagnostic établi après quelques recherches sur Internet.

— Entre, m'invite-t-il, puis il regarde son chien qui court sur le tapis où traînent des restes de tabac.

Ce chien, il l'a acheté avec sa copine avant qu'elle ne mette les voiles. Devant la fenêtre, des rideaux violets font office de brise-vue.

— Alors comme ça, t'écris sur Encro ? demande-t-il sans me regarder.

Tout en parlant, il entrouvre la fenêtre, s'assied et allume une cigarette. Il prend une longue bouffée qu'il recrache dehors par l'interstice.

Si je suis là, c'est parce qu'il a été condamné plusieurs fois, notamment pour détention illégale d'arme à feu. Il a aussi importé de la drogue en Suède par le sud, une fois, mais il ne s'est pas fait pincer ce jour-là, m'explique-t-il.

À l'époque, EncroChat était la messagerie chiffrée la plus réputée dans le milieu. Saisie après saisie, les policiers ont retrouvé des EncroPhones dans toute l'Europe. On les vendait comme une solution sûre qui « garantissait l'anonymat ».

— Je m'en servais pour faire passer de la drogue, me raconte le jeune homme dans son appartement de banlieue du sud de la Suède.

Il a acheté son téléphone chiffré pour treize mille couronnes suédoises[1] à un copain qui s'en était procuré tout un lot auprès d'une connaissance aux Pays-Bas. On en trouvait aussi dans les points phone.

Il suffisait d'avoir les bons contacts.

— Ces mecs-là, ils te déverrouillent n'importe quelle machine.

La plupart des utilisateurs d'EncroChat étaient confiants, convaincus que la police n'avait pas accès au contenu de la messagerie.

— C'est pour ça que les trafics de drogue, les plans de meurtre, tous les trucs illégaux, on en parlait ouvertement dans les chats.

Mais lui, il restait prudent malgré le cryptage des données. D'autres s'envoyaient des photos de fringues de marque, de montres, de bijoux et de billets d'avion, ils se prenaient en selfie avec leurs armes, avec de l'argent ou de la drogue. Il en rêvait, de ce genre de vie, mais ça a commencé à le faire réfléchir, raconte-t-il en montrant les cicatrices qui auraient pu lui coûter la vie. Quant à savoir comment il s'en sort aujourd'hui, il élude la question. Il a de l'argent de côté, se contente-t-il de répondre avant de changer de sujet pour en revenir à ce qui m'amène.

— Je me rappelle comment c'était avant EncroChat, dit-il en faisant les cent pas dans l'appartement comme s'il cherchait vainement quelque chose.

Il ajuste les coussins du canapé, remplit la gamelle du chien.

— Et comment c'était, avant EncroChat ? me risqué-je.

— C'était moins facile de tuer des gens.

---

1. N.d.T. : 1 euro étant équivalent à 11,7 couronnes suédoises (SEK), on peut enlever un zéro aux couronnes pour se donner un ordre d'idée. Ici, treize mille couronnes font à peu près mille trois cents euros.

PARTIE 1

LA BOÎTE DE PANDORE
FÉVRIER 2020 – AVRIL 2020

1

Dans une maison de campagne française, à quelques kilomètres de la Manche, le procureur Alexandre attend à son bureau. Devant lui, son ordinateur est allumé. La lumière bleue vacillante de l'écran se reflète dans ses yeux braqués sur son téléphone. Il attend un message, qui doit arriver d'une minute à l'autre.

Alexandre est fatigué. Ces derniers temps, il croule sous le travail. Le crime organisé se déploie au-delà des frontières et s'adapte vite au monde numérique. Et en plus de tout cela, on lui rajoute cette affaire de messages chiffrés. C'est dans ces chats que s'organisent les meurtres, les règlements de comptes et autres trafics d'armes ou de drogues, le tout bien à l'abri des regards.

Pour la gendarmerie et le parquet, jouer au chat et à la souris quand on a perpétuellement une longueur de retard, c'est frustrant.

C'est en 2017 qu'on a commencé à voir apparaître de plus en plus de téléphones dotés du service de réseau chiffré EncroChat dans les enquêtes, à la suite de la saisie des serveurs de plusieurs services concurrents. Les premiers EncroPhones étaient commercialisés sur des sites comme eBay, mais au fil des années, il suffisait d'avoir les bons contacts pour s'en procurer n'importe où en Europe.

EncroChat équipait ses téléphones bon marché d'un double système d'exploitation. Le premier, c'était une interface Android classique, une façade pour ne pas éveiller les soupçons, un leurre. En réalité, il ne permettait pas d'appeler, d'envoyer des SMS, ni même de naviguer sur Internet. Le second système, c'était la messagerie chiffrée EncroChat. Sur les anciens modèles, on y accédait en appuyant simultanément sur le bouton du volume et celui d'allumage. Ensuite, on saisissait un mot de passe et, comme par magie, tout un monde codé s'ouvrait, offrant la possibilité d'envoyer des messages sécurisés. La localisation était désactivée, mais il fallait se connecter au réseau mobile ou s'approcher d'un point wifi pour envoyer des messages. Il y avait par ailleurs une fonctionnalité de suppression de toutes les données si l'usager avait besoin de blanchir son téléphone en urgence, par exemple en cas de saisie par la police. Il suffisait alors d'entrer le code PIN pour tout nettoyer.

D'après les documents officiels français, EncroChat aurait atteint un pic de 60 000 utilisateurs à travers l'Europe.

Quand le Centre de lutte contre les criminalités numériques (C3N) de la gendarmerie française a analysé en détail des EncroPhones saisis, il a fait une découverte étonnante. Tout le trafic de données du service crypté semblait transiter par un centre de serveurs à Roubaix. La ville française, mondialement réputée au XIXe siècle pour sa production de textile, se situe dans la métropole lilloise. C'est là qu'Alexandre est procureur général spécialisé dans la criminalité organisée, et tout naturellement, le dossier a atterri sur son bureau.

Les premiers renseignements ayant révélé que l'entreprise derrière EncroChat facilitait une forme de grande criminalité, Alexandre et ses collègues ont décidé d'ouvrir une enquête préliminaire.

Contrairement à la Suède, les procureurs français ont la possibilité d'ouvrir des enquêtes contre des personnes morales ; en l'occurrence, EncroChat. Ils invoquent pour ce faire l'argument du service chiffré non déclaré au fisc français, et donc illégal. En outre, ce service est proposé en connaissance de cause, parfaitement conscient que ses clients s'en servent pour perpétrer des crimes graves.

Après avoir fait appel à une expertise technique poussée de la part des services de renseignements français, Alexandre est assis devant son ordinateur et attend le rapport tenu secret. Il regarde par la fenêtre et passe la main dans ses cheveux bruns coupés court. Son téléphone sonne. Il décroche d'une main tremblante. Au bout du fil, c'est un analyste de la cellule française de lutte contre la cybercriminalité.

« Ça y est, on s'est infiltré. Qu'est-ce qu'on fait ? »

C'est une grande nouvelle, mais Alexandre ne mesure pas encore la portée de ce qui vient de se produire.

Les heures suivantes, frénétiques, sont consacrées aux coups de fil à une poignée de pays au sein d'Europol. Puis la sentence tombe : Alexandre et ses collègues ont bel et bien accès à des dizaines de milliers de complots des acteurs majeurs de l'univers du crime organisé. C'est une immense victoire. Pourtant, le procureur est mal à l'aise ; les propos tenus dans ces messages sont crus et dérangeraient n'importe quel lecteur.

Et puis, il y a urgence.

Pour que cette découverte porte ses fruits, il va falloir recueillir un maximum de preuves avant que les utilisateurs ne s'aperçoivent que leurs téléphones ne sont plus protégés. Et en parallèle, il faudra déjouer tous les projets d'homicides désormais suivis en temps réel sur les chats.

Et ces projets sont plus nombreux que quiconque n'aurait osé l'imaginer.

2

Début 2020, le policier suédois Putte est mobilisé au siège d'Europol à La Haye, aux Pays-Bas. Tout comme la majorité des enquêteurs de l'unité opérationnelle de la police suédoise (la NOA), il préfère rester discret ; mais ceux qui l'ont connu à l'époque où il travaillait encore sur le terrain le décrivent comme un homme sociable, musclé, grand et chauve.

Entre 1994 et 2004, il était policier de quartier, spécialisé dans les stupéfiants à Västerort, au sud de Stockholm. C'est là que se trouvent les quartiers Rinkeby, Tensta et Husby, connus pour être hautement sensibles. Un jour il patrouillait, le lendemain il surveillait des activités suspectes. Cette oscillation entre calme et palpitant rendait son métier passionnant. Il suscitait également le respect parmi les trafiquants de drogue qui connaissaient les règles du jeu et se savaient surveillés par la police. Cependant, à l'époque, les saisies se comptaient en grammes ou en centaines de grammes tout au plus ; on ne croisait jamais de coursier mineur avec cinq kilos de cocaïne dans son sac à dos, une quantité qui pouvait rapporter dans la rue près de quatre millions et demi de couronnes suédoises.

L'une des principales raisons pour lesquelles Putte a été convoqué à La Haye, c'est que les criminels suédois se déploient de plus en plus à l'étranger. Ils s'implantent en Grèce, aux Pays-Bas, au Maroc, en Somalie, en Turquie et en Amérique du Sud, mais surtout en Espagne. On en a compté près de deux cents là-bas, loin des regards inquisiteurs des autorités suédoises.

Par son climat ensoleillé et sa distance géographique avec les forces de l'ordre suédoises, l'Espagne est la plateforme parfaite pour les trafiquants de drogue. L'Europe entière est un marché si juteux que les cartels et les mafias de tous les pays du monde y ont des représentants, en particulier en Espagne. Ils recherchent activement de nouveaux clients pour leur cocaïne sud-américaine, leur cannabis marocain et leurs amphétamines et ecstasy issues de laboratoires néerlandais. Dans tous les ports d'Europe, on trouve des dockers et fonctionnaires corrompus, qu'on appelle « passeurs » car ils laissent passer les cargaisons de drogue, généralement en échange d'un généreux billet. Cependant, même pour le personnel incorruptible des ports, il est impossible de contrôler les millions de conteneurs qui transitent chaque année. La drogue est cachée dans les cargaisons de fruits et denrées ensuite collectées par les mules et expédiées par les « grossistes », qui livrent les clients ayant passé commande le plus souvent par une messagerie chiffrée.

Selon un rapport de l'Union européenne, le marché de la cocaïne en Europe génère à lui seul jusqu'à 119 milliards de couronnes suédoises par an. En outre, les cartels sud-américains ont commencé à embaucher leurs propres chimistes pour lancer la production locale de leurs drogues de synthèse.

La police suédoise a longtemps rencontré des difficultés à collaborer avec ses homologues espagnols contre le trafic de drogue. Les hors-bord qui transportent du haschich par centaines de kilos depuis le Maroc au détroit de Gibraltar pour les livrer en Suède n'étaient pas une priorité dans ce pays où la drogue transitait plutôt par tonnes.

Mais pour la police suédoise, il fallait que ça change.

Au début du printemps 2018, Putte et ses collègues du système judiciaire suédois ont rencontré leurs confrères espagnols au siège d'Europol. L'objectif de la réunion : convaincre l'Espagne de mieux coopérer pour démanteler les réseaux criminels suédois établis le long de la Costa del Sol.

Quelques mois plus tard, Putte et ses collègues se sont rendus à Málaga pour renforcer la collaboration. Le timing était propice : une vaste campagne de surveillance était justement en cours sur le trafic de drogue international, avec une vingtaine de trafiquants suédois dans le collimateur. Les Espagnols voulaient en savoir plus sur les personnes auxquelles ils avaient affaire, or la NOA pouvait facilement les identifier. Il s'agissait surtout du haut du panier de la criminalité suédoise : les Bandidos, le réseau Bredäng ou encore la Patrouille de la Mort à Stockholm, dont de grands noms recherchés pour des crimes commis dans la région de Malmö.

— Ça va être l'enfer. Beaucoup sont de potentiels assassins, prévenaient les Espagnols.

À peine quelques mois plus tard, la police ibérique donnait raison aux Suédois en les appelant finalement à l'aide. Elle n'avait plus le choix, des actes de violence brutale s'accumulaient et les suspects étaient liés à la Suède.

Il s'agissait de meurtres, d'enlèvements et autres attentats à la bombe. Par exemple, un homme avait été tué lors de la confirmation de son fils, à l'ouest de Marbella. En août, la police avait retrouvé deux hommes originaires de la région de Stockholm dans une maison à Mijas. L'un avait été attaché et poignardé, mais était parvenu à alerter un voisin, tandis que l'autre avait été étranglé et abattu. Quelques jours plus tard, une autre victime était tuée de neuf balles par un homme masqué caché derrière une benne.

Cette vague de violence impliquant des criminels scandinaves a attiré toute l'attention des médias espagnols et les suspects ont rapidement écopé du surnom « Los Suecos », les Suédois. C'est à la même époque que la police espagnole s'est mise à surveiller un baron ayant fui Malmö après une tentative d'homicide. Il s'agissait d'Amir Mekky, ressortissant danois d'origine palestinienne qui avait grandi à Malmö, dont il était devenu l'un des criminels les plus notoires.

On le soupçonnait d'être le chef de Los Suecos, qui semaient la terreur sur la Costa del Sol. Pour Putte et tous les autres à Europol, c'était un criminel activement recherché au printemps 2020.

Quand il était plus jeune, Amir Mekky – aujourd'hui âgé de 27 ans – était un boxeur prometteur. Sur une vieille photo, on voit cette étoile montante d'un mètre soixante-et-onze en short et débardeur bleus, levant fièrement les bras à la suite de la victoire qui marqua ses débuts à l'âge de 19 ans. Il a les cheveux bruns et courts, la silhouette trapue et les muscles dessinés. Malgré sa blessure à la main, le surnom du « Boxeur » est resté, quoique ses rivaux de Malmö l'appellent plutôt « le Nain ».

Très tôt, le Boxeur fut connu des services sociaux et, à l'adolescence, il commença à se rendre en Espagne. D'après plusieurs sources du milieu de la pègre, il avait ses propres fournisseurs de cannabis marocain. Rapidement, il s'est imposé sur le marché de Malmö, défiant les autres factions par ses prix imbattables mais aussi par la violence brutale déployée pour se faire respecter. À la fin de l'adolescence, son nom apparaissait déjà dans plusieurs enquêtes pour homicides, mais il n'a jamais été inculpé. En parallèle, il a noué des alliances avec une nouvelle génération de criminels usant d'une violence extrême, dont la Patrouille de la Mort, que le Boxeur a hébergée à Malmö quand elle a été chassée de Rinkeby à la suite de l'assassinat d'Izzy et Maslah – les deux premiers meurtres encore non élucidés qui ont déclenché la cascade de règlements de comptes entre le réseau criminel Shottaz (réseau tenant son nom du criminel à sa tête) et la Patrouille de la Mort.

Dans l'entourage du Boxeur, on le décrit comme « glacial » et fidèle à son cercle. Son départ en Espagne a éveillé les soupçons, on racontait que lui et ses amis se livraient à un trafic de drogue à grande échelle. Il semblerait par ailleurs, d'après les sources policières de plusieurs pays, qu'il ait entamé une collaboration avec Ridouan Taghi, chef de la mafia maroco-néerlandaise, également connu sous le nom d'Ange de la Mort. On dit de lui qu'il a pouvoir de vie ou de mort sur les gens.

Taghi est également considéré comme un maillon essentiel des cartels sud-américains, il contrôlerait jusqu'à un tiers du trafic de cocaïne vers l'Europe, avec une fortune personnelle s'élevant à plus d'un milliard d'euros.

Les résultats du renforcement de la coopération entre les polices suédoise et espagnole ont été immédiats. On a interpellé des membres à la fois de Los Suecos et d'autres gangs associés au réseau de Bredäng et à la Patrouille de la Mort. Certains ont également été arrêtés en Suède et aussitôt rapatriés en Espagne pour y être jugés. Le Boxeur, lui, a réussi à échapper à la rafle.

Quoi qu'il en soit, ces succès ont bien montré que la coopération internationale était essentielle pour atteindre les gros bonnets.

Quand Putte rejoint Europol en février 2020, l'un de ses principaux objectifs est d'augmenter les chances de la police suédoise d'atteindre ceux qui coordonnent la grande criminalité à distance.

L'avantage d'Europol, c'est que les différents pays participants peuvent recouper tous les renseignements dont ils disposent sur les personnes visées par les forces policières de plusieurs pays. Ce qui leur donne accès aux données les plus récentes : adresses, numéros de téléphone, complices d'autres pays, le tout rassemblé dans une même base de données.

Le rôle de Putte consiste à aider Europol à comprendre le milieu criminel suédois, à établir une carte des différents réseaux et à définir les types de crime commis. La police suédoise donne une dizaine de noms considérés comme des « cibles de premier choix », à traiter en priorité s'ils viennent à apparaître dans des enquêtes menées par d'autres pays membres d'Europol. Presque tous sont des chefs de gang connus et médiatisés, trafiquants de drogue actifs et capables de violence.

Le Boxeur figure sur cette liste.

Il est également activement recherché par l'Espagne pour meurtre. D'après les renseignements suédois, il pourrait se trouver au Maroc ou en Thaïlande, ou très probablement à Dubaï. Où qu'il soit, la police le soupçonne de coordonner des meurtres et du trafic de drogue à distance.

Depuis plus d'un an, Putte travaille en étroite collaboration avec son collègue finlandais Hanski, analyste à Europol. Tous les deux sont animés par la même ambition, celle de lutter contre la grande criminalité. Bientôt, l'amitié qui lie Putte au Finlandais, cheveux blonds et disponibilité absolue de jour comme de nuit, sera déterminante pour la Suède, qui bénéficiera des fruits du travail de la gendarmerie française sous la direction du procureur Alexandre, à Lille.

3

Au début du mois de mars 2020, les effectifs au siège d'Europol se réduisent. La pandémie de Covid s'étend à toute l'Europe et, mi-mars, Europol invite tous les intervenants extérieurs à travailler depuis leur pays d'origine. Putte fait partie de ceux-là et doit donc rentrer en Suède en urgence. Il n'a même pas le temps d'emporter son ordinateur professionnel avant que les locaux ne lui soient verrouillés.

Toutefois, tout n'est pas fermé. À l'insu de Putte, une opération secrète se tient dans l'une des grandes salles de réunion du rez-de-chaussée. Les représentants de différents pays travaillent à une distribution optimale des informations provenant d'EncroChat, au cas où le procureur Alexandre et la gendarmerie française parviendraient à s'infiltrer dans les serveurs de la messagerie. Pour l'instant, ils n'ont pas encore réussi à la déchiffrer, mais c'est en bonne voie.

Pendant ce temps, Putte rejoint son épouse dans sa villa de l'ouest de Stockholm. Les semaines passent, puis Hanski le contacte. Putte s'installe devant son ordinateur, au salon. Nous sommes en avril et le message est envoyé par Signal, une application chiffrée utilisée aussi bien par les policiers, les militants des droits de l'Homme et les journalistes que par les criminels.

« Peux-tu m'envoyer une liste de mots d'argot suédois pour désigner un meurtre, de la drogue, ce genre de choses ? » écrit Hanski.

Les deux hommes ont l'habitude de ce type de requête, Putte envoie rapidement une liste.

« Et Mekky, quel vocabulaire a-t-il utilisé dans ces contextes ? » demande encore Hanski.

Ce que Putte ignore en répondant à ces questions énigmatiques, c'est que son confrère fait partie de l'équipe mobilisée pour l'opération secrète d'Europol. Il travaille seize heures par jour devant des écrans avec un masque sanitaire sur la bouche et suit les communications de criminels aux quatre coins du monde. Pour traiter les dizaines de milliers d'alias sur EncroChat, Europol s'appuie sur une intelligence artificielle pour repérer les messages impliquant une *Threat To Life*, TTL, c'est-à-dire une menace de mort. Cependant, cette IA ne peut traduire que les comptes anglophones, c'est pourquoi Hanski est chargé des langues nordiques. Ne parlant pas suédois, il fait appel à Putte et à d'autres collègues scandinaves pour obtenir des listes de mots qu'il recherche manuellement parmi les interminables lignes de chats.

Chaque jour, au moins une alerte sur une TTL quelque part dans le monde doit être évaluée par les analystes qui notifient ensuite rapidement les services de police concernés, sans laisser entendre que la source provient d'EncroChat. Les projets d'homicides sont partout, mais les utilisateurs suédois se démarquent des autres. Ils sont d'une violence et révèlent une soif de meurtre peu communes. Les chiffres sont parlants : à l'échelle européenne, la Suède détient le record du nombre de meurtres par habitant.

Les cas urgents devenant trop nombreux, Hanski persuade très vite ses partenaires de faire appel à d'autres collègues suédois triés sur le volet. Il se porte garant de la discrétion des Suédois sur cette opération. Putte est le premier qu'il contacte, ainsi qu'un confrère français.

Les renseignements dont Putte va avoir connaissance ne doivent être divulgués à personne, pas même au sein de la NOA. Pour Putte, c'est une évidence. Hanski et le Français lui présentent deux collègues, basés à Malmö et Göteborg, où Europol a découvert plusieurs projets d'assassinats.

La nouvelle a stupéfié Putte, qui promet de faire au mieux depuis son domicile. Pendant ce temps, le collègue de Göteborg est alerté par Europol sur un trafic d'armes dans un gang aux membres connus, beaucoup ayant été condamnés pour des crimes.

Le 10 avril, Vendredi saint, Putte et son épouse ont juste le temps d'ouvrir une bouteille de vin avant que le téléphone ne sonne, vers 18 h 45.

Une fois de plus, c'est du concret.

— Tu le connais ? demande Hanski en envoyant la photo d'un couple de jeunes mariés.

L'homme est vêtu d'un costume sombre, chemise blanche et nœud papillon blanc. Sur la photo, mari et femme s'enlacent en regardant l'objectif d'un air joyeux. Putte ne le reconnaît pas, mais à force d'avoir répondu à des questions sur le Boxeur ces derniers jours, il en déduit qu'il s'agit d'un proche.

En juin 2018, les amis du Boxeur sont accusés de l'enlèvement du demi-frère de Danni Jude, membre influent des réseaux criminels de Malmö, âgé de quelques années de plus que le Boxeur et qui, malgré son nom, n'a aucune origine juive. Dans la pègre de Malmö, on dit qu'il pèse des millions. Là où d'autres dépensent leur fortune en voitures, montres et vêtements de marque, Danni a la réputation d'être plus fourmi que cigale.

— Il a plus de thune parce qu'il est plus malin, ce connard, s'agace un proche du Boxeur.

Plusieurs millions de couronnes auraient été déboursés pour libérer le frère que l'on aurait humilié et battu pendant sa capture. Une information que nient plusieurs proches de Danni.

— On n'a pas déboursé un putain de centime, affirme l'un d'eux.

Quant au motif de l'enlèvement, on raconte que le Boxeur aurait contacté Danni pour lui proposer une collaboration. Il lui aurait demandé de l'aider à faire « certaines choses », et le refus de Danni aurait été mal pris. Peu après, le demi-frère aurait été kidnappé alors que Danni était en Espagne. Des rumeurs ont circulé, Danni serait en prison. Les kidnappeurs auraient donc réclamé la rançon de vingt millions de couronnes à ses proches. C'est là que le Boxeur serait intervenu pour « jouer les héros », décrit l'une des personnes impliquées dans les négociations. Il aurait récupéré le demi-frère et l'aurait ramené chez lui dans l'espoir que Danni lui revaudrait le service rendu.

— Tout ça, c'était un jeu, n'importe quel débile l'aurait compris, m'explique mon informateur.

Quoi qu'il en soit, le kidnapping a entraîné des représailles. Peu avant la fête de la Midsommar[1], le Boxeur et plusieurs de ses amis sortaient du *Galaxy Café* – leur repaire dans le quartier de Värnhem, où de nombreux jeunes s'adonnent à des jeux en ligne – quand une pluie de balles s'est abattue sur eux, tirée par des hommes lourdement armés qui les attendaient dehors. Bien qu'il fût la cible principale des tirs, le Boxeur n'a été que légèrement blessé. Trois de ses amis, en revanche, ont été abattus, dont deux frères.

Dans le courant de l'été 2018, le triple meurtre du *Galaxy Café* a déclenché trois autres homicides en représailles, dont l'une des victimes comptait parmi les personnes inculpées pour le kidnapping du demi-frère de Danni. Après cela, le calme est revenu à Malmö pendant un an avant le meurtre suivant. Et celui-ci a secoué tout le pays.

Un matin, à la fin du mois d'août 2019, un ami de Danni prénommé Niff quitte son domicile au centre de Malmö avec sa compagne Karolin Hakim, interne en médecine. Ils emmènent leur fille avec eux, une nouveau-née. En sortant de leur habitation, ils tombent nez à nez avec deux hommes qui ouvrent le feu. Les deux premiers coups visaient Niff, mais manquent leur cible. Il s'enfuit en courant. Dans la confusion, sa fille lui tombe des bras et il disparaît au coin de la rue avec l'un des tireurs à ses trousses, tandis que Karolin accourt pour ramasser sa fille. Plusieurs témoins

1. N.d.T. : fête nationale ayant lieu autour du 21 juin, pour le solstice d'été.

alertés par le bruit sortent sur leur balcon et voient l'autre tireur se tourner vers la mère et l'enfant. Sans hésiter, il s'approche et tire plusieurs fois. Sous les premières balles, Karolin se penche comme pour protéger le bébé, puis s'effondre sur le sol, laissant échapper sa fille qui roule sur le trottoir.

Les témoins entendent les douilles rebondir sur l'asphalte. Ils voient l'homme, au pied de Karolin Hakim, diriger son arme vers elle et lui tirer dans la tête.

Tous se demandent pourquoi cette femme, qui n'était pas impliquée dans l'affaire, est abattue de façon aussi impitoyable. Selon des informateurs, elle aurait reconnu le tireur, l'aurait appelé par son nom et l'aurait supplié de lui laisser la vie sauve.

— Il ne voulait laisser aucun témoin, suppose une source au courant des faits.

Ce meurtre a envenimé le conflit déjà sanglant opposant deux réseaux rivaux et acharnés : celui du Boxeur et celui de Danni.

— Pour abattre une femme comme ça, il faut vraiment être dégueulasse, affirme un ennemi du Boxeur.

Deux mois plus tard, un proche du Boxeur est abattu sur Munkhättegatan, à Malmö. Selon la police, ce serait un coup de ses rivaux.

Un acteur du conflit explique que cette cascade de violence est motivée par une soif de vengeance à la suite du kidnapping et de tous les meurtres qui ont suivi et qui, pour la plupart, n'ont jamais été résolus.

— Ce n'est pas seulement une histoire de trafic de drogue, mais la police prétend que si pour avoir plus de subventions. N'importe qui aurait la haine et voudrait se venger si un mec tuait sa femme ou ses meilleurs potes, dit-il.

Une autre source indique qu'à l'origine tout était lié à la drogue et à la jalousie de la concurrence, mais « ensuite, c'est devenu règlement de comptes sur règlement de comptes ».

Quand l'ami du Boxeur a été tué sur Munkhättegatan, le meurtre d'un proche de Niff était déjà en projet. Et il a été perpétré la veille de Noël 2019. Un expatrié de 36 ans, originaire de Malmö, toujours actif dans le trafic de drogue auprès de Niff et Danni, a été abattu à Battersea, quartier chic de Londres. En rentrant à son domicile pour le réveillon, il était attendu par un tireur suédois portant un masque en latex couleur chair. Celui-ci a tiré dix coups de feu, l'homme a succombé sous les yeux de sa femme et de leur fils de 2 ans.

Tout cela ressemble à un jeu d'échecs mortel, où les deux camps font tout pour éliminer les pièces maîtresses du jeu de l'adversaire.

En attendant la réponse de Putte sur l'identité de l'homme sur la photo, les minutes passent dans les locaux déserts d'Europol. Les analystes épluchent toutes les conversations des criminels et se relaient le week-end pour ne manquer aucun projet de meurtre. Ils envoient en continu les renseignements obtenus à leurs collaborateurs du monde entier pour endiguer les menaces qui ne cessent d'apparaître à l'écran. Cette fois, c'est à Malmö. Dans plusieurs conversations, on parle de venger Karolin Hakim. Un enquêteur de cette zone reçoit rapidement un message d'Hanski l'avertissant du danger.

— Ils sont terriblement proches du but. On a réussi à prendre certaines mesures pour déjouer les homicides, et ceux qu'on a sauvés n'y ont vu que du feu, dit l'enquêteur.

Le conflit qui agite la pègre de Malmö est difficile à suivre pour la police et pour Putte, l'agent de renseignements de la NOA. Ils savent qu'une dizaine de meurtres et plusieurs tentatives d'homicide ont eu lieu au cours des deux dernières années, mais ils n'en comprennent pas beaucoup plus. En tout cas, la NOA a décidé de mettre en place des « mesures nationales exceptionnelles » pour enrayer la violence à Malmö : en tout, près d'une centaine de policiers des quatre coins du pays a été réquisitionnée dans la région Sud pour renforcer les effectifs locaux en vue de réduire le nombre de fusillades et d'attentats à la bombe. Ces mesures portent le nom d'opération *Rimfrost*[1], elles visent environ quatre-vingts personnes-clés dans la région, identifiées par la police comme étant les plus violentes.

Putte sait que le Boxeur et ses plus proches complices sont sur la liste. Il regarde encore la photo que lui a envoyée Hanski, son collègue finlandais d'Europol. Après l'avoir longuement contemplée, il pense à un collègue de Malmö qui pourrait reconnaître cet homme. Cela les aidera peut-être à arrêter le Boxeur une fois pour toutes.

La police suédoise obtient régulièrement de nouvelles informations grâce aux écoutes mises en place par la coopération internationale. Officiellement, la procédure consiste à faire une demande de décision d'enquête européenne auprès des autorités administratives, mais ce processus parfois long doit servir aux enquêtes préliminaires.

D'où l'existence de ce que les membres des renseignements appellent le « cercle de confiance », un cadre permettant aux agents des services de renseignements de partager des informations rapidement et en toute confiance pour empêcher des crimes graves. C'est dans ce contexte que le Finlandais a pu envoyer une photo à Putte.

Les amitiés se tissent, comme entre Putte et Hanski, au fil des conférences et autres réunions de coopération internationale. Ces rassemblements en font parfois grogner certains, car elles mobilisent du temps et du personnel qualifié, mais elles sont aussi l'occasion pour les policiers d'apprendre à se connaître, et les liens ainsi noués portent souvent leurs fruits.

Tacitement, chacun sait que les renseignements partagés pour prévenir un crime doivent être traités avec précaution et que la source doit toujours rester anonyme. Ces infos ne doivent ni être transmises au parquet ni faire l'objet d'une enquête préliminaire.

1. N.d.T. : « givre » en suédois.

On « lave » les détails pour qu'ils se fondent dans les analyses et les rapports rangés dans les registres suédois avant d'être transmis aux enquêteurs, qui n'ont pas besoin de savoir d'où viennent les données.

Mais cette procédure n'est pas sans défauts.

Les policiers suédois que l'on informe sur les réseaux criminels de leur pays sont normalement tenus de faire un rapport, or le secret professionnel prévaut, la source doit donc rester confidentielle. Deux lois contradictoires se heurtent, mais c'est le secret professionnel qui l'emporte.

Pour Putte, c'est pour l'instant un simple travail de routine que d'aider un collègue à identifier une personne et à trouver son adresse. Il a beau être au courant de l'opération secrète, il ne mesure pas encore la gravité de la situation.

C'est Vendredi saint mais peu importe, Putte transmet la photo à son confrère de Malmö dans l'idée qu'il pourrait s'agir d'un proche du Boxeur et qu'il pourrait obtenir des indices précieux pour justifier une arrestation. Il va vite déchanter.

Le Boxeur échappe aux radars de la police depuis un an et demi. C'est avec déception qu'il transmet le message à Hanski, lequel lui renvoie de nouvelles informations. Cette fois, c'est une capture d'écran : la carte d'un quartier de Västerås.

« Quelqu'un vit dans ce coin ? » veut savoir le Finlandais.

Putte saisit quelques noms de rues du centre de Västerås sur « hitta.se[1] » et croise les résultats avec les différents registres de la police. D'abord, il ne trouve aucun nom particulièrement suspect, mais lorsqu'il répète le processus avec les rues adjacentes, quelque chose attire son attention.

Un nom intéressant est associé à la rue Treklövergatan.

Dans un grand immeuble en briques beiges habite la femme d'un certain Maykil Yokhanna. Maykil est un criminel influent

1. N.d.T. : « hitta.se » est un moteur de recherche suédois, qui propose un annuaire téléphonique – l'équivalent de nos Pages jaunes.

opérant dans le quartier de Vårby gård, au sud de Stockholm. Il est réputé pour tisser facilement des liens et doué pour entraîner les autres dans ses forfaits. Il porte souvent un chignon haut, les tempes rasées, et dégage une forte impression de violence. Récemment, son épouse et lui ont été impliqués dans une fusillade très médiatisée et bien documentée au sein des renseignements internes de la police.

Il y a quelques mois, leur voiture a été criblée d'au moins vingt-six balles à une station-service de Kungens kurva, à Stockholm. Ils se trouvaient tous les deux dans la voiture avec un ami. Les tireurs visaient Maykil, mais c'est son ami, au volant de la voiture, qui a été atteint de plusieurs balles à la tête, à la nuque, à la poitrine et dans le dos. Il a succombé peu de temps après à ses blessures tandis que Maykil n'a pas été touché. Sa femme a été grièvement blessée à la tête.

On a rapidement associé le tireur aux ennemis mortels de Maykil, du réseau de Vårby. Le conflit qui oppose les deux camps depuis de nombreuses années a déjà fait beaucoup de victimes.

Si sa femme vit dans cette rue de Värterås, il est probable que Maykil y habite aussi.

Putte ressort la photo des jeunes mariés. Il la compare aux photos de Maykil et de sa femme dans la base de données de la police et le verdict est sans appel : c'est bien lui.

4

Un peu avant minuit, Hanski envoie un mail crypté. C'est un rapport secret dont le contenu éclaire enfin les questions déroutantes que Putte a reçues d'Europol au cours de la soirée.

Ce rapport détaille EncroChat et explique que la carte envoyée plus tôt a été échangée par des criminels pour localiser une cible : Maykil Yokhanna, l'homme que Putte a réussi à identifier grâce à la photo d'Hanski.

L'ont-ils retrouvé ? se demande Putte en parcourant le dossier.

Il s'arrête sur l'un des messages et trouve vite la réponse à sa question. Les ennemis de Maykil ont localisé son immeuble.

« Mes tireurs sont prêts », écrit un homme qui se fait appeler Mujaheed.

Putte poursuit sa lecture et apprend qu'ils ont rassemblé des armes et établi une planque à proximité du domicile de Maykil sur Treklövergatan. Là, ils pourront se replier juste après le meurtre pour échapper à la police.

Il y a également la photo d'une voiture prise quelques jours plus tôt sur un parking de ce quartier résidentiel où quelqu'un attend de repérer Maykil.

« On est parés et armés », écrit quelqu'un à Mujaheed.

En réponse, il reçoit trois émojis victorieux.

Parcourant les conversations, Putte découvre qu'ils planifient le meurtre en ce moment même.

Il repose aussitôt son verre de vin rouge et se connecte à son ordinateur de travail pour consulter les registres. Sa femme a l'habitude d'entendre le téléphone sonner à toute heure. Cette fois encore, elle comprend que la situation est grave et le laisse travailler à la grande table de la cuisine, où trône un bouquet de tulipes et de branches décorées pour Pâques.

En quelques minutes, Putte retrouve son calme.

Maykil – la cible – n'est pas chez lui. Il est en sécurité en détention. Avec deux complices, il a été arrêté six jours plus tôt pour détention illégale de deux armes à feu.

Le calme que Putte ressentait un instant plutôt se change en alerte : et la femme de Maykil, où est-elle ? Elle qui a survécu à une tentative de meurtre il y a quelques mois seulement. Est-elle en danger ?

Compte tenu de la confidentialité de l'opération, il doit aborder chaque étape avec prudence. S'il trahissait ses sources, les conséquences seraient dramatiques.

Il avertit deux contacts au sein des polices de Västerås et Uppsala que des renseignements confidentiels affirment qu'une vie est en danger.

— Vos sources sont-elles fiables ? demande l'un d'eux.

— Absolument, répond Putte sans en dire plus.

Les deux confrères comprennent la gravité de la situation et déploient rapidement des unités pour patrouiller en voitures banalisées et en véhicules sérigraphiés autour de la zone dans le but de perturber le projet d'homicide.

Avant d'aller se coucher, Putte reçoit la confirmation que « la situation est sous contrôle » au domicile du couple.

Putte ignore tout des tensions entre le tireur et les commanditaires de l'assassinat de Maykil. On découvrira plus tard dans les chats que le garçon de 17 ans envoyé à Västerås pour abattre Maykil veut leur faire faux bond. C'est l'anniversaire de son père et il aimerait être auprès de lui.

« Je te kiffe, mais mon daron fête son anniv' vendredi, il faut que j'y sois », écrit l'adolescent à son commanditaire.

Il ajoute qu'il a confiance en son binôme, l'autre tireur également chargé de cette mission et qu'il sait capable de se débrouiller seul.

Le commanditaire répond :

« Déconne pas, frère, t'as pas intérêt de te défiler. »

Lui, c'est l'un des capitaines du réseau de Vårby, un gang de criminels régi par une hiérarchie militaire. À la tête du réseau, Chihab Lamouri pilote une équipe de ces capitaines chargés de gérer les voitures, les armes et le trafic de drogue dans leurs zones respectives du sud de Stockholm. En dessous, de jeunes soldats sont aux ordres de leurs aînés. Le recours à ce système est assez cohérent, Lamouri a grandi à une époque où de nombreux criminels de la région étaient d'abord membres de clubs de bikers réputés pour leur organisation hiérarchique.

Le Capitaine demande au jeune de 17 ans de maintenir la mission et se propose d'acheter un cadeau à son père. Rien n'y fait, l'adolescent s'excuse mais soutient vouloir rentrer chez lui. L'autre lui reproche alors de le mettre dans une situation délicate et humiliante, ce qui fait paniquer le jeune qui insiste toutefois pour se soustraire à la mission. Le statu quo arrive rapidement aux oreilles de Chihab Lamouri.

« Il peut pas nous planter comme ça, en pleine mission », écrit l'alias Mujaheed associé à Lamouri sur EncroChat, s'adressant à l'autre tireur expérimenté chargé d'accomplir la mission avec l'adolescent.

« Mec, c'est quoi ce gosse ? » écrit ensuite Lamouri au Capitaine avec qui le jeune a échangé.

Le Capitaine est furieux, il reproche à l'adolescent de se dégonfler et de le faire passer pour un con.

« Sale morveux. »

« T'as pas le choix, tu dois le faire. »

« Ça doit passer avant tout le reste. »

Puis, en majuscules :

« TU ME FAIS HONTE »

« ARRÊTE DE TE DÉGONFLER »

« FAIS CE QU'ON TE DIT »

Quelques minutes plus tard, l'adolescent écrit qu'il est soulagé, il vient d'apprendre que Maykil est en détention et que la question de se « dégonfler » ou non ne se pose plus.

On ne sait pas s'il a été puni pour cet affront. Quoi qu'il en soit, il n'y a eu aucun mort, ni ce soir-là ni le Vendredi saint.

5

Dans la nuit du Vendredi saint, Putte appelle son N+1 et la responsable des renseignements, Cattis. Il invoque une réunion. Cattis dirige au quotidien le travail de ses équipes opérationnelles, elle a de l'expérience. Putte explique qu'il se passe quelque chose de majeur, mais qu'il ne peut pas en parler au téléphone. Sont également conviés Emil Eisersjö, chef de la cellule renseignements de la NOA et du travail opérationnel, et un collègue de longue date proche de Putte.

Le lendemain, ils se réunissent dans le bureau d'Emil. Ils ont laissé leurs téléphones dehors dans un brouilleur, conçu pour empêcher les services de renseignements étrangers d'écouter les conversations. Putte, Cattis, Emil et l'autre collègue s'installent dans le bureau dont la fenêtre donne sur le Kronobergsparken.

— C'est énorme, commence Putte en balayant du regard le petit groupe autour de la table.

Il se laisse rarement emporter sans raison, mais aujourd'hui, il est enthousiaste.

— C'est comme si l'on avait ouvert la boîte de Pandore, poursuit-il sans donner plus de détails sur la façon dont il a obtenu les informations sur Maykil que lui a envoyées Hanski.

Emil Eisersjö l'interrompt, il veut comprendre ce qu'il se passe. Tous les quatre travaillent ensemble depuis longtemps et se font confiance, le chef opérationnel de la cellule renseignements veut en savoir plus.

— Jouons cartes sur table. J'ai besoin de savoir de quoi on parle, dit Emil Eisersjö avec un fort accent de l'île de Gotland. D'où viennent ces informations ?

Putte commence par rapporter ce qu'il a entendu de ses contacts à Europol : on a hacké la plateforme cryptée EncroChat. Tous dans la pièce échangent des regards. Ils mesurent l'importance de la nouvelle. Ils vont enfin avoir une chance d'atteindre ceux qui utilisent le plus les téléphones cryptés : les barons du monde criminel.

— Ça va tout changer. On doit mettre tout le reste sur pause. Ce genre d'opportunité ne se présentera pas deux fois, dit Putte. On n'aura jamais mieux.

— C'est comme Enigma pendant la Seconde Guerre mondiale, glisse Emil.

— Soyons prêts, reprend Putte. On va bientôt recevoir des informations capitales.

Cinq ans plus tôt, Emil Eisersjö était avant tout un policier de terrain. Infiltré en civil, il participait activement à déjouer les plans des réseaux criminels de toute la zone sud de Stockholm. Régulièrement, il s'approchait de membres de clans en conflit sanglant, les contrôlait quand ils faisaient leur ronde dans le quartier et accompagnait les forces d'intervention pour enfoncer des portes et mener des perquisitions.

Pour lui, la police n'est pas un simple boulot, c'est sa vie.

Au fil du temps, il s'est intéressé au service de renseignements. Lors de la réorganisation des services de police suédois en 2015, il a postulé pour prendre la tête de la cellule renseignements de la région de Stockholm, jusqu'à passer l'entretien avec la chef de section des renseignements de l'unité opérationnelle de la police suédoise, Linda H Staaf. Cependant, pour elle, Emil devait rejoindre ses rangs et non pas ceux de la région. Emil était mal à l'aise, lui qui avait critiqué la section dont elle venait de prendre la tête, disant de l'unité qu'elle « ne servait à rien ».

Il a fallu le convaincre, mais il a fini par accepter.

En apprenant que la police s'est infiltrée dans EncroChat, Emil saisit la première difficulté qu'ils rencontreront : comment gérer l'afflux massif d'informations promis par leur contact à Europol ? La police risque d'apprendre que de nombreuses vies sont en danger, il va falloir agir vite. Or l'enthousiasme et l'espoir des collaborateurs ne suffiront pas à convaincre la direction de la NOA de débloquer toutes les ressources nécessaires pour la cellule renseignements.

Comment faire ? s'interroge Emil Eisersjö, d'autant qu'il n'existe aucun document officiel sur une quelconque opération en cours.

La police suédoise est déjà à flux tendu, les meurtres et les fusillades sont légion. Toutes les ressources existantes sont déjà mobilisées partout où elles sont nécessaires.

Pour l'instant, la Suède n'est pas au cœur de la collaboration massive menée sur EncroChat et dirigée par la gendarmerie française à Europol. Putte et deux autres collègues, de Göteborg et de Malmö, sont encore les seuls à recevoir des informations détaillées par Hanski. De combien de crimes violents parle-t-on ? La seule implication de la NOA sera-t-elle suffisante ou faudra-t-il compter également sur toutes les forces régionales du pays ?

En fin de réunion, Putte a pour instruction d'insister auprès d'Europol sur la volonté de la Suède de participer à l'opération, sur le fait que les informations reçues resteront strictement confidentielles et que des mesures seront prises pour empêcher les malfrats de perpétrer des crimes graves sur la base des renseignements qu'Europol voudra bien leur fournir.

— Faites-leur bien comprendre qu'on est reconnaissants pour tout ce qu'ils nous feront parvenir, et qu'on sera capables de traiter les informations, appuie Emil.

Putte doit par ailleurs tirer un maximum d'informations concernant l'opération, sans trop forcer ses contacts à Europol. Une tâche pour le moins délicate dans la mesure où il ne veut pas être trop insistant et se fermer la porte d'une coopération qui pourrait faire la différence dans la lutte de la Suède contre la criminalité.

6

Quelques jours après avoir briefé ses collègues sur EncroChat, Putte reçoit de nouvelles informations d'Hanski. Le Boxeur, qui avait quitté le pays après son altercation sanglante avec Danni, a enfin été localisé. Il n'est plus en Espagne.

— Il est à Dubaï.

Ces mots emballent Putte, l'espoir renaît. Retrouver le Boxeur est en tête des priorités aussi bien de la NOA que d'Europol.

Cela fait un moment que Putte soupçonne le Boxeur d'avoir quitté l'Espagne, où il était recherché pour avoir commis des attentats à la bombe et des assassinats. Grâce aux informations tirées du serveur d'EncroChat, Europol a identifié une personne qui écrit en suédois et communique régulièrement avec la Costa del Sol et la région de Malmö.

Mais avant de lancer la police sur la piste du Boxeur, Putte et ses collègues ont du pain sur la planche : il faut préparer une opération EncroChat suédoise.

Le vendredi 24 avril 2020, une réunion se tient à la NOA pour se préparer à la charge de travail qui accompagnera l'afflux massif de renseignements obtenus par Europol.

Cattis, responsable des renseignements, participe à cette réunion à l'issue de laquelle elle écrit une note mystérieuse sur son ordinateur.

« Nouvelle affaire. *Robinson.* »

Ce sera le nom suédois de l'opération visant EncroChat, car la NOA s'est lancée sérieusement dans cette affaire un vendredi, prénom de l'ami de Robinson Crusoé dans le roman éponyme de Daniel Defoe.

Ces dernières semaines, Hanski a été promu et plaide en faveur de l'inclusion de la Suède dans la collaboration ; non seulement parce qu'il est convaincu de la fiabilité de la police suédoise, mais aussi parce que cette intégration paraît absolument nécessaire dans la mesure où l'on a rapidement compté près de huit cents utilisateurs d'EncroChat rien qu'en Suède. Ce nombre croissant met en lumière des centaines de criminels suédois qui se révèlent d'une violence extrême.

Si l'on veut sauver des vies, on a besoin de la police suédoise.

Ces derniers jours, Cattis est en contact avec Solveig Wollstad, représentante de la Suède à Eurojust, l'unité de coopération judiciaire de l'Union européenne, et au courant de l'opération.

Cattis l'interroge : peut-on vraiment y participer ? Est-ce légal ? Quelles lois sont de notre côté ?

— Je lui ai donné mon avis sur le meilleur moyen d'utiliser ces informations, me racontera plus tard Solveig Wollstad.

Elle explique à Cattis qu'il s'agit d'une affaire française, que la Cour de justice de l'Hexagone s'est vu accorder l'autorisation d'utiliser des mesures coercitives secrètes et qu'elle souhaite à présent partager avec Europol tous les renseignements recueillis par l'enquête criminelle ouverte en France. À une condition : à ce stade, interdiction d'utiliser ces informations pour une enquête préliminaire. Plus tard, on pourra toujours demander à y avoir accès via une demande de décision d'enquête européenne auprès de la représentante de la Suède à Eurojust, à savoir Wollstad. C'est elle qui contrôlera la validité de cette décision pour ensuite la transmettre au représentant français à l'Eurojust, qui à son tour prendra contact avec le juge compétent en France.

Cattis consulte également Lise Tamm, procureure générale de l'unité nationale de lutte contre la criminalité internationale et organisée, unité appelée RIO. Les deux femmes ont l'habitude de collaborer depuis le milieu des années 1990, ainsi Tamm en arrive-t-elle à la même conclusion : tout a été fait dans les règles.

Par ailleurs, le tribunal suédois applique le principe de libre appréciation et d'évaluation des preuves, ce qui se révélera d'une importance capitale dans l'affaire EncroChat. Cela veut dire que les différentes parties d'un procès peuvent soumettre toutes les preuves dont elles disposent, et que la validité de ces preuves sera librement évaluée par le tribunal. Cela s'applique également aux preuves obtenues de façon obscure, sauf si elles ont été soutirées sous la torture. D'autres pays, comme les États-Unis ou la Grande-Bretagne, ont des règles d'admissibilité différentes pour ce genre de preuves.

La chef de la RIO désigne ensuite son collaborateur Henrik Söderman, substitut du procureur et interlocuteur pour l'opération internationale visant EncroChat. C'est un homme intrépide, techniquement compétent et fort d'une longue expérience. Lui aussi considère que tout le monde a respecté les règles. Son rôle sera de définir le jour où ils pourront demander l'autorisation à la France d'utiliser le contenu des chats dans le cadre d'enquêtes préliminaires.

Linda H Staaf, de la NOA, a conscience que s'infiltrer dans un serveur en France pour accéder aux communications de citoyens suédois sera sujet à controverse. La Suède n'a jamais été confrontée à ce type de situation. Il est certain que les avocats de la défense s'insurgeront d'une « lecture de masse » de la part d'un autre État en violation de la loi suédoise.

— Peu importe que ce soit légal ou non en Suède, puisque les informations auront été obtenues dans le cadre d'une enquête française en accord avec la législation française, m'expliquera Solveig Wollstad.

Elle ajoutera que l'Union européenne applique le principe de reconnaissance mutuelle des législations pour toutes les coopérations de nature pénale. Sans cela, il serait difficile pour les pouvoirs judiciaires de collaborer.

Au risque de s'exposer à de futures critiques, Linda H Staaf décide donc de poursuivre. Pour une fois, la police a l'opportunité de s'attaquer aux criminels qui « causent tant de misère à la société ». Elle préfère répondre à ceux qui voudront savoir pourquoi la police a choisi de consulter ces chats plutôt qu'à ceux qui lui reprocheront de ne pas avoir saisi cette chance. La perspective de sauver des vies l'emporte sur la crainte d'être jugée, d'autant plus que les procureurs de la RIO lui ont assuré que la loi française était respectée.

— Trop de gens ont peur de faire des erreurs. Moi, je voulais être dans l'action. En restant dans le cadre légal, évidemment, déclarera-t-elle quand je la rencontrerai, bien plus tard.

L'autre argument avancé, c'est que le système judiciaire suédois ne peut pas fermer les yeux sur ces crimes prémédités.

— Il était hors de question de refuser l'occasion de saisir ce type de renseignements, déclarera le substitut du procureur Henrik Söderman.

À peine quelques jours plus tard, la NOA est conviée à une réunion en visio avec Europol. Elle est représentée par Putte, Cattis et deux autres collègues.

Les Suédois apprennent qu'une forme d'opération secrète de surveillance est en cours depuis le 1er avril sur le serveur d'EncroChat dans le nord de la France. Les Pays-Bas et la France ont hacké EncroChat ensemble. Les autres pays conviés sont l'Espagne, la Grande-Bretagne, l'Allemagne et la Norvège.

Le procureur français Alexandre, qui dirige l'opération depuis Lille, raconte que ses collègues ont rapidement été avisés de plusieurs projets de meurtres en Suède, où les usagers d'EncroChat semblaient se connecter. La France et Europol n'ont ni mandat juridique ni ressources pour empêcher les crimes sur le sol suédois sans l'aide des autorités du pays. Compte tenu de la gravité des crimes prémédités, il devenait donc urgent d'inviter la Suède à rejoindre l'opération.

Hanski, l'enquêteur finlandais d'Europol, a déjà argumenté en ce sens. De plus, Alexandre a confiance dans le système judiciaire suédois depuis qu'il a collaboré avec sa police et son parquet. Cependant, comme pour les autres pays, il faut remplir des conditions particulières pour participer à l'opération. La confidentialité doit être strictement respectée du début à la fin. Quant à la Grande-Bretagne, elle sera tenue informée ultérieurement. Depuis que la police britannique a révélé lors d'un procès quelques détails sur les réunions internationales tenues à Eurojust, le pays est temporairement exclu de la coopération.

— Ils ont rompu leur promesse de confidentialité, dit Alexandre.

Les informations obtenues par EncroChat ne peuvent être utilisées que pour prévenir les crimes très graves, et les policiers qui interviennent directement auprès d'un meurtrier potentiel ne doivent pas eux-mêmes savoir d'où elles proviennent. Ils sauront seulement qu'une personne donnée porte une arme à un instant T et pourront procéder à une arrestation pour port illégal d'arme à feu. La véritable cause de l'arrestation ne sera divulguée ni au parquet, ni aux enquêteurs, ni aux policiers en intervention tant que l'opération internationale visant EncroChat ne sera pas achevée et que la France n'aura pas officiellement révélé les chats.

Une fois que les différents participants à la réunion ont clarifié certains points juridiques, l'un des hauts responsables d'Europol prend la parole. Il balaie le petit groupe suédois d'un regard hésitant.

— Vous n'êtes que quatre ? s'étonne-t-il.

— Oui, répond prudemment Cattis.

— Vous êtes sûrs de vous ? Vous allez devoir traiter des milliers de conversations.

PARTIE 2

LA CHAÎNE
MARS 2020

7

À Stockholm, Donvar conduit une Volkswagen Passat flambant neuve. Il ne fallait pas une voiture trop luxueuse, trop facilement repérable par la police. Il n'a pas le permis, mais cela ne l'empêche pas de posséder une voiture à faire conduire à son entourage pour se déplacer. Quand il se balade dans Stockholm, il prend soin de ne pas porter de vêtements de marque ou de montre valant l'équivalent d'un an de salaire de riche. Ces choses-là, il ne les porte qu'en voyage à l'étranger.

Son but, c'est d'atteindre les vingt ou vingt-cinq millions de couronnes en dealant. Ensuite, il prendra sa retraite et ira vivre dans un pays tropical.

C'est à la fin du lycée, quand son intérêt pour l'école a commencé à s'étioler – quoiqu'il restât attentif en classe –, que cette ambition s'est développée. Il voulait gagner vite et beaucoup, sans s'enliser dans des formations ou de longues études. Il s'est tourné vers un gars de son quartier, a commencé par lui acheter une vingtaine ou une trentaine de grammes de cocaïne qu'il revendait de son côté. Ce travail lui correspondait bien, il était charmant, éloquent et avait une vie sociale bien remplie.

La drogue se vendait vite. Son fournisseur lui en procurait de la bonne. Un jour, il a pris sa décision : soit il allait jusqu'au bout, soit il arrêtait là. Plus il prenait de risques, plus il gagnait d'argent. Il voulait passer au niveau supérieur. Les gars du quartier, plus expérimentés, disaient souvent qu'on pouvait avoir la poisse et se faire choper une fois sur cent, mais qu'on pouvait avoir de la chance tout le reste du temps.

Pour Donvar, c'était un bon ratio.

Mais pourquoi se contenter de vingt grammes quand on peut vendre un kilo ? Son business est rapidement devenu prospère, il a dû déléguer, verser un loyer à ceux qui lui servaient de « nourrices » en stockant la came chez eux.

Quand il s'est procuré un EncroPhone, sa vie a changé. Il ne restait plus qu'à se trouver des amis de confiance. Il s'est entouré de plusieurs dealers loyaux à qui confier la gestion de la marchandise et de l'argent. Ça réduisait le risque de se faire attraper personnellement. Si une livraison tombait entre les mains de la police, il savait que ses dealers ne le dénonceraient jamais.

En même temps, il prenait ses précautions. C'est à peine s'il rencontrait en personne ceux qui travaillaient pour lui. Le plus souvent, il recrutait sur recommandation et laissait parfois un ami de confiance s'entretenir avec les candidats pour s'assurer qu'ils avaient les épaules. Certains étaient du coin, d'autres suédois avec des origines étrangères. Donvar préférait recruter des types qui touchaient un salaire, payaient leur loyer et avaient leur permis. Ils pouvaient ainsi transporter la drogue, la stocker chez eux et se débrouiller de façon autonome sans éveiller les soupçons. Et puis, Donvar payait bien.

Comme dans la plupart des réseaux, il avait beaucoup de jeunes à son service, de 17 ans ou plus. La plupart avaient les crocs et voulaient se faire du fric. Donvar se sentait responsable d'eux, d'autant plus que certains venaient de son quartier, étaient les petits frères de copains. Ceux qui se présentaient étaient très jeunes, mais pour lui, ce n'était pas une raison pour les rembarrer. Au contraire, il pouvait leur apprendre à ne pas gaspiller leur argent, à oublier les fringues Adidas et à ne pas lâcher l'école.

— Ne soyez pas le singe, soyez le savant, leur disait-il.

À ses yeux, il n'a jamais exploité ces jeunes, il a seulement tiré parti de leurs ambitions.

— Personne n'est *obligé* de prendre un risque, *forcé* de faire des choses. Sauf s'il a des dettes à éponger. Celui qui prend un risque, il le fait de son propre chef.

Seulement, évidemment, ils sont nombreux à s'endetter, ajoute-t-il après réflexion. Cela arrive souvent après des saisies de police. Certains quittent le pays, disparaissent dans la nature en croyant que le temps fera oublier leurs dettes. C'est faux. Tôt ou tard, ils devront rembourser. C'est souvent là qu'on a recours à la violence. Il faut marquer le coup, sinon d'autres se glisseront dans la brèche et ne paieront pas leur dû non plus. C'est l'un des paradoxes de la lutte contre le crime organisé. Chaque fois que la police saisit de la drogue et retire des produits du marché, quelqu'un en fait les frais et ça sème les graines de nouveaux conflits.

— Je m'en fous. Je veux mon argent, raisonne Donvar, très sérieux.

Inquiet, je me demande jusqu'où il est prêt à aller avec ceux qui ne s'acquittent pas de leurs dettes.

— Je ne dis pas qu'il faut forcément tuer pour des histoires de came ou de fric. Mais celui qui s'endette doit se démerder pour rembourser.

Si le casier judiciaire de Donvar est aussi vierge, c'est parce qu'il a toujours été prudent. Grâce à ça, il peut se promener relativement serein. Il a réussi à mettre sur les rails une affaire qui brasse des millions en permanence. Au printemps 2020, il vend de la coke par briques, entières ou demies. Il achète la marchandise par dizaines de kilos à son fournisseur qui s'occupe de gérer l'importation. Une brique équivaut à un kilo. Un « *gubbe* » en suédois, c'est un gramme. La pandémie court toujours, mais la fermeture des frontières n'empêche pas la drogue de circuler. Les coursiers trouvent toujours le moyen de passer. Ce sont ceux qui instaurent les meilleures chaînes logistiques qui empochent le plus. Un camion peut transporter, mettons, quatre-vingts kilos de shit ; une autre fois, il importera deux cents kilos depuis l'Espagne. Mais ce que Donvar préfère vendre, c'est la cocaïne, elle offre un meilleur rendement.

Ce qui inquiète le plus les clients, c'est le passage de la frontière française, où les contrôles sont les plus stricts, d'après Donvar. À l'inverse, c'est par le pont de l'Øresund que les livraisons rencontrent le moins de problèmes, affirme-t-il. Là-bas, les contrôles sont plus cool.

Pour passer les premiers contrôles en Europe, c'est d'abord une histoire de chance, à moins de soudoyer les douaniers, mais Donvar n'en est pas arrivé là. La corruption, c'est pour les gros poissons, ceux qui importent de grosses quantités de cocaïne d'Amérique du Sud et qui ont les moyens de payer des pots-de-vin aux dockers et aux douaniers. D'après les rapports de renseignements de la police, quatre-vingt-quatre gros fournisseurs cibleraient la Suède. On estime qu'une quarantaine d'entre eux font passer en contrebande plus d'une tonne de drogue par an, et cela peut monter jusqu'à huit tonnes. La plupart sont basés en Espagne ou aux Pays-Bas. Donvar me dit que tous ces chiffres ne le surprennent pas, et ce n'est que la partie émergée de l'iceberg, ceux qui attirent l'attention du public. Sous la surface, il y a probablement une centaine de types comme lui, qui ont de l'argent et prennent eux aussi le risque d'importer des produits stupéfiants, mais qui savent passer sous les radars de la police.

Il dépeint une Suède dont les nombreux acteurs tissent tous des liens entre eux, de près ou de loin. C'est un peu comme si ce réseau était composé d'une armada de courtiers en bourse qui faisaient tous équipe ensemble. La seule différence, c'est qu'il est question de grosses quantités de drogue divisées en petites quantités, réparties entre de moindres acteurs à différents niveaux. Donvar affirme que s'il s'était mis à dealer dix ans plus tôt avec un réseau plus développé, il serait le « Pablo Escobar d'aujourd'hui ».

L'argent gagné, il l'a investi dans des appartements en Suède et à l'étranger, encore loués aujourd'hui. Pour effacer tout lien entre lui et ces logements, il les confie à ses proches qui en sont officiellement propriétaires. En outre, il possède plusieurs montres luxueuses, dont une Rolex Daytona en or rose d'une valeur de plus de quatre cent mille couronnes. Et il dit que l'argent ne fait pas le bonheur. N'oublions pas que la criminalité n'a pas que des avantages : ça pousse à la remise en question et provoque un stress permanent. Ce n'est pas tant la crainte d'être arrêté, car il prend soin de ne pas fréquenter d'autres criminels, que la pression de devoir se fournir en permanence pour satisfaire aussi bien ses dealers que ses clients.

Depuis longtemps, ses parents le soupçonnent de baigner dans des affaires illégales. Sinon, d'où viendrait tout cet argent ? Mais ils ferment les yeux, même s'ils n'ont jamais caché leur répugnance pour tout ce qui touche à la drogue. Pour eux, c'est pire que tout.

— Tremper dans la drogue, c'est comme vendre son âme, avaient-ils dit dans la langue maternelle de Donvar.

— Je ne trempe pas dans la drogue, leur avait-il assuré d'un air grave.

Il ne s'était jamais fait arrêter, c'était son principal argument.

— On dirait que l'argent t'a empoisonné le sang. Quand tu deviens accro à la thune, c'est pire que de l'héroïne, ont répondu ses parents.

Oui, c'est possible, pense Donvar. Il est tombé dans le piège. Il n'est pas fier de trafiquer des stups pour gagner de l'argent, mais il ne pourrait jamais gagner autant avec un boulot classique.

Il ne se soucie pas de savoir qui sont ses clients. Ce sont des adultes, se dit-il. S'ils n'achètent pas chez lui, ils achèteront ailleurs.

8

Parmi tous les petits dealers qui se fournissent auprès des différents réseaux de Stockholm, il y a Sara, une jeune femme d'une vingtaine d'années qui a toujours réussi à échapper aux autorités. Elle essaie d'être prudente, s'habille correctement et se fond dans le décor.

Un jour, elle tourne en rond dans le centre commercial de Farsta en attendant un client à qui elle doit vendre deux kilos de cannabis. Elle porte des lunettes et un voile, bien qu'elle soit chrétienne orthodoxe, pour ne pas attirer l'attention. Les affaires se portent bien, elle se voit comme une entrepreneuse, même si ses projets d'études pour devenir avocate ou comptable sont sur pause.

C'est la vie.

Après le lycée, elle a fait une dépression, passant le plus clair de son temps chez elle à noyer ses angoisses dans le cannabis ou la cocaïne. Elle pouvait fumer jusqu'à cinquante grammes de cannabis par semaine. Cette dépendance lui coûtait cher, sachant que les aides sociales étaient son unique source de revenus. Ça couvrait tout juste le loyer avec une petite marge de trois mille couronnes. Une amie qui connaissait son parcours, avec deux parents destructeurs dont un père en prison, lui avait posé cette question :

— Tu as plus de *couilles* que n'importe qui que je connais. Tu as grandi dans cette vie. Tu n'as pas un rond. Pourquoi tu ne dealerais pas, toi aussi ?

Fille de deux criminels, Sara avait du mépris pour les dealers et autres malfaiteurs. Parfois, elle croit avoir rêvé des souvenirs qui, en fait, se sont vraiment produits. Un père défoncé cherchant sa came cachée dans un cimetière, ou ses parents dissimulant un pistolet sous ses vêtements de petite fille le temps d'un trajet en voiture, au cas où la police les arrêterait et dans l'espoir qu'ils ne fouilleraient pas l'enfant.

Si on lui avait dit qu'elle basculerait dans la criminalité à 15 ans, elle aurait été dépitée. C'était impensable. Elle me raconte le soir où elle a invité des copains et que l'un d'eux s'est roulé un joint.

— J'ai pris une chaise et je l'ai frappé à la tête en lui hurlant : « Pas de cette saloperie chez moi ! »

Malgré cela, elle a fini par dériver. D'un naturel sociable et d'un physique avantageux, elle n'a jamais eu de mal à s'intégrer dans de nouveaux cercles. Et sans même le voir venir, elle s'est mise à sortir à Stureplan avec des héritiers de familles riches. En se mêlant à ces gens-là en soirée, Sara s'imaginait qu'elle aussi, un jour, vivrait dans un grand appartement ou dans une villa à Danderyd.

— Je pensais que si je côtoyais les riches, je finirais par en devenir une.

Son aversion pour la consommation récréative de drogue s'est rapidement transformée en tolérance. Et son monde a basculé quand elle a suivi le conseil de son amie : elle s'est mise à dealer. Ça a commencé par du cannabis qu'elle revendait à ses meilleurs amis. Elle achetait de la mauvaise came qu'elle revendait en moins de deux. Puis, trois mois plus tard, elle gagnait plus d'argent, se procurait de la meilleure marchandise et son répertoire comptait 266 clients qui la contactaient quotidiennement. Très vite, elle pouvait revendre cinq cents grammes de cannabis en une semaine pour un total de soixante-dix mille couronnes. Ça faisait environ trente mille couronnes pour sa poche. D'après elle, si les affaires ont décollé si vite, c'est parce qu'elle est une femme dans un milieu d'hommes.

— Tout le monde se passait mon numéro. Ils voulaient tous acheter à une fille. Ça faisait cool et c'était plus discret. Je n'étais pas prise de tête, je parlais bien suédois et j'étais plutôt sophistiquée.

Au début, elle continuait de frayer avec ses amis riches, à qui elle se gardait bien de dire comment elle gagnait sa vie, à l'exception d'un ancien petit ami. Il est devenu l'un de ses meilleurs clients et lui commandait cinq grammes de speed chaque vendredi.

— Les riches sont les pires, soupire Sara en racontant comment son ancien petit ami lui réclamait d'inviter une copine pour un « plan à trois ».

Un soir, il a essayé de lui lécher l'oreille. Elle s'est sentie « sale, comme une pute », alors qu'elle voulait seulement faire son boulot. Son monde a viré à l'enfer.

— Si tu me touches encore une fois, je te tranche la gorge et je prends ta thune. Pigé ?

Il a payé pour son speed et a filé.

Une autre fois, on l'a invitée dans un club pour livrer de la drogue à des hommes d'affaires. Ce jour-là, elle a perdu ses moyens. Au lycée, elle avait la sensation d'avoir le monde à ses pieds, malgré des notes moyennes. Mais à ce moment-là, elle est redevenue une gamine des rues. Une « *farstaglitter* », terme suédois pour désigner les filles de banlieue qui viennent en ville traîner dans des groupes plus aisés.

Mais quand elle menait ses affaires, quand elle rencontrait ses clients, elle éprouvait ce frisson dont on lui avait parlé. Rien que d'envisager la commande d'une grosse quantité de drogue, ça avait quelque chose d'excitant. Il fallait planifier le trajet en détail, se mettre en condition. Il était nécessaire d'être vigilante, toujours sur ses gardes. Elle n'écoutait jamais de rap en voiture quand elle partait acheter une grosse quantité de marchandise, plutôt du ABBA. Si elle se faisait arrêter, la police ne soupçonnerait jamais qu'une fan d'ABBA puisse avoir plusieurs kilos de stups dans le coffre.

Mais plus elle avait de clients, plus le risque grandissait que l'un d'eux se fasse prendre et que la police remonte jusqu'à elle.

C'est pourquoi elle a changé de moyen de communication, optant pour l'application cryptée Wickr, conseillée par l'un de ses fournisseurs.

Un jour, elle a reçu une nouvelle livraison et envoyé un message à des centaines de clients qui se sont aussitôt connectés sur son compte Wickr.

« Salut tout le monde, j'espère que tout va bien. Voilà le menu », écrivait-elle en introduction.

Puis elle décrivait le cannabis en lui associant des notes aromatiques terreuses et boisées ou citronnées. « Dunderladd » est en stock, disponible à huit cents couronnes pour 0,7 gramme. Bien sûr, on pouvait en commander plus si on le souhaitait. Plus bas sur la liste, les clients trouvaient du tramadol. Ça partait à trois cents couronnes pour une plaquette, puis le prix était dégressif.

À la fin du message, Sara informait ses clients qu'elle pouvait livrer, mais il fallait payer un supplément. S'ils avaient des questions, qu'ils n'hésitent pas à les poser, puis elle terminait par d'amicaux : « Portez-vous bien » et « Bien à vous ».

Peu après l'envoi du menu, les notifications ont commencé à affluer. Un client voulait passer commande. C'était un type qu'elle connaissait, à qui elle a confirmé une livraison devant son lieu de travail.

Elle avait l'habitude de prendre le métro, mais le point de rendez-vous était à deux pas, elle s'y est donc rendue en trottinette électrique. Un quart d'heure plus tard, elle garait sa trottinette et s'approchait du client ravi de la voir. Elle l'a pris dans ses bras, profitant du mouvement pour glisser la drogue dans sa poche gauche et en ressortir l'argent qui l'attendait.

— Comment tu vas ? Ça fait plaisir de te revoir ! a-t-elle dit.

— Et comment ! Et toi, la forme ?

Ils se sont baladés pour rejoindre un coin plus tranquille. Pour les passants, ils étaient deux vieux amis, personne ne pouvait deviner qu'une dealeuse livrait à son client.

Dès lors qu'elle est passée à Wickr, les affaires sont devenues florissantes et elle a gagné plus d'argent qu'elle n'aurait osé en rêver. Elle me montre une photo où on la voit allongée sur un canapé noir, en survêtement, sous un tas de billets de cinq cents couronnes, regardant l'objectif en léchant une glace Calippo.

Dans son appartement, elle rangeait son argent liquide dans des boîtes à chaussures Gucci et Louis Vuitton. Chaque boîte était associée à un produit qu'elle vendait. Ses cours de comptabilité au lycée portaient leurs fruits, elle était organisée. La plupart des bénéfices étaient mis de côté, sauf ceux de la coke, réservés à ses petits achats compulsifs. C'était de l'argent facile, ça se vendait vite. Pour les impératifs, par exemple la réparation du lave-vaisselle, elle piochait dans la boîte de l'ecstasy. C'était son fonds d'urgence. Dès que l'une des boîtes atteignait les vingt mille couronnes, elle remettait l'argent à une connaissance qui cachait les épargnes de Sara chez elle en échange de drogue gratuite. Chez un autre client, elle avait installé son « bureau », comme elle l'appelait. C'était un appartement où elle stockait les stups et préparait ses livraisons.

Un vendredi soir, quand tout allait financièrement pour le mieux, elle buvait une bière et refaisait le monde avec une amie dans un bar miteux de Skanstull, à Södermalm. Cependant, l'argent avait beau couler à flots, elle ne se sentait pas épanouie.

— Je gagne à fond, mais je ne me fais jamais plaisir.

Une limousine noire s'est garée devant le bar. Les deux amies sont montées à bord et se sont fait servir du champagne par le chauffeur qui les a ensuite baladées dans Stockholm de nuit. Elles écoutaient des chansons de Yasin, sniffaient de la cocaïne et buvaient du champagne. Pendant une seconde, Sara a eu l'impression d'être une baronne de la drogue. Le chauffeur a fini par s'arrêter pour leur demander :

— Vous ne voulez pas aller chercher des amis ?

— Non non, c'est juste pour nous, a-t-elle répondu avant de lui donner quelques billets de cinq cents couronnes pour poursuivre la balade.

Pour le chauffeur, ce n'était pas banal de conduire deux jeunes femmes seules.

— Qu'est-ce que vous faites dans la vie ? Strip-teaseuses ?

Il commençait à être agaçant. Sara a retrouvé sa désinvolture de gamine des quartiers.

— Les strip-teaseuses, c'est mes clientes. Elles viennent me voir quand elles ont besoin d'oublier leurs problèmes, a-t-elle rétorqué avec un regard l'invitant à la boucler et à conduire.

À cette époque, elle était en couple avec un type malsain qui trempait dans des réseaux criminels. Comme ils cherchaient un appartement, une connaissance de Sara a proposé de leur louer le sien, mais s'est rétractée juste avant l'emménagement. Les amis du petit copain ont décidé de faire payer Sara pour ce mauvais plan ; après tout, elle en avait les moyens. Le petit ami lui-même a menacé de rompre si elle ne faisait pas ce que ses amis réclamaient. Elle a refusé.

Après ça, on lui a interdit de dealer pendant un temps, elle n'avait plus le droit de se fournir auprès de ce réseau. Elle était désemparée et craignait pour sa vie. C'était l'occasion de changer de cap ; mais dans ce milieu dirigé par des machos, une femme n'était rien de plus qu'un objet qu'on pouvait posséder.

— Beaucoup de nanas qui ont vécu ce genre de relation toxique ont fini battues presque à mort, me racontera-t-elle.

Son interdiction de dealer a été levée après qu'un ami a payé l'« amende ». Une fois réhabilitée, elle s'est tournée vers d'autres filières. Elle s'est rendue à Tensta, où elle s'est fait voler quatre-vingt mille couronnes en achetant du haschich. Mais elle a reconnu l'un des voleurs et appelé ses contacts qui sont parvenus à récupérer son argent.

Une autre fois, elle a participé elle-même à un règlement de comptes. Un homme servait de « nourrice », il recevait régulièrement pour Sara deux kilos de haschich par la poste en provenance du Maroc, en échange d'une sorte de loyer. Un jour, le loyer n'arrivait pas et il a menacé Sara sans savoir qu'elle était entourée de gros bras à l'instinct violent. En guise de réponse à ces menaces, Sara et deux types ont enfermé le traître dans un placard, un pistolet pointé sur la tempe. Contraint à l'humiliation, il a dû retirer la chaussette de Sara et lui sucer le gros orteil pour lui demander pardon. C'était sa manière à elle de montrer ce qui arriverait à quiconque s'en prendrait encore à elle.

Le vol, la violence et les menaces sont monnaie courante dans ce milieu. C'est pourquoi elle a toujours veillé à maintenir de bonnes relations avec ses plus gros fournisseurs et à continuer de satisfaire ses clients.

Mais parfois, elle était obligée de se tourner vers de nouveaux collaborateurs. Un jour, juste avant un achat, un contact les a mis en garde, elle et son associé : c'était un piège, ils allaient se faire voler. Elle a suivi le conseil et ne s'est pas présentée au rendez-vous.

Le soir, le téléphone a sonné. C'était le nouveau fournisseur qui réclamait qu'elle sorte pour qu'ils règlent cette situation. Toujours en pyjama, elle a enfilé un manteau, un bonnet et des bottes fourrées. On l'attendait dehors, une arme à la main. Elle a été forcée de suivre la personne dans un petit bois où son associé était à genoux dans la neige, un pistolet braqué sur le visage.

Il était entouré de plusieurs adolescents. Sara n'avait jamais croisé un regard aussi sombre que celui du jeune qui tenait l'arme.

— Je ne veux pas me battre, a-t-elle pleuré, le corps secoué par le froid et la terreur.

Sara et son associé ont finalement été relâchés.

Après cet incident, Sara a appris une nouvelle qui lui a fait prendre conscience que cette vie n'était plus faite pour elle : elle était enceinte de son nouveau petit ami. Un proche, lui-même ex-criminel, lui a également expliqué que le deal n'était pas compatible avec la parentalité. Sara en était d'ailleurs un bon exemple.

— Je vais économiser tout ce que je pourrai jusqu'à l'arrivée du bébé, et après j'arrête, a-t-elle confié à l'un de ses plus vieux clients.

Dans l'été, un client l'a contactée sur Wickr. L'accouchement était prévu quelques semaines plus tard à peine et Sara se sentait lourde, comme si toutes ses articulations allaient céder. Le client souhaitait acheter deux pochons de beuh. Comme c'était un habitué, elle l'a laissé entrer chez elle au lieu de lui donner rendez-vous au centre commercial.

C'était agréable d'avoir quelqu'un à qui parler, comme si un copain passait la voir. Elle avait perdu presque tous ses anciens amis quand ils avaient appris qu'elle dealait. Tester la drogue, pourquoi pas, mais fréquenter une dealeuse, non merci.

Le client était toujours là quand ses contractions ont gagné en intensité. Comme elle enregistrait ses contractions dans une application, celle-ci lui a suggéré de préparer son sac et de se rendre à l'hôpital pour accoucher.

— Reste avec moi le temps que mon copain arrive. Il est bloqué dans les bouchons, a-t-elle demandé au client.

Ce dernier était enthousiaste, presque prêt à assister à l'accouchement. Il s'est assis par terre et a posé prudemment son sac devant lui.

— Ça te dérange si je m'en roule un ? Je le fumerai plus tard.

— Non, vas-y. Tu peux le fumer maintenant si tu veux, a-t-elle gémi en le regardant préparer son joint.

Ce fut sa dernière vente. Au retour du petit ami, le client s'en est allé. Vers minuit, Sara a été admise à la maternité et a donné naissance à son enfant. Son doux bébé endormi sur sa poitrine, elle a vendu son compte Wickr à un ami qui a récupéré les 920 clients et 40 contacts qu'elle avait accumulés dans le milieu de la pègre.

9

Maja, assistante sociale, travaille avec des jeunes à problèmes, notamment de drogue. Elle-même en consomme depuis le lycée et fêtera bientôt ses 30 ans. Ce soir, elle dîne chez des amis. Ils préparent des pâtes à la carbonara sur fond musical en dégustant du vin rouge, mais quand l'ivresse invite la fatigue, les regards se font conspirateurs.

— Bon, on s'achète de quoi s'amuser un peu ? propose l'un d'eux.

Cette fois, c'est au tour de Maja de commander sur Wickr. D'habitude, elle se fournit auprès d'une fille spécialisée dans le cannabis, mais qui propose une large gamme d'autres stups. Cette fois, elle choisit un autre dealer qui vend de la bonne coke. Maja sait ce qu'il a en stock, elle a reçu le menu de la semaine. En bas de la liste de produits et leurs tarifs, le dealer précisait ses conditions pour l'achat et la livraison. Ni Swish[1] ni carte bancaire. Seulement en liquide, et il faut avoir l'appoint. Quant au point de livraison choisi, il doit être « calme et discret, où l'on ne risque pas de croiser les flics ». Dernier détail important : « Testez les produits chez vous, pas à proximité de notre point de rendez-vous. »

Une demi-heure plus tard, un message informe Maja que la voiture attend dehors. Elle descend l'escalier à la hâte et aperçoit un taxi. Elle monte sur la banquette arrière et s'étonne d'avoir affaire à une jeune femme d'une vingtaine d'années assise derrière le chauffeur. C'est une bonne surprise, les dealeuses rassurent Maja.

---

1. N.d.T. : logiciel qui permet d'effectuer des paiements en ligne.

C'est certainement le but. Elle lui tend un billet de mille couronnes et récupère en échange une petite boule de cocaïne. Puis Maja ressort de la voiture pour rejoindre ses amis qui accueillent son retour en triomphe.

Sur la table de la cuisine, on étale la poudre blanche sur une assiette. Maja se prépare une ligne avec sa carte bancaire. Son amie, publicitaire, monte le volume de la musique tandis que Maja roule un billet de cinq cents couronnes et se penche sur la table.

Un jour de printemps, je retrouve Maja dans un café de Södermalm. Elle a la gueule de bois, mais tenait à venir quand même. C'est important pour elle de raconter son histoire, en tant que consommatrice, d'autant plus qu'elle travaille auprès de gens dont la vie a été détruite par la drogue.

Quand je l'interroge sur sa responsabilité en tant qu'assistante sociale alors qu'elle-même consomme de la drogue, je la sens mal à l'aise.

— C'est de la double morale, j'en ai conscience, mais je préfère ne pas trop y réfléchir, commence-t-elle.

Si elle continue de se doper, c'est parce que ça lui fait du bien, assez pour contrebalancer le fait qu'elle cautionne une pratique qui va à l'encontre de ses valeurs.

— J'ai deux comportements contradictoires et, pour l'instant, je ne l'assume pas vraiment, reconnaît-elle avant de boire une gorgée de thé.

Elle se sent responsable des personnes dont elle s'occupe en tant qu'assistante sociale. Pour beaucoup, ce sont des jeunes à problèmes, mais ils sont motivés pour changer de vie.

— Et en même temps, ce sont des jeunes comme eux qui me fournissent.

En disant cela, elle se rend compte qu'elle a une responsabilité envers eux, mais aussi envers elle-même si elle compte se sevrer un jour.

— On ne peut pas tout mettre sur le dos des autres, me dit-elle.

Mais elle le fait pour se dédouaner, pour déculpabiliser.

— Si une seule personne arrêtait d'acheter de la drogue, ça ne changerait rien, le marché serait toujours là. Le problème est sociétal. Pour changer les choses, il faudrait que tout le monde s'y mette ensemble.

Je lui demande si, en tant qu'assistante sociale, elle a réfléchi aux solutions qui résoudraient ce problème sociétal, qui mettraient fin aux fusillades, aux guerres de gangs et à tous les abus liés à la drogue.

— C'est à cause des politiciens qu'on en est arrivés là, soutient-elle. Ils devraient rénover les quartiers sensibles, mobiliser des fonds pour les écoles, pour que tout le monde ait un accès au logement et à l'emploi. Ça réduirait la criminalité, les gens se tourneraient moins vers le deal.

— Et côté clients, ça réduirait la demande aussi ? interrogé-je.

Elle marque un silence.

— Alors ça, j'en sais rien…

PARTIE 3

JOUR J
MAI 2020 – JUIN 2020

10

Au matin du 1er mai 2020, Putte se réunit avec ses trois collègues des renseignements et les chefs de la NOA. Par la fenêtre, le soleil radieux annonce l'approche de l'été, mais dans les locaux de la NOA, le silence règne et les couloirs sont déserts. Presque tout le monde est en télétravail car le virus se propage. Un confrère de la région Sud a fait le déplacement jusqu'à Stockholm, mais un cinquième collègue, de la région Ouest, est en visio. Pour l'instant, ils ne peuvent pas être plus nombreux, car la NOA ne dispose que de quelques accès à la messagerie chiffrée. Hanski, le confrère finlandais, se connecte depuis Europol et explique comment se repérer dans les chats.

Putte est surpris, il ne s'attendait pas à des contenus aussi détaillés. C'est comme s'ils étaient assis à la table des criminels qui discutaient ouvertement de meurtres, de kidnappings, d'explosions et de trafic de drogue à grande échelle. On peut enfin avoir une longueur d'avance, pense Putte, mais il prend également conscience du poids énorme qui repose sur ses épaules et celles d'une poignée de collègues. Quand il entame la lecture des chats, son euphorie se change en affolement.

Un message mal interprété, c'est potentiellement un meurtre qu'ils ne pourront pas empêcher.

Les premiers jours, ils s'organisent pour structurer le traitement des données. Leur premier défi sera de découvrir les personnes cachées derrière les différents alias. Putte et ses plus proches collègues se concentrent sur l'identification des expatriés.

Ils mettent rapidement un nom sur Mujaheed, le leader du réseau de Vårby : c'est Chihab Lamouri. Ces derniers temps, on le repère régulièrement en Espagne, où les images de caméras de surveillance de police le montrent en compagnie d'autres criminels suédois connus. Parmi des selfies qu'il prend devant son miroir, Lamouri a envoyé ses ordres depuis l'Espagne à ses subordonnés en Suède, notamment pour organiser le meurtre de son rival de toujours, Maykil Yokhanna, lors du week-end de Pâques. Les agents étant censés chatter sans compromettre la confidentialité de l'opération, le groupe s'installe dans une salle de conférence. Ils mettent en place écrans et ordinateurs dans ce qui deviendra leur lieu de travail pour les prochains mois.

Pour que le groupe se tienne à jour de la quantité colossale d'informations à traiter, Cattis a établi un tour de permanence, afin qu'un seul collaborateur à la fois recherche des mots-clés parmi les centaines de milliers de messages que font affluer les Français.

Ils découvrent un vocabulaire nouveau, même pour les policiers aguerris.

Qu'est-ce que les Suédois entendent par « *japp* » ? Ou par « *goare* » ?

Japp renvoie à la personne qui se fera bientôt assassiner, et le *goare* est le leurre, celui qui attire la victime jusqu'au piège.

Le 4 mai au soir, des images de l'artiste Einár commencent à circuler sur les réseaux sociaux. Le journal *Aftonbladet* publie un article sur son site. Le nom de l'artiste n'y est pas cité, mais des photos montrent le rappeur de 17 ans attaché, battu, humilié. Dans la même soirée, il commente son enlèvement dans une vidéo publiée sur son compte Instagram.

« Wallah, j'ai un truc à vous dire. N'importe qui peut se faire kidnapper et tabasser, n'importe qui… J'ai rien compris, frères, mais ça va. Je suis bien vivant. »

Ni Putte ni ses collègues n'ont eu le temps de voir ces photos quand ils ont traité les chats, mais ils en ont entendu parler, comme tout le monde. En approfondissant les recherches sur EncroChat, ils finissent par retrouver des images originales échangées quelques semaines plus tôt. On y voit entre autres le rappeur et son soi-disant copain Haval Khalil, qui était en réalité le leurre, le *goare* pour attirer Einár dans l'appartement de Vårby où l'attendaient ses agresseurs. Au fil des recherches, la police découvre que ce projet de kidnapping était dans les tuyaux depuis longtemps. Ce jour-là, ce devait être un autre rappeur, Yasin, mais ils ont changé de victime à la dernière minute. Cet enlèvement faisant à présent l'objet d'une enquête officielle, ils passent à l'affaire suivante.

Pendant ce temps, on décide de mobiliser les sept régions de police suédoises. Les conflits et autres projets de meurtre sont trop nombreux, les agents de terrain des différentes régions seront plus à même de les informer sur les criminels de leur circonscription. Le petit groupe de la NOA ne pourra jamais suivre les milliers de chats qui transitent chaque jour par Europol.

Seulement, la perspective d'intégrer de nouveaux éléments dans l'opération inquiète. La moindre fuite vers le camp des criminels ou info livrée aux journaux ficherait tout leur travail en l'air. Sans parler de la réputation de la police suédoise à l'international.

Les policiers sont sous pression. À chaque fois qu'ils échouent à déjouer un projet criminel à temps, des vies humaines sont inutilement sur la sellette. Les agents racontent qu'ils passent des nuits entières à parcourir les chats avec la boule au ventre. La première chose que font Putte, Cattis et leurs collègues des renseignements le matin au réveil, c'est de lire la une des journaux : quelqu'un a-t-il été abattu ? Y a-t-il eu de nouvelles explosions ? Pour une fois qu'ils peuvent suivre des projets de crime avant qu'ils ne soient commis, l'heure est à l'angoisse permanente.

S'il n'y a eu aucune violence dans la nuit, ils peuvent souffler. Cependant, le 19 mai 2020, ils découvrent au réveil un article glaçant dans l'*Aftonbladet*.

Un homme à l'hôpital à la suite d'une fusillade.

Vers 8 heures du matin, à Viksjö, au nord-ouest de Stockholm, un homme d'une vingtaine d'années a été criblé de balles devant un arrêt de bus. D'après l'article, il fréquentait des réseaux criminels. L'auteur présumé des faits aurait fui les lieux à vélo électrique et la police aurait déployé la grosse artillerie : voitures de police, hélicoptère et ambulance. Sous l'article, la photo d'un arrêt de bus aux parois de verre brisées.

Quand les agents arrivent au travail ce matin-là, la fusillade occupe toutes les conversations. Cependant, le crime ayant déjà été commis, une enquête classique est en cours au commissariat de la circonscription. Pour les agents, la multitude d'autres projets de crimes à déjouer passe en premier.

Au bout d'une semaine environ, Putte tombe enfin sur les chats concernant la planification de la fusillade de Viksjö. En cherchant différentes variantes du terme « *japp* », il découvre des messages datant du soir même où l'attaque a eu lieu. Une personne associée au réseau de Jakobsberg et se faisant appeler Ftpftp discute avec Rolexmannen, qui a vécu autrefois à Malmö et a rencontré Ftpftp en prison. Ils se moquent du tireur qui a échoué dans sa mission.

Plus haut dans l'historique de ce chat, Putte apprend qu'un appartement a été mis à disposition. En suédois, on appelle ce type de logement un « *tryckarkvart* ». Le frigo est rempli de plats préparés pour que le tireur s'y retranche quelques jours après son coup. Par l'intermédiaire d'un ami, Rolexmannen a dégoté un jeune de Rinkeby volontaire pour cette mission. Un gamin tellement loyal qu'il est prêt à accomplir la mission gratuitement.

Tout ça pour prouver sa fiabilité et grimper les échelons, suppose la police.

« Après ça, on pourrait au moins lui refourguer une montre », suggère l'un des acteurs du projet.

« Grave, frère, on en tient un bon, là », opine Ftpftp.

La veille de la fusillade, ils sont surexcités.

« Putain, frère, il me tarde d'être demain, j'ai pas fermé l'œil, haha », écrit Ftpftp à Rolexmannen.

Le soir de la veille du meurtre, tous deux poursuivent la discussion. Le tireur les impressionne. D'apparence, c'est un gamin normal, mais « faut pas se fier aux apparences ».

« Ton pote a formé un vrai soldat sous ses airs de petit bonhomme tout mignon, haha », écrit Ftpftp à Rolexmannen, dont la femme est enceinte à ce moment-là.

L'ami en question qui a recommandé le jeune tireur serait membre du noyau dur de la Patrouille de la Mort, d'après plusieurs sources. Comme ses complices, il passe le plus clair de son temps en Espagne, où il sera arrêté quelque temps plus tard. La Patrouille de la Mort, gang de Rinkeby, est connue pour son exploitation d'adolescents influençables afin d'en faire des machines à tuer. Et quand l'un d'eux disparaît dans la nature, il n'est pas difficile d'en trouver un autre prêt à tout pour prouver sa loyauté absolue.

Rolexmannen se moque du jeune.

« Haha, pauvre gosse, ils ont foutu sa vie en l'air. »

« Hahahaha », reçoit-il en guise de réponse.

On apprend plus tard que le tireur de Viksjö était un jeune de 16 ans, originaire de Rinkeby. Il avait accumulé les problèmes depuis son retour de Somalie, le pays d'origine de ses parents. La famille de onze enfants était retournée y vivre pendant trois ans, leur faisant sécher l'école pourtant obligatoire. Dans le quartier de Järva, il n'était pas rare que des élèves s'en aillent pendant de longues périodes dans le pays d'origine de la famille.

En Somalie, l'adolescent a fréquenté l'internat d'une école religieuse pendant plus d'un an, période que les services sociaux supposent traumatisante. Au retour de la famille en Suède, quand le garçon a repris les cours au collège de Rinkeby, le personnel s'est rapidement alarmé. Il avait de grosses lacunes scolaires et refusait la moindre forme de soutien.

Il a préféré quitter l'école.

Au cours des deux dernières années de collège, il a changé neuf fois d'établissement et n'a jamais validé son brevet. Déscolarisé et embarqué par l'un de ses grands frères, il a rejoint d'autres gamins fidèles à la Patrouille de la Mort. C'est là qu'il aurait commencé à consommer du cannabis et du tramadol. Avec ses parents, le dialogue était rompu. Quelques jours avant Noël 2019, la police l'a retrouvé dans un appartement de Sundsvall, avec d'autres jeunes de la Patrouille de la Mort. Il a aussitôt été pris en charge par les services sociaux.

En mai 2020, il a été placé en foyer d'accueil à Smedjebacken, dans le comté de Dalécarlie. Mais à peine une semaine plus tard, il a fugué en s'échappant par la fenêtre.

Toutes ces informations seront retrouvées plus tard par les policiers. L'enquête est menée par Jacob, dont la longue expérience fera de lui un élément crucial dans l'opération de la messagerie chiffrée.

Dans les chats, la police découvre que le jeune de 16 ans est allé dans l'appartement préparé par Ftpftp, qui y a laissé une arme chargée à son adresse. C'est là qu'il s'est préparé. Grâce à un complice surnommé le Poisson, les commanditaires du meurtre ont obtenu des informations sur l'heure et l'arrêt de bus où devait se trouver la cible. Cette dernière était connue du Poisson, ils avaient purgé une peine de prison ensemble à Kumla en 2019, et en jouant double jeu, il est parvenu à faire parler son ami sur sa routine matinale.

— Je croyais qu'il était content pour moi, parce que j'avais trouvé un nouveau boulot, je changeais de vie. C'est dingue de trahir quelqu'un comme ça, aussi sournoisement, déclare Peter, la victime de bientôt 26 ans.

Le 19 mai 2020 à l'aube, il sortait de chez lui pour traverser le tunnel qui passe sous Viksjöleden. Il a remarqué quelqu'un assis sur un banc près de l'entrée du tunnel, mais n'y a pas vraiment prêté attention. Il était face à la route quand une douleur violente lui a soudain brûlé le corps.

C'était un ou deux coups de feu. Il s'est retourné et a aperçu un « petit gamin ». Il ne le connaissait pas.

Au début, il a cru à une plaisanterie, puis a vite compris la gravité de la situation et s'est mis à courir. Le jeune était à ses trousses. Peter avait l'impression que son corps pesait des tonnes, et au bout de vingt mètres à peine sur un petit chemin, ses jambes ont cessé de le porter et il s'est effondré.

Il était touché de plusieurs balles, mais l'adrénaline était telle qu'il ne sentait pas encore la douleur. Des témoins ont vu un jeune garçon noir s'approcher de lui, le visage caché sous sa capuche et portant un masque turquoise.

Gisant dans une mare de sang, Peter a regardé le garçon le toiser et a rassemblé ses dernières forces pour lever la main et se protéger le visage. Il voulait demander grâce mais aucun son n'est sorti de sa bouche, il a seulement eu le temps de penser : c'est comme ça que je vais mourir ?

Puis un nouveau coup de feu. Sa main fumait et dégoulinait de sang. Elle avait arrêté la balle qui aurait dû être la dernière, mortelle.

— Au secours ! a-t-il fini par geindre.

Le tireur a disparu et plusieurs personnes se sont approchées. Les ténèbres commençaient à se refermer sur lui, tous ces gens qui s'affairaient alentour l'épuisaient, mais il a réussi à rester éveillé. L'ambulance est arrivée et quelqu'un a découpé ses vêtements.

Quand il était en soins intensifs au centre hospitalier de Karolinska, son frère est venu le voir. Il était accompagné d'un ami. C'était le Poisson, impliqué dans l'affaire. Il voulait donner à Peter l'identité des responsables.

— Pour moi, ça n'avait aucun sens. Je n'avais aucun problème avec personne, dit Peter.

Après de multiples opérations et un long séjour à l'hôpital, il a finalement pu sortir, mais avec des séquelles à vie. Les deux premières années, il a passé presque tout son temps alité, perdant ses 94 kilos de muscles pour tomber à 52 kilos. Plus tard, il comprendra que ses anciens amis, qu'il connaissait depuis l'enfance, avaient engagé un gamin de 16 ans pour le tuer comme ça, gratuitement.

— C'est humiliant, rapporte-t-il. Mais dans la rue, ça marche comme ça aujourd'hui.

Les règles du jeu ont changé. Maintenant, on se sert des ados pour tuer. Ça leur permet de s'élever dans la hiérarchie en risquant à peine deux ou trois ans de prison.

— Moi, si je tuais quelqu'un, je risquerais la prison à vie. Mais pas un mineur de 16 ans qui n'a plus rien à perdre, explique Peter.

Il ne comprend pas pourquoi on a tenté de le tuer et espère un jour obtenir des réponses. S'il avait pu parler à ses vieux copains, cela ne serait jamais arrivé ; mais de nos jours, les gens sont paranoïaques, ils ont trop peur pour régler les choses en discutant.

Au procès, Peter raconte qu'il regrette parfois de ne pas avoir reçu cette balle dans la tête parce qu'il ne retrouvera jamais une vie normale.

Aujourd'hui, il s'en remet tout doucement, mais ses blessures resteront à vie et ses proches vivront toujours dans la peur. Beaucoup ont parlé de vengeance, mais lui, il ne veut pas se lancer là-dedans et s'attirer plus de problèmes. Peter a un passif de criminel, il a purgé des peines de prison. Pour lui, c'est l'occasion de recommencer à zéro.

— On ne se rend pas compte de tout ce qu'on a à perdre avant qu'il ne soit trop tard, dit-il.

Il a pris conscience qu'une part de lui, bien qu'il récupère peu à peu, restera à jamais « morte et meurtrie ».

11

Les différentes régions de police trouvent leur rythme et suivent les chats qui continuent d'affluer. Ces derniers temps, l'une d'elles donne plus de fil à retordre à la police suédoise que les autres : Örebro.

C'est la fin du mois de mai, et depuis le kiosque à saucisses en face du commissariat s'élève une odeur de grillade. Le kiosque est là depuis des décennies et s'appelle toujours *Hålet i väggen* (*Le trou dans le mur*), son nom d'origine. Le plat préféré de nombreux policiers, c'est le burger halloumi.

— Ils pensent que c'est le plus diététique, s'amuse un employé du restaurant.

Au déjeuner, Ted Esplund a l'habitude de rejoindre la file d'attente du kiosque, mais ces dernières semaines, c'est à peine s'il sort le nez de son bureau. Depuis que les sept régions ont été invitées à rejoindre l'opération visant EncroChat début mai, les agents de renseignements de tout le pays sont branchés sur les chats des criminels en permanence pour se tenir au courant des plans et des rumeurs. Ted, chef de l'une des cellules recherches de la région Bergslagen, a passé ces dernières semaines à traquer tout ce qui concerne sa zone. Avant même que l'affaire EncroChat ne prenne une ampleur nationale, l'opération *Rimfrost* – cette action visant à renforcer les effectifs policiers – tournait à plein régime du fait des fusillades et explosions qui ont secoué Linköping, Norrköping et Örebro.

Une opération qui plaçait déjà sur écoute les criminels influents les plus violents.

L'un des plus gros conflits qui agitent la pègre repose sur deux amis d'enfance devenus de gros bonnets au sein de gangs rivaux. L'un a 47 ans, on le dit leader de la branche suédoise de No Surrender, un gang criminel de bikers d'origine néerlandaise. Son ancien ami d'enfance et désormais rival s'appelle Hamid, plus jeune que lui et figure de proue du cartel d'Örebro.

Selon les renseignements de la police, le réseau d'Hamid trafique et distribue d'importantes quantités de drogue, avec des contacts disséminés partout à l'étranger, notamment en Espagne, en Serbie et aux Pays-Bas. L'année dernière, toujours d'après la police, Hamid aurait dirigé ses activités depuis l'Espagne. La rivalité entre les deux amis serait née le jour de l'An 2018, à cause d'une dispute qui aurait mal tourné. Quand la police est arrivée sur les lieux en réclamant des explications, le chef de No Surrender a déclaré :

— Il ne s'est rien passé, pas vrai les gars ?

Puis il s'est tourné vers Hamid et a crié suffisamment fort pour que la police l'entende :

— Espèce de salope !

Depuis, le conflit s'envenime. Les deux parties se disputent le marché de la drogue, mais aussi deux valeurs plus importantes encore : l'honneur et la gloire. Résultat : une cascade de violences à coups de fusillades, d'explosions et de meurtres. Pire encore, le gang No Surrender s'est déclaré en conflit avec X-team, une branche du réseau de bikers Bandidos récemment installé au centre de la Suède.

En juin 2019, une bombe de vingt-cinq kilos de dynamite a explosé devant un immeuble d'habitation à Linköping, où vivait un membre de No Surrender. L'attentat a fait de gros dégâts, il a fallu reloger de nombreux résidents. D'après les démineurs, c'était le plus grave attentat à la bombe perpétré en Suède depuis des décennies, que ce soit au niveau des dégâts, des risques pour la population ou du nombre de victimes.

Quelques mois plus tard, l'un des piliers de No Surrender et son ami ont été abattus devant le restaurant *Hugos*, dans le centre de Norrköping. Et au printemps 2020, une autre attaque a eu lieu. Celui qui avait été la cible de l'attentat à la bombe de Linköping a cette fois été visé par des tirs, et son ami membre du même club de bikers a été tué aux abords d'une station-service de Norrköping.

Un mois après ce dernier meurtre à la station-service, Ted Esplund lit d'un air hagard et avec un temps de retard tous les messages sur EncroChat. Les criminels les plus influents de la région parlent ouvertement de leurs projets de meurtres.

C'est trop beau pour être vrai.

Grâce à EncroChat, il comprend mieux le conflit qui opposait No Surrender et le cartel d'Örebro au printemps. Plus haut dans l'historique des conversations, il constate que plusieurs missions meurtrières se sont déroulées simultanément grâce à des tueurs à gages. En fait, les tireurs de la station-service ne savaient pas à quoi ressemblait leur cible, d'où les photos reçues peu avant le meurtre.

Nous avons des preuves solides, pense Ted devant son écran.

Il constate qu'un certain Jappis sur EncroChat dirige un groupe de tueurs à gages et semble impliqué dans l'affaire de la station-service. La police en déduit que ce Jappis accepte des contrats d'assassinats dans tout le pays, puis transmet ses instructions à ses hommes de main.

Le cas de la station-service permet à la police de voir comment il s'organise. Les deux cibles se sont arrêtées pour faire le plein, puis, au moment de repartir, elles ont vu les tireurs passer tout près de leur voiture.

« Avec la bagnole, je me suis trop avancé, ils se sont retrouvés juste derrière moi », écrit le tireur.

Les hommes de No Surrender ont reçu plusieurs balles, mais le chauffeur du tireur s'était positionné de telle sorte que les deux cibles auraient pu contourner la voiture et s'échapper.

« Wallah, frère, un mètre de plus et ils se barraient », écrit le tireur en racontant qu'ils ont dû s'enfuir, sans savoir qu'ils avaient mortellement blessé l'un des deux hommes.

Ce n'est que plus tard dans la nuit que Jappis a lu sur *Aftonbladet* que l'un des hommes était mort. Plusieurs utilisateurs sur EncroChat étaient ravis.

« Il est mort », écrivait un ami de Jappis avec trois smileys.

« Je sais, bien joué mon frère », a-t-il répondu avec des cœurs et des smileys.

Ted Esplund constate qu'ils étaient nombreux à souhaiter ce meurtre. Sur EncroChat, onze personnes ont accepté de payer trois cent mille couronnes pour cette mission.

Une lecture troublante. Plusieurs groupes de tueurs à gages sont prêts à intervenir pour le plus offrant, la vie n'a aucune valeur à leurs yeux. En face, il y a ceux qui commanditent les meurtres et se partagent les frais pour éliminer leurs rivaux. Ces chats font froid dans le dos. D'un autre côté, la police n'a jamais eu un accès aussi direct au cœur de la pensée criminelle. Les meurtres sont minutieusement planifiés, on utilise fréquemment les *goare*, ces leurres sélectionnés parmi l'entourage de la cible. Jappis et ses copains se prennent pour des soldats partis en guerre. Ils font de l'humour en brandissant le drapeau de la Corée du Nord et en se partageant des photos de Kim Jong-un.

Les tireurs de Jappis ne sont pas les seuls tueurs à gages en activité, il y a aussi ceux du réseau Shottaz, du quartier de Järva, à Stockholm. Ils auraient été engagés par le passé, mais auraient échoué dans leur mission, d'où les doutes qui planent autour de leur capacité à assurer cette fois-ci.

Ted et ses collègues découvrent une nouvelle cible en danger au milieu de ce conflit. Ce serait cette fois un membre du gang No Surrender, un certain Ako. Il a déjà refusé l'aide de la police, bien qu'il soit clairement en danger. La police ne renonce pas, elle reprend contact avec lui à plusieurs reprises.

— Je sais que des mecs sont après moi. Je peux gérer ça tout seul, leur répond-il.

Ted est déçu mais pas surpris. Dans le milieu criminel, on évite tout contact avec la police, même quand elle essaie de nous sauver. Les règles du jeu sont claires : coopérer avec les flics, c'est passible de mort. Cependant, Ted ne perd pas espoir, Ako et les autres cibles de contrats feront peut-être preuve de bon sens. La dernière chose que souhaite la police, c'est de multiplier les victimes, de briser de nouvelles familles. Ted sait que les criminels les plus endurcis peuvent choisir de changer de vie, de retrouver une place active dans la société.

À ce stade, la police doit se contenter d'intervenir sur les projets de violence. Et tant pis pour toutes les précieuses pistes de trafic de drogue à grande échelle. Plusieurs agents de la NOA se diront frustrés de voir circuler des quantités faramineuses de stups sans pouvoir intervenir.

Mais la priorité, c'est de sauver des vies.

Ils pourraient avertir leurs collègues n'importe où dans le pays que trois kilos de coke seront livrés à tel endroit, mais ces trafics sont trop nombreux. En plus d'éveiller les soupçons des dealers, cela épuiserait toutes les ressources policières. Pour l'instant, il faut donc s'en tenir à rassembler les preuves qui, plus tard, entraîneront de longues peines de prison pour les narcotrafiquants.

Quelque temps plus tard, Ako est de retour à Örebro. Quelqu'un l'a vu entrer dans un pub. Ses ennemis sont rapidement mis au courant. Mais cette fois, la police suit quasiment en temps réel ce qui s'écrit sur EncroChat.

« Ton tireur est prêt ?? » demande l'alias Silverear à Hamid, du cartel d'Örebro.

Comme il ne reçoit aucune réponse, il contacte Jappis pour lui dire qu'il n'arrive pas à joindre Hamid. Ce dernier doit à tout prix avertir son tireur pour choper la cible quand elle sortira du pub, mais toujours pas de réponse. Et personne n'est disponible pour cette mission.

Ce genre de situation survient généralement quand la cible sort de sa cachette sans prévenir. Ce n'est pas tant un problème d'argent qu'un manque d'effectifs. Les tueurs n'ont pas toujours le temps de se mobiliser. On parle de l'implication de Shottaz. Hamid discute avec un ami de Södertälje – un important trafiquant de stups – de la possibilité d'attirer Ako et d'autres membres de No Surrender dans un piège. Oui, c'est possible. Ils ont trouvé un *goare*, une fille qui se porte volontaire.

« Je veux regarder ce bâtard dans les yeux et l'envoyer chez Allah », écrit l'homme de Södertälje à Hamid.

« Cette fois, ils ont pas intérêt à se louper. Dis-leur de ne pas se tirer tant qu'ils n'ont pas vidé leur chargeur dans sa gueule », répond l'autre.

Les deux hommes discutent de la suite, quand ils auront éliminé leurs rivaux.

« Quand ce sera fini, tout ça, on se barrera ensemble sur une plage et on se tapera des meufs », écrit Hamid.

Il suggère ensuite de proposer cinquante mille couronnes de plus aux tireurs s'ils rapportent la tête de la cible ou déchiquettent son corps.

« Haha, ça marche. »

Dans le courant de l'été, la vie d'Ako suit son cours à Örebro, bien qu'il sache sa tête mise à prix et se promène en ville au lieu de se terrer chez lui. Dans une conversation avec un ami de No Surrender, il paraît fatigué et devient fou. Il raconte qu'il reste en ville jusqu'à l'épuisement, puis rentre chez lui et s'effondre.

« Je sors pour m'occuper l'esprit, pour arrêter d'y penser », écrit-il.

Il n'a plus confiance en personne.

On peut mobiliser d'énormes ressources policières pour empêcher des fusillades, mais on ne peut pas enfermer quelqu'un pour le protéger. La personne doit coopérer de son plein gré. La police avait d'abord envisagé d'installer des caméras devant le domicile d'Ako, mais l'endroit n'ayant pas été le théâtre de violences, on ne pouvait pas justifier ce type de surveillance.

Ako a fini par rencontrer sa destinée. Un soir d'été, en plein mois de juillet, il est abattu devant chez lui. Peu de temps après, le téléphone de Ted Esplund se met à sonner. Un collègue lui annonce la nouvelle.

— Putaaaain ! rugit Ted avant de foncer au poste.

Plus tard, Hamid sera arrêté sur la base de ses conversations sur EncroChat pour projet de meurtre à l'encontre de membres de No Surrender. Il sera condamné pour trafic de drogue de grande ampleur et détention d'arme, mais acquitté en appel pour préméditation de meurtre et incitation au meurtre à trois reprises.

12

Tout au long du printemps, la police reçoit un flot permanent de renseignements. À la NOA et dans la région Sud, on comprend mieux le conflit qui oppose le Boxeur à Danni et les nouvelles révélations sont partagées avec les collègues des renseignements de la région Sud, dont les enquêteurs découvrent que trois réseaux criminels se sont alliés pour abattre le Boxeur. Une liste circule, elle rassemble tous ses complices à éliminer dans cette guerre de clans, et dix personnes en ont déjà fait les frais, dont Karolin Hakim.

Chez l'ennemi, toutes les têtes sont mises à prix, mais toute information susceptible d'aider l'alliance à dénicher le Boxeur vaudra une récompense de deux millions de couronnes. C'est ce qu'un utilisateur écrit à l'alias Waterbee sur EncroChat. Derrière Waterbee se cache Danni, 38 ans, dont le demi-frère a été enlevé par les hommes du Boxeur deux ans plus tôt. Pour trouver les fonds nécessaires afin de mener cette mission à bien, ils vont devoir vendre plus de drogue.

« Il va nous falloir de la came et du liquide pour financer cette guerre », écrivait Waterbee à la fin du mois d'avril, à peine quelques jours avant que la NOA ait accès aux chats cryptés et commence à suivre les conversations en temps réel.

Plus tard, la police comprend que les alliés de Danni et de Niff, le compagnon de Karolin Hakim, ont découvert où se cachait le Boxeur. Un certain Sadking, qui avait auparavant discuté des tarifs pour localiser le Boxeur, écrit à Niff à la mi-mai : il a découvert où le Boxeur achetait ses EncroPhones.

« Il les achète à Dubaï. »

« Ça veut dire qu'il est là-bas. »

Sadking propose de faire le voyage jusqu'à Dubaï dès que la propagation de la pandémie ralentira. Cela n'a échappé à aucune police à l'international : de nombreux criminels partent à Dubaï, sinon pour s'installer, du moins pour les vacances. Pour ceux que j'ai réussi à contacter, les Émirats arabes unis sont un point de chute rassurant, car les crimes y sont rares et les gens n'osent pas porter d'arme sur eux, de crainte de risquer la peine de mort.

C'est précisément la raison pour laquelle Sadking et Niff délèguent l'assassinat du Boxeur.

« Tu sais qu'on risque notre vie si on le tue nous-mêmes là-bas », écrit Niff qui, depuis le meurtre de sa compagne, garde ses distances avec Malmö et prend soin de son bébé qui a survécu à l'attentat.

Sadking répond qu'il n'a jamais proposé de le tuer. Il a des enfants, il ne peut pas se permettre de prendre des risques. Non, il propose plutôt d'agresser le Boxeur, ou éventuellement juste un coup de couteau.

Les agents de renseignements de la région Sud constatent que, sur EncroChat, on parle de « guerre » et les ennemis sont les « putes du Boxeur ». Bien sûr, l'idéal serait de tuer le Boxeur, mais il faut pour cela faire appel à un *goare* afin de le faire partir de Dubaï, or Danni doute fortement que quelqu'un soit prêt à « le vendre ». Ou que le Boxeur se laisse berner.

Sur la liste des personnes à abattre, il y a Salle, un ami du Boxeur. Grand, 35 ans, Salle fait partie de ses amis les plus proches. Ses ennemis se moquent de lui, disent que c'est un taxi, un larbin. Cependant, comme plusieurs autres fidèles du Boxeur, il participe surtout au trafic de stups.

Le 22 mai 2020, à peine quelques jours après que Niff et Sadking ont envisagé de se rendre à Dubaï, Salle se rend en famille à l'hôtel *Best Western* d'Ängelholm. Il a réservé pour deux nuits avec sa femme et leurs quatre enfants. Elle a choisi cet hôtel pour son spa. Après avoir récupéré la clé de leur chambre aux alentours de 18 heures, ils s'installent au restaurant près de la réception.

À ce moment-là, Danni, l'ennemi juré, s'enregistre par hasard dans le même hôtel. Il a réservé moins d'une heure plus tôt et arrive seul. Il s'enregistre avec son deuxième prénom et monte directement dans sa chambre. Un instant plus tard, il sort de l'ascenseur près de la réception. Le regard s'attardant vers la table de Salle, il passe devant le canapé où joue l'un des enfants. La caméra de surveillance de l'hôtel enregistre toute la scène.

Salle est assis de dos, mais sa femme reconnaît immédiatement Danni. Elle se fige et le voit qui s'approche de son mari, les mains dans la poche ventrale de son sweat à capuche, pour finalement rebrousser chemin aussi vite qu'il s'est approché.

Elle donne un petit coup de coude à son mari. Il est penché sur son téléphone, et quand il lève les yeux, il voit un homme de dos habillé en noir. Le couple suit Danni du regard, qui retourne vers l'ascenseur et disparaît.

Salle croit d'abord que sa femme, sa compagne depuis bientôt vingt ans, s'est trompée. C'est certainement quelqu'un qui ressemble à son rival. Il y a peu de chances pour qu'ils se retrouvent tous les deux au même hôtel le même soir. Sa femme est anxieuse mais lui reste calme. Plus tard, il déclarera à la police qu'il n'a pas vu Danni, « le Rat », comme il l'appelle.

En général, Salle est extrêmement prudent. Il choisit avec précaution les endroits où il sort en public, surtout avec sa famille. Les femmes et les enfants ne sont même plus épargnés. Karolin Hakim en est la preuve.

Danni remonte dans sa chambre après avoir vu Salle, et aussitôt caché, il contacte diverses personnes sur EncroChat. Par le biais de Waterbee, son alias présumé, il écrit plusieurs messages à Sadking, l'alias d'un criminel connu à Malmö.

« Je viens de voir Salle dans un hôtel. »

Danni trépigne, il pianote avec excitation.

« Il y est encore, là tout de suite. »

En attendant la réponse de Sadking, il écrit à un autre ami.

« Je sais où est Salle en ce moment même. »

« On peut envoyer quelqu'un ? »

Ensuite, il revient écrire des messages à Sadking :

« Avec sa famille. »

« Quelqu'un a une balise ? »

« Sa voiture est garée dehors. »

Après que Salle a quitté le restaurant avec sa famille à 21 h 14, Danni écrit à Sadking et à d'autres qu'il faut vite installer un traceur GPS sur la voiture de Salle.

« Si quelqu'un met le mouchard, je m'occupe de trouver un tireur », écrit Danni à Sadking quelques heures plus tard.

L'utilisation de ces balises s'est généralisée au sein des gangs, on s'en procure facilement. À l'origine, elles servaient surtout aux propriétaires de voitures ou de bateaux volés pour localiser leur véhicule, mais dans la pègre, on s'en sert pour traquer l'ennemi et l'abattre dès qu'il baisse la garde.

Cette nuit-là, il semblerait que personne n'ait de traceur sous la main. En parallèle, on cherche un tueur disponible pour cette mission. Pour les agents de renseignements qui suivent les chats, c'est la pagaille. Les messages circulent entre de nombreux utilisateurs et on ne saisit pas encore très bien le lien entre chacun. Certains sont rivaux, mais EncroChat les amène à travailler ensemble quand ils se trouvent un ennemi commun. On se croirait à une vente aux enchères où l'on se dispute la vie d'un père de quatre enfants.

Pendant ce temps, l'alias Valuedox écrit à un certain Kitekiller. Valuedox aurait des origines en Macédoine du Nord et gagnerait sa vie en perpétrant des crimes contre de l'argent. Son passé lui a valu le surnom « Yougo ».

Yougo informe Kitekiller qu'il pourrait y avoir une mission pour eux et lui demande de se tenir prêt. Il s'agirait de placer une balise sur la voiture de Salle.

« Yeap, dispo », répond Kitekiller, il peut être sur place dans une demi-heure, une heure maximum.

Yougo nuance, il manque « un truc ». Kitekiller veut savoir de quoi il s'agit, est-ce que c'est un piège, un « *goish* » ?

« *Tryckish* », répond Yougo.

Cela signifie qu'il faut attendre, surveiller la cible, un peu comme le fait la police. On attend le bon moment pour frapper. Kitekiller veut une voiture prête, d'où il pourra surveiller l'opération depuis la banquette arrière.

À ce moment-là, il n'a encore jamais vu Salle, mais se tient prêt à pucer la voiture, car si Salle est l'ennemi de ses amis, alors c'est son ennemi. Certains décriraient Kitekiller comme un accro aux jeux vidéo : il a sa propre chaîne YouTube, sur laquelle il publie des vidéos de ses parties de Counter-Strike, un jeu qui révèle toute son habilité. Sa scolarité était plutôt bonne, mais après le lycée, il a eu du mal à trouver du travail et a choisi la voie facile en vendant de la drogue. Plus l'argent rentrait, plus il devenait cupide et acceptait n'importe quelle mission pour gagner toujours plus, en se disant prêt à tout « pour ses amis ».

En quittant l'hôtel, Danni écrit qu'un type est en route pour vérifier si la cible est toujours là. Pour lever tout malentendu, il écrit à l'alias Haraketamal que c'est lui personnellement qui a vu Salle à l'hôtel avec sa famille. Il précise que la femme de Salle l'a peut-être reconnu. Haraketamal envoie des émojis qui rient aux larmes et dit s'étonner du hasard qui a mis Salle sur le chemin de Danni. Ce dernier acquiesce avec quatre autres smileys en pleurs.

Un instant plus tard, Danni est arrêté par une patrouille de police sur l'autoroute E6 au niveau du lac Torpasjön, à environ cent cinquante kilomètres au nord en direction de Göteborg. Il roule à 130 km/h sur une portion limitée à 110 km/h, ce qui lui vaut une amende de deux mille quatre cents couronnes. Il présente son permis à la police. Pendant ce temps, d'autres individus se dirigent vers l'hôtel *Best Western* d'Ängelholm.

Dans la nuit, on contacte plusieurs personnes en quête de tireurs compétents. Certaines se disent intéressées par la mission pour saisir cette occasion de « montrer aux gars de quoi elles sont capables », mais Danni veut quelqu'un de « stable ». L'un de ses contacts lui rappelle que le tireur doit pouvoir « en dégommer plusieurs au besoin ».

« Ouais, faut saisir l'occase », répond Danni.

Le projet du meurtre de Salle implique à présent plusieurs clans aux intérêts communs. Le plus frappant pour ceux qui lisent les chats, c'est l'absence totale d'inquiétude quant aux risques encourus par les enfants de Salle et leur mère. Le seul à donner l'impression d'y penser, c'est Niff. Il somme Sadking de « signaler aux tireurs » qu'il y aura des enfants et que seule leur cible doit mourir. Les procureurs ultérieurement chargés de l'affaire noteront la « froideur » avec laquelle les criminels appréhendent le risque de faire de potentielles victimes collatérales.

Ce qui ressort par ailleurs des discussions auxquelles la police a accès, c'est qu'à Malmö, les groupes de meurtriers et les « loups solitaires » employés comme tueurs à gages sont plus nombreux que ne l'auraient cru les autorités. Cela serait dû à la nécessité de « régler les conflits », quitte à user de violence. Résultat, les mercenaires développent des compétences différentes, des spécialités, il y a ceux qui placent des traceurs sous les voitures et ceux qui peuvent tuer sur commande.

Les EncroPhones bercent les criminels d'une illusion de sécurité.

Une personne bien informée sur la situation à Malmö me décrit cette nouvelle génération de jeunes solitaires, inoffensifs en apparence. Dans la rue, ils peuvent se faire rouer de coups sans oser se défendre, mais avec une arme à la main, ils sont prêts à tuer pour des clopinettes. On dit d'eux qu'ils ont perdu toute humanité.

— C'est comme ça qu'ils forgent leur confiance en eux, en tuant. Ça devient un métier. Deux jours plus tard, ils peuvent à nouveau se faire tabasser, m'explique mon contact.

Il me raconte qu'il connaît un type à l'avenir prometteur, avec un boulot normal qui lui rapporte « un max de blé ». Et pourtant, il est aussi tueur à gages. Évidemment, il le fait pour l'argent, un contrat de meurtre pouvant rapporter plusieurs centaines de milliers de couronnes, mais il en tire également de l'excitation et du respect, et cela pèse tout aussi lourd dans la balance.

13

Le lendemain, la sonnerie du téléphone brise le calme qui règne chez les Olofsson, à Malmö. Il est très tard ce vendredi soir, et ce genre d'appel en week-end est devenu fréquent ces derniers mois. Ça sonne encore, mais l'agent Stefan dort profondément. Il est en repos et ne doit reprendre le travail que le lendemain après-midi.

Quand la sonnerie résonne de nouveau, sa femme réagit. En lisant le nom d'Erik Åberg sur l'écran, l'adjoint au commissaire de police de la région, elle décroche. C'est une urgence, comme d'habitude. Ces mois-ci, l'opération spéciale *Rimfrost* secoue toute la police de la région Sud. En tant que chef opérationnel, Erik est le référent de tous les renforts mobilisés dans les autres régions du pays.

La femme de Stefan le réveille, il porte le téléphone à son oreille.

— Je veux que tu viennes au poste. On vient d'apprendre de source sûre que des criminels se dirigent vers Ängelholm.

Stefan se redresse dans son lit et écoute la suite. Des individus sont en route en ce moment même pour pucer un véhicule. Ensuite, ils rejoindront une voiture pour y récupérer une arme.

— Viens au poste, répète le chef.

Branle-bas de combat. Stefan s'habille, enfourche son vélo et gagne le commissariat. Tous les responsables sont en route : le responsable de l'unité d'intervention nationale, le responsable de l'unité d'intervention régionale, le chef opérationnel Erik Åberg et Patrik Andersson, chef des renseignements de la région Sud – l'un des rares à être au courant de l'opération visant EncroChat. Et puis, il y a Stefan, celui qui devra commander les agents dépêchés sur place pour empêcher un meurtre.

Dès le matin, Stefan envoie une équipe de surveillance à l'hôtel *Best Western* d'Ängelholm. En chemin, les agents croisent par hasard un véhicule connu des services de police non loin de Glumslöv. C'est une Toyota rouge régulièrement repérée lors de patrouilles au cœur de la pègre de Malmö et dont on sait qu'elle transporte souvent un jeune criminel. Dans la matinée, les patrouilleurs apprennent qu'un meurtre est en projet.

Une voiture banalisée suit la Toyota qui, aux alentours de midi, se gare devant l'hôtel d'Ängelholm. L'un des passagers sort du véhicule et s'approche d'une BMW garée devant l'entrée de l'établissement. C'est un homme maigre en pantalon de survêtement gris, sweat à capuche assorti et gilet noir. Sa capuche rabattue dissimule son visage, mais le patrouilleur remarque qu'il porte une barbe.

Celui qui sera plus tard identifié comme Kitekiller allume une cigarette et passe un coup de fil. Ce faisant, il glisse la main dans son gilet et en sort un objet noir rectangulaire, plus petit qu'un téléphone.

Puis, il s'approche de la BMW et se penche côté conducteur, l'objet noir toujours en main. Les secondes passent, il se redresse et retourne vers la Toyota, les mains vides. Il monte côté passager et se fait conduire en direction du sud pour rentrer vers Malmö.

Les patrouilleurs sont obligés de les suivre, bien qu'ils soient les seuls agents sur place devant l'hôtel.

Pendant ce temps, l'unité d'intervention régionale fonce de Malmö vers Ängelholm. La tension est à son comble. Si Salle décide de quitter l'hôtel en voiture, la situation risque de devenir critique.

Quand l'unité d'intervention arrive enfin devant le *Best Western*, près de deux heures se sont écoulées depuis le départ de la patrouille. Au poste, on suit attentivement les comptes rendus des agents dépêchés sur place, qui font le tour du quartier sans trouver la BMW grise.

Quand ils la repèrent enfin, le soulagement est général. Salle est probablement toujours à l'hôtel.

Lors de la réunion de préparation, le chef Erik a été clair avec Stefan : il est chargé d'empêcher la perpétration de crimes, de poursuivre les coupables en justice et de s'occuper des éventuelles conséquences. Ça fait beaucoup de choses à gérer.

Les radios grésillent au centre de commandement : on a du nouveau en provenance d'Ängelholm. Plusieurs civils sont présents dans la zone. La police devra opérer en toute discrétion pour ne pas se faire repérer par les éventuels criminels venus attendre la bonne occasion d'attaquer Salle. Pendant ce temps, l'angoisse grandit autour de l'objet placé sous la voiture que l'on suppose appartenir à Salle. On craint qu'il ne s'agisse d'un explosif plutôt que d'une balise. Il y a eu assez d'attentats de ce type à travers la Suède ces dernières années pour alarmer les autorités. Les gangs ont de plus en plus souvent recours à des bombes artisanales ou des grenades.

— Sécurisez la zone, reçoivent pour instruction les policiers en position.

L'une des voitures d'intervention s'approche alors de la BMW garée.

Tandis qu'elle roule lentement à son niveau, un policier ouvre sa portière, tend son téléphone sous le châssis et prend rapidement quelques photos de l'objet. Bien qu'il ait aussitôt compris de quoi il s'agissait, il envoie les clichés au poste de commandement en contact direct avec le centre de déminage. La réponse arrive sept minutes plus tard.

C'est une balise.

Pendant ce temps, une équipe de surveillance s'est postée devant l'hôtel, observant tous les passants, prête à agir contre quiconque s'approcherait de la voiture. Elle a pour ordre d'arrêter Salle avant que lui ou un autre ne prenne le volant de ce véhicule.

En attendant, d'autres équipes de surveillance sont déployées sur les lieux. On pense que Salle se trouve toujours à l'intérieur, mais la police veut éviter de faire du remous pour rien.

Quand les renforts arrivent à Ängelholm, l'après-midi est bien avancé. Ils ne sont pas plus au courant que leurs collègues de l'opération visant EncroChat et supposent simplement que les informateurs des services de renseignements sont particulièrement compétents.

L'agent Richard et une poignée de collègues sont embusqués derrière une haie. Richard mange un yaourt acheté dans une supérette du quartier. Dans ce genre de mission, il faut manger dès qu'on en a l'occasion. Il est en jean et veste légère, ses cheveux gris sont coupés court. Cela fait trente ans qu'il fait ce métier et le trouve toujours aussi gratifiant, quoique la violence se soit intensifiée ces dernières années.

Son groupe attend les instructions de leurs responsables à Malmö.

Ceux-ci débattent sur la façon dont ils doivent confronter Salle. Les agents embusqués trépignent. L'opération *Rimfrost* les harasse depuis des jours, sans compter la pandémie qui a gâché leurs projets de vacances. Ils n'ont qu'une envie, en finir avec cette journée et rentrer chez eux.

Richard se permet de suggérer une idée aux chefs. Quand Salle sortira de l'hôtel, on pourrait le laisser partir en voiture et le cueillir un peu plus loin, pour un contrôle de routine. Une procédure sans heurts, à laquelle les criminels et leur entourage sont généralement habitués. Les chefs acceptent la proposition, les agents se déploient alors tout autour de l'hôtel.

Pendant un long moment, il ne se passe rien.

Les rues se remplissent lentement de personnes prêtes à entamer cette douce soirée de printemps. On est samedi, or plus on attend, plus le risque grandit de faire des victimes civiles en cas d'altercation.

Arrivé le soir, un ordre est diffusé sur les ondes.

— Informez Salle de la menace.

Le calme a fini par pousser la police à l'action. On ne peut plus attendre. Certains agents ont accès aux conversations sur EncroChat, certes, mais les criminels pourraient échanger sur des canaux différents. D'autres tueurs attendent peut-être l'occasion de frapper à l'intérieur de l'hôtel ou quand Salle en partira.

Richard et son équipe quittent leur position pour entrer dans l'établissement. Un policier repère Salle, sa femme et leurs quatre enfants sur les canapés du hall. Les plus jeunes dessinent. Le regard de Richard croise celui de Salle qui se crispe. Puis il comprend que c'est la police.

Les agents se présentent à lui.

— Il semblerait que vous et votre famille soyez en danger. Veuillez nous suivre, s'il vous plaît, l'invite Richard avec son accent traînant de Malmö.

Il explique qu'ils peuvent mettre toute la petite famille en sécurité.

— Vous êtes la police ? demande l'un des enfants, curieux.

— Oui, je suis de la police et j'aimerais parler avec papa et maman, répond l'agent avec un sourire.

Puis il se baisse pour discuter.

Salle garde son calme et sa femme aussi, presque soulagée que les autorités proposent leur aide. S'il était à leur place et apprenait que quelqu'un voulait sa mort, il serait beaucoup plus affolé, pense Richard. Question d'habitude, peut-être.

— J'ai vu deux gars s'approcher de la voiture tout à l'heure, dit Salle.

Visiblement, il a remarqué qu'il se tramait quelque chose, mais devait se demander s'il s'agissait de rivaux ou de policiers.

Après avoir rangé les dessins et les jouets, on accompagne la famille à l'étage pour qu'elle rassemble toutes les affaires éparpillées dans les deux chambres louées pendant qu'un agent monte la garde devant chaque porte et que le reste de l'équipe surveille le couloir. Aucune personne non autorisée ne doit s'approcher.

Richard fait son rapport :

— Nous sommes entrés en contact avec Salle. La famille est en sécurité.

La nouvelle surprend, car les personnes issues des milieux criminels refusent généralement tout contact avec la police, même quand leur vie est en jeu. Au cours de mes recherches pour ce livre, c'est la seule fois – à ma connaissance – qu'un criminel a accepté ce genre de soutien.

Le plan consiste à conduire Salle et sa famille dans deux véhicules banalisés jusqu'au commissariat d'Helsingborg, à vingt minutes de route. Au plus court, c'est l'endroit le plus sûr.

Pendant ce temps, l'unité d'intervention régionale se prépare à piéger le commando d'assassins présumés. Ils ont retiré la balise sous la BMW de Salle, l'ont mise dans un sac en papier et envoyée dans une voiture pour Malmö. Le but sera de placer l'émetteur dans la zone de loisirs de Spillepengen, un lieu isolé entre le port et la banlieue d'Arlöv. Si les tueurs mordent à l'hameçon, ils se retrouveront sur un parking désert où les forces de l'ordre embusquées n'auront plus qu'à les cueillir. On pourra les neutraliser sans risquer de blesser des civils.

S'ils mordent à l'hameçon.

Pendant qu'une équipe achemine la balise jusqu'à Spillepengen en voiture banalisée, une autre conduit Salle et sa famille dans l'ascenseur de l'hôtel, rend les clés à la réception et part pour le commissariat d'Helsingborg. Là, on ferme le bureau des passeports pour installer la famille. Les agents ont l'interdiction de passer des appels, ils doivent attendre les prochaines instructions. Quand la garde rapprochée arrive enfin, il fait nuit.

Richard passe voir la famille une dernière fois pour leur dire au revoir.

— Bonne chance, prenez soin de vous.

Pour l'instant, cette mission est terminée : ils ont mis la famille en sécurité. Personne n'est là pour juger Salle sur les cercles qu'il fréquente ni sur ses forfaits passés. La famille est conduite dans un hôtel d'Ystad où elle passera la nuit. On leur propose un logement sûr que Salle refuse. Il a pris ses dispositions de son côté.

Plus tôt dans la soirée, la police de Malmö a pisté celui qui a posé la balise sous la voiture de Salle : sa Toyota rouge est dans un parking souterrain près de Möllevången. Pour les agents chargés de la surveiller, il ne reste plus qu'à attendre la prochaine étape. Il est déjà 20 heures quand la voiture ressort du parking pour récupérer l'homme en sweat à capuche gris déposé quelques heures plus tôt. Les passagers de la Toyota, sans savoir que la police est sur leurs talons, font plusieurs arrêts dans l'heure qui suit. Ils livrent probablement des stupéfiants.

Pendant ce temps, l'unité d'intervention a laissé la balise sur le parking de la zone de loisirs et a tendu une embuscade.

Seulement, les passagers de la Toyota rouge semblent avoir d'autres projets que de suivre la balise jusqu'à ce parking isolé. Ils poursuivent vers le nord en direction de Lund pour un autre arrêt bref avant de se rendre à Staffanstorp, où ils s'arrêtent devant l'école Anneroskolan.

— Le trafic continue, rapportent les agents de surveillance.

Ils remarquent également que deux voitures partent en même temps que la Toyota. Pour Stefan, Erik, Patrik et les autres membres de l'équipe, il est temps de passer à l'action. Salle et sa famille sont en sûreté, on peut à présent arrêter les potentiels tueurs à gages et trouver d'autres motifs de poursuite ; avec un peu de chance, ils dénicheront de la drogue ou des armes dans l'un des véhicules. Pour éviter d'éveiller les soupçons des personnes ciblées sur l'opération en cours, la police envoie des voitures banalisées pour les arrêter.

La Toyota est interceptée à Åkarp, mais l'homme en sweat à capuche n'est plus à bord. On le retrouve un peu plus tard dans l'un des autres véhicules, arrêté par une équipe qui se tenait prête à affronter un dangereux individu, armé et violent. À la surprise des policiers, le tueur a 21 ans et « une gueule d'enfant ». On découvre des pochons de cocaïne cachés dans ses sous-vêtements, il est aussitôt conduit au poste de Malmö pour détention de drogue. On le soupçonne également de détention illégale d'arme à feu après qu'un pistolet a été découvert dans l'une des voitures qu'il aurait empruntée dans la soirée.

Au poste, il est photographié avec les vêtements repérés à Ängelholm par un enquêteur plus tôt dans la journée. Ainsi, la police peut l'associer juridiquement à ce lieu. Plus tard, il sera lié à l'alias Kitekiller sur EncroChat.

À ce stade, la police a un problème : elle ne sait toujours pas ce qu'on reproche au garçon. Seule une poignée d'agents de la région Sud est au courant de l'opération sur EncroChat, on ne peut pas encore utiliser les conversations des chats comme preuves. C'est pourquoi plusieurs suspects, dont le jeune de 21 ans, sont provisoirement relâchés.

Malgré la relaxe, pour les agents sur le coup, l'opération est un succès. Les projets de meurtre ont été déjoués et Salle et sa famille sont en sécurité. Mais Danni, le cerveau de l'opération, court toujours. On ne l'a pas revu depuis son interpellation la veille pour excès de vitesse.

Une semaine plus tard, l'homme caché derrière l'alias Sadking – l'ami de Danni qui a discuté avec le Boxeur du projet de meurtre de Salle – reçoit des messages de Ftpftp au sujet d'un article publié la veille dans le quotidien *Sydsvenskan*. Il y est question d'une autre opération policière sur des arnaques aux logements sociaux. La liste d'attente pour les logements de Malmö serait sujette à corruption et certains gangs gagneraient des millions en arnaquant la caisse d'assurance suédoise. L'article mentionne notamment Sadking, un homme de 36 ans qui aurait touché de nombreuses aides sociales par des fausses déclarations de handicap causé par un accident de voiture, or il aurait été aperçu en entraînement dans une salle de CrossFit à Malmö.

L'alias Ftpftp de Stockholm serait celui de l'individu qui, peu auparavant, a engagé le jeune tueur à gages de 16 ans, membre de la Patrouille de la Mort de Rinkeby, pour assassiner un rival à l'arrêt de bus de Viksjö. Ftpftp vient de recourir à l'aide de la Patrouille de la Mort, alliée du Boxeur depuis de longues années, pour échanger amicalement une semaine plus tard avec un proche de Danni, l'ennemi juré du Boxeur. Ça prouve bien la complexité de la notion de loyauté au sein de ces réseaux.

14

Le 4 juin 2020, des agents de police infiltrés filment un homme aux cheveux bruns ébouriffés, vêtu d'un short et d'un tee-shirt noirs, sortant de son domicile pour jeter ses poubelles. La vidéo permet d'identifier l'individu grâce aux renseignements fournis à Europol, notamment par la Suède et l'Espagne.

C'est le Boxeur.

Grâce aux messages échangés sur EncroChat, Europol l'a localisé à Dubaï. Ce soir-là, à la tombée de la nuit, l'unité d'intervention l'arrête. Il n'oppose aucune résistance.

Une source du milieu criminel me raconte qu'elle savait depuis le début que le Boxeur était à Dubaï et qu'il s'était allié au chef mafieux Ridouan Taghi, surnommé l'Ange de la Mort, caché là-bas lui aussi. Cependant, le Boxeur se retrouvant seul, il était plus vulnérable, surtout après l'arrestation de l'Ange de la Mort en décembre et son extradition aux Pays-Bas. Le Boxeur a été déclaré *persona non grata*, personne indésirable, par le gouvernement après s'être introduit dans le pays sous une fausse identité.

Ma source ignore ce que le Boxeur y faisait ces derniers temps.

— Il ne devait rien foutre à part jouer aux jeux vidéo. Geeker, il adorait ça. Qu'est-ce qu'il aurait pu faire d'autre ? Là où il vivait, c'était complètement vide, me dit-il.

La police a tout de même constaté sur EncroChat qu'il coordonnait des crimes depuis sa cachette.

Il utilisait plusieurs EncroPhones et pseudonymes, parmi lesquels l'alias Airwalnut. La police détiendrait une quantité « astronomique » de preuves associant le Boxeur à des délits et du trafic de drogue, notamment en collaboration avec des membres du réseau Bredäng, fidèles aux Bandidos.

Pendant ce temps, Europol exerçait des pressions sur les Émirats arabes unis pour obtenir son extradition vers l'Espagne. À la suite de celle de l'Ange de la Mort, un « canal solide » a été établi avec le golfe Persique, le royaume pétrolier qui ne souhaite pas devenir le refuge des criminels du monde entier.

La descente de police est filmée et diffusée le lendemain dans les médias. Les images montrent des policiers cagoulés en tenue noire effectuant la perquisition du domicile. L'un d'eux est en retrait et maintient la tête du Boxeur pour que sa photo fasse le tour du monde. On lui fait ensuite porter un masque sanitaire turquoise avant de l'emmener au poste. Le Boxeur était entré dans le pays en novembre 2018 sous une fausse identité, après que la police espagnole, en collaboration avec ses collègues suédois, avait entamé l'arrestation des membres du gang de Los Suecos, qui semaient le chaos sur la Costa del Sol.

Dès lors qu'Hanski, analyste finlandais d'Europol, apprend la nouvelle, il envoie un message à ses collègues de Suède.

« Mekky a été arrêté à Dubaï. »

La réponse ne se fait pas attendre : c'est une pluie de cœurs, d'étoiles et de chopes de bière.

L'arrestation du Boxeur fait vite le tour des journaux à l'international et anime les conversations sur EncroChat. Ses amis sont furieux et ses ennemis jubilent, aussi bien en Suède qu'en Espagne. La police suit les réactions en direct sur les chats :

« Les flics ont eu le gamin », écrit un utilisateur.

« Il vivait comme un clochard ce fils de pute », répond un autre.

« C'est clair. Il vivait comme un rat. »

Une photo de l'arrestation est envoyée.

« Regarde-moi cette gueule. Tu crois qu'il pensait à nous, sur cette photo ? » demande Sadking à un ami.

« J'en connais qui vont teufer aujourd'hui », écrit Danni avec des smileys.

Un autre utilisateur d'EncroChat pense que les membres du clan du Boxeur vont tous se terrer.

« C'était un peu leur daron. Ils pourront plus se faire de blé sur son dos ou utiliser son nom. »

Au sein de la pègre, on évoque les centaines de millions que pèse le narcotrafiquant.

La police continue de recueillir des commentaires de différents utilisateurs sur le Boxeur. Danni envoie à Sadking le lien d'un article racontant l'arrestation.

« C'est tellement parfait », répond Sadking.

Moins d'une heure plus tard, ce dernier écrit en anglais à un autre contact pour lui demander si quelqu'un est disponible pour commettre un meurtre dans une prison de Málaga.

La personne répond que frapper, OK, mais tuer, il réserve ça pour la guerre ou ceux qui mettent sa famille en danger.

« Pas pour du fric. »

Le camp adverse essuie lui aussi des revers. Au début du mois de juin, un camion transportant près de soixante-treize kilos de cannabis importé d'Espagne est arrêté alors qu'il s'apprête à embarquer sur le ferry de Rostock à destination de la Suède. La cargaison appartient entre autres à Danni et Sadking, et doit être livrée dans la région de Göteborg. À la lecture de ces messages, l'alerte est donnée aux douaniers par les agents de renseignements de la région Sud. Un vent de succès réjouit la police, où l'on a enfin le sentiment d'avoir une longueur d'avance et de pouvoir s'attaquer à l'un des criminels les plus influents et les plus difficiles à atteindre de Malmö, qui se cachait jusqu'à présent derrière les services de communication chiffrée.

J'apprends que, parmi les personnes arrêtées à Malmö dans cette affaire, ils sont plusieurs à vouloir fonder une famille. L'un d'eux venait tout juste de convenir avec sa compagne qu'il était temps de présenter leurs proches les uns aux autres et, selon la tradition, qu'il demande à ses beaux-parents la main de leur fille.

Dans les jours précédant l'arrestation, le malaise grandit, raconte le futur marié. Et il devient difficile de l'ignorer.

— J'ai un mauvais pressentiment, dit-il à sa compagne.

— Dis pas ça, répond-elle, stressée.

— Je dis pas forcément que quelqu'un va me tuer, mais je sens qu'il va se passer un truc. Ce qui devrait pas arriver va finir par nous tomber dessus.

15

Quelque chose a changé, cela devient de plus en plus évident. Dans tout le pays, des projets d'assassinat et des livraisons de drogue sont déjoués alors même que la plupart des policiers ne sont pas au courant qu'EncroChat a été piraté. Même chose parmi les criminels ; jusqu'à présent, ils restent convaincus que leurs affaires se font dans l'ombre.

Le 2 juin 2020, la police fait une perquisition au bureau de change World Exchange du quartier de Södermalm, à Stockholm. Niché entre des cafés et boutiques de seconde main près de Mariatorget, le petit local serait le théâtre de blanchiment d'argent systématique et organisé depuis une dizaine d'années.

Depuis que la police intercepte les données d'EncroChat, elle remarque la récurrence d'un certain « Changeur ». Le surnom renvoie au patron de l'un de ces bureaux de change qui servent à faire circuler les bénéfices des activités illégales. Sur la messagerie chiffrée, les autorités lisent noir sur blanc des échanges indiquant la collaboration explicite entre World Exchange et différents réseaux criminels.

Une vidéo de la perquisition montre les policiers, les mains gantées, fouillant un coffre-fort dans lequel ils découvrent des sacs remplis d'argent liquide. Sur chaque sac, il y a un Post-it avec des annotations et des pseudos. Les agents poursuivent leurs recherches et découvrent d'autres sacs renfermant des millions en espèces, cachés dans le faux plafond. Ils tombent également sur plusieurs carnets de comptabilité qui constitueront des preuves cruciales. Y sont recensés les dépôts et retraits effectués par les criminels pour financer leurs stupéfiants, mais aussi pour échanger ou transférer des fonds à l'étranger. Les pseudos enregistrés dans les carnets correspondent aux noms inscrits sur les sacs.

Il faut rassembler les pièces du puzzle et relier les sacs aux transactions enregistrées, aux personnes filmées par les caméras de surveillance et à toutes les communications concernées sur EncroChat. Une grosse partie du travail consistera à prouver que le patron avait accès à la messagerie chiffrée. Le Changeur, qui utilisait l'alias Muteherder sur EncroChat, était en contact avec pas moins de seize réseaux criminels différents, dont la Patrouille de la Mort et le réseau de Vårby.

Mais dès l'été 2019, l'unité nationale de lutte contre la criminalité internationale et organisée (la RIO) a secrètement ouvert une enquête pour blanchiment d'argent. À l'époque, une écoute a été mise en place à l'encontre des suspects et une caméra a été installée dans le bâtiment en face de l'entrée du bureau de change pour enregistrer les allées et venues. Il n'a pas fallu longtemps pour confirmer les soupçons pesant sur le personnel de World Exchange, qui aidait les criminels à stocker, transporter et blanchir leur argent. Tout ce manège se poursuivait sans entrave alors que l'entreprise était sous la surveillance de l'inspection des finances, dont on critiquera plus tard le manque de vigilance. Grâce aux caméras, la police a également constaté que certains membres des Bandidos et des Hells Angels (un gang rival) s'étaient rendus dans ce bureau de change. On se serait cru dans une « banque pour criminels », et les enquêteurs estimeront bientôt le blanchiment à plus de deux cents millions de couronnes rien que sur l'année passée.

Parmi les clients du Changeur, il y a Rebecca, au sud de Stockholm, qui a grandi au milieu de toxicomanes. Le 21 avril, elle est repérée dans le World Exchange par les autorités grâce aux caméras. Lors d'un premier contrôle, elle apparaît comme une jeune femme normale travaillant là comme guichetière pour payer ses études et devenir assistante sociale, mais des messages sur EncroChat révéleront plus tard qu'elle manipulait des centaines de milliers de couronnes pour le compte d'un dealer de Södertälje. Les chats chiffrés montreront d'ailleurs que les femmes sont bien plus nombreuses dans l'univers du crime organisé que la police ou le parquet ne voulaient bien le croire. Elles occupent les postes de coursières, de nourrices, mais aussi de *goare* pour tendre des pièges aux ennemis moyennant finance.

À la fin du mois de mai, Rebecca et l'une de ses amies roulent dans le quartier de Guldheden, un secteur calme au centre de Göteborg, surtout occupé par des étudiants. Elles s'arrêtent au point de rendez-vous convenu avec un homme de 26 ans, qui doit descendre de chez lui avec un sac. Il est joueur de hockey et son casier judiciaire est vierge. Adolescent, il rêvait de faire carrière et a joué quelque temps à l'étranger pour l'équipe autrichienne de Salzbourg, mais une blessure au dos à la fin de son adolescence l'a contraint à rentrer chez ses parents.

Il a traversé une longue période de dépression. Récemment, il a suivi une formation pour devenir agent de sécurité et a travaillé pour Volvo, où il était chargé de détecter la présence de drogue avec un chien. La police de Göteborg a l'habitude de retrouver des criminels parmi le personnel de l'usine automobile, ce qu'une source qualifie d'ailleurs de « très problématique ». Le Hockeyeur occupait en parallèle un poste dans la société de ses parents.

Il est ce que la police appelle une nourrice. Sur EncroChat, son commanditaire l'a informé que deux filles viendraient chercher des stupéfiants à l'appartement.

Le Hockeyeur a reçu la photo d'un billet de cent couronnes avec un numéro de série. Les filles devront présenter ce billet pour s'identifier. Sur la photo, trois doigts aux ongles longs couleur chair tiennent le billet.

Quand il arrive sur le parking quelques minutes plus tard, il est à peine 14 heures passées. Rebecca a demandé à son amie d'aller faire un tour, car elle ne veut pas l'impliquer. Quand le Hockeyeur arrive au niveau de sa vitre, il inspecte méticuleusement le numéro de série du billet. Puis, selon les instructions, il pose le sac sur la banquette arrière de la voiture.

Une fois l'échange accompli, il contacte son commanditaire qu'il appelle « le Chef », un jeune homme décrit comme un important narcotrafiquant, qui a fréquenté les deux factions du quartier de Biskopsgården mais garde à présent ses distances avec le terrain.

« C'est fait », écrit le Hockeyeur.

Le Chef lui demande s'il a trouvé les filles sexy.

« J'ai pas fait gaffe. »

Le Hockeyeur est soupçonné d'avoir remis plus de dix-neuf kilos de cocaïne à Rebecca et son amie, et d'avoir touché mille couronnes par kilo pour la course. La drogue proviendrait d'un cartel sud-américain. Rebecca et son amie repartent vers l'est, à Kopparberg, où elles livrent cinq kilos de coke à l'intention du chef du cartel d'Örebro, Hamid. Ensuite, direction Stockholm. Pour Rebecca, c'est une façon de gagner beaucoup en courant relativement peu de risques, et ça l'a vite rendue accro à l'argent.

Le lendemain, le Hockeyeur demande un service à son commanditaire. Sa sœur va se marier, il demande sur EncroChat s'il peut prendre dix grammes de cocaïne sur la marchandise qu'il stocke chez lui.

Il promet qu'il paiera et dira à sa famille que ça vient d'un ami, pour qu'elle ne sache pas qu'il stocke de la marchandise en gros chez lui. Il jure par ailleurs qu'il ne consommera pas seul, ce à quoi le Chef répond de faire attention, c'est de la came pure de Colombie. Lui-même n'a pas consommé de coke depuis dix ans, ajoute-t-il.

Il informe ensuite le Hockeyeur que celui-ci va recevoir une livraison de cent quarante-neuf kilos chez lui. Pour la jeune nourrice, on dirait que c'est une première.

« Tu te fous de moi ???? »

« Non », lui répond le Chef avec des smileys hilares, avant de le sommer de rester prudent avec la came.

« Si tu m'envoies livrer à 3 h du mat' ou à 19 h, je le ferai », jure le Hockeyeur.

« Haha, un vrai petit soldat », s'amuse l'autre avant de le féliciter et de lui promettre qu'il finira dans les bouquins d'histoire.

Mais à ce moment-là, le Chef est inquiet. Il commence à se sentir surveillé par les autorités. Il les soupçonne même de pister sa petite amie. C'est pourquoi il prend sa voiture et roule aussi vite que possible en direction de son pays natal, le Kosovo.

Une semaine après la transaction à Göteborg, Rebecca livre plus d'1 kilo de coke en comprimés estampillés des lettres GL[1] à un client de Västerås. La police retrouve la marchandise dans un sac en plastique orange, dans une cave, avec les empreintes de Rebecca dessus. Elle est arrêtée peu après la livraison sur l'autoroute E18. Dans la voiture, les autorités saisissent quatre cent trois mille couronnes en liquide et un téléphone Sky ECC, une autre marque populaire de téléphone chiffré. À ce stade, des recherches croisées sur Google et sur les réseaux sociaux ont permis d'identifier le Hockeyeur. On découvre vite qu'il n'a jamais été condamné pour la moindre infraction et qu'il ne s'est mis à dealer que pour financer sa propre consommation. En parcourant les chats, la police apprendra plus tard que le jeune homme vendait de grosses quantités de cocaïne et d'amphétamines.

Des analyses sur la marchandise révèlent également les liens entre le Hockeyeur et un Norvégien d'origine balkanique condamné pour délit de fuite au passage des douanes. L'enquête révèle que ce dernier a traversé la frontière via le pont de Svinesund par l'E6, avant de rouler vers le sud jusqu'à Göteborg. Fin mai, deux jours

1. N.d.T. : les comprimés de drogue sont souvent estampillés ; il est fréquent pour les fournisseurs de marquer leurs cachets.

après la livraison du Hockeyeur à Rebecca, ce dernier aurait remis treize kilos de cocaïne au jeune Norvégien.

— Bonne chance, a glissé le Hockeyeur avant de lui remettre un sac de sport noir, puis chacun est parti de son côté.

Le 1er juin, le Norvégien a repris la route en direction d'Oslo en faisant un crochet par Årjäng, à dix kilomètres au nord-est de la frontière. C'est là qu'il éveille la curiosité des douaniers, qui arrêtent sa voiture près d'un camping. Au début, le Norvégien se montre coopératif, il sort ses affaires du coffre. Mais en ouvrant la portière arrière gauche, les agents découvrent un sac de sport noir solidement harnaché derrière le siège avant. L'un des policiers ouvre la fermeture Éclair et découvre des paquets carrés scellés par des élastiques colorés. Aussitôt, pour le Norvégien, c'est la panique, il prend la fuite et parvient à semer les douaniers avant de revenir jusqu'à sa voiture pour s'en aller.

Il s'est échappé pour cette fois, mais n'ira pas bien loin.

Des témoins ont vu un homme cherchant à faire couler un sac dans un lac et ont immédiatement averti la police avant de repêcher le bagage, qui flottait à la surface. Il était rempli de cocaïne. Peu de temps après, le Norvégien est arrêté.

Il déclarera lors de son audition avoir été contraint par la pandémie de fermer son restaurant de hamburgers à Oslo. Quelqu'un lui aurait proposé deux cent mille couronnes pour transporter de la drogue, or il avait besoin d'argent pour demander sa petite amie en mariage.

Le Norvégien n'est qu'un exemple parmi d'autres des liens étroits qui unissent les narcotrafiquants suédois à leurs voisins frontaliers.

Grâce à l'analyse des conversations chiffrées, la NOA a pu estimer que la quantité de drogue introduite en Suède était environ dix fois supérieure à celle estimée, soit jusqu'à cent cinquante tonnes par an.

Pour de nombreux anciens policiers des stups, cette augmentation exponentielle a été favorisée par la refonte du système judiciaire et par les modifications législatives qui ont suivi dans la première moitié des années 2010, notamment pendant l'affaire dite de la méphédrone. Cette restructuration exigeait des tribunaux qu'ils tiennent compte de l'objet du crime, s'il était lucratif ou récréatif, de l'ampleur et de l'organisation du cartel, du rôle de l'accusé et de la présence d'une forme d'aggravation particulière, par exemple si le commerce visait principalement les jeunes. Cela a entraîné une nette diminution des peines les plus sévères. D'après le centre suédois de lutte contre la délinquance, le nombre de personnes poursuivies pour des crimes liés à la drogue a chuté de plus de quarante pour cent entre 2010 et 2013.

— La différence est frappante par rapport à avant, raconte un ancien membre de gang qui, avant la refonte du système judiciaire, avait toujours une balance sous la main pour s'assurer que la quantité de cocaïne restait inférieure au seuil défini pour un crime, à savoir les cinquante grammes qui entraînaient une peine de deux ans de prison. La brigade des stups était sans arrêt sur notre dos, dit-il encore. Du coup, on prenait un minimum de risques.

Aujourd'hui, le seuil de deux ans de prison n'est atteint qu'à partir de cent grammes de cocaïne, tandis qu'un kilo entraîne une peine de cinq ans. Le crime devient plus grave à partir de cinq kilos de cocaïne, pour lesquels on encourt six ans de prison. Tandis qu'au-delà de vingt kilos, la peine est de sept ans.

Selon plusieurs agents de police expérimentés, ce changement de structure a balayé la crainte que pouvaient avoir autrefois les criminels pour les peines sévères associées aux quantités de drogue détenues.

On ne l'importe plus en Suède par kilos, mais par centaines de kilos, sans risquer de peine plus sévère. La demande est énorme parmi les consommateurs, constate la police. Sans compter que la brigade des stups a été supprimée lors de la restructuration de la police en 2015. Chaque centre-ville voyait émerger un réseau qui dominait le marché des stups local, cela sautait aux yeux des autorités. La concurrence était exponentielle, elle brisait des amitiés ; l'argent de la drogue entraînait la multiplication des armes pour en arriver aux fusillades et attentats à la bombe qui creusent aujourd'hui des cicatrices profondes dans la société et ternissent l'image de la Suède à l'international.

Stefan Reimer, juge à la Cour suprême, tient un autre discours. Pour lui, cette refonte a rétabli certaines nuances, afin que les têtes pensantes des cartels puissent être condamnées à des peines plus lourdes que leurs subordonnés. La quantité de drogue qui entraînait auparavant une peine de dix ans de prison peut aujourd'hui se limiter à sept ou huit ans, mais les gros bonnets pourront toujours écoper de la peine maximale. Par ailleurs, Reimer considère que les peines sévères ne suffisent plus à dissuader.

— Je trouve que les peines sont encore trop lourdes pour la drogue en comparaison à d'autres types de crimes, déclare le juge en faisant le parallèle notamment avec le viol, dont la peine maximale est de six ans de prison.

Aujourd'hui, les quantités de stupéfiants introduites dans le pays sont telles que Ted Esplund, de la NOA, considère la Suède comme la terre promise du transit de marchandises. Elle passe par là avant d'être expédiée en Norvège ou en Finlande. Une partie est également envoyée par la poste vers des contrées bien plus lointaines, comme l'Australie. Tout simplement parce que le courrier en provenance de Suède éveille moins les soupçons que les expéditions depuis la Colombie.

Un criminel condamné grâce à l'accès à la messagerie chiffrée racontera qu'il pouvait vendre de la coke par kilos à ses clients norvégiens sans quitter son appartement de Stockholm.

— La Suède importe tellement de came qu'on peut fournir la Norvège. Ça élargit les frontières. Je gagne de l'argent en dehors de Stockholm directement depuis chez moi, sans quitter ma famille. Il me suffit d'envoyer quelques messages à des Norvégiens pour qu'ils se rendent à moto ou en voiture à Göteborg et récupèrent des kilos de cocaïne à rapporter chez eux, raconte le dealer qui a écopé d'une longue peine pour trafic de drogue.

Une semaine plus tard, le 8 juin, le Hockeyeur est lui aussi arrêté à Göteborg alors qu'il se rend à la poste avec quinze enveloppes d'amphétamines à expédier. Il était surveillé. La drogue était destinée aux clients ayant passé commande sur Fligsvam, un site du darknet décrit comme un Leboncoin de la drogue.

Quand la police pénètre dans l'appartement, elle est accueillie par une forte odeur de caoutchouc tant la quantité de drogue stockée est colossale. Le Hockeyeur trouve lui-même que ça sent « la maison close dans tout l'appart ». Outre une abondance d'amphétamines, de LSD et de cannabis, on fait la découverte de cinquante-six kilos de cocaïne estampillée des lettres GL en relief. Vendue dans la rue, cette quantité-là rapporterait près de cinquante millions de couronnes.

Pendant ce temps, le Chef arrive au Kosovo en voiture et, quand il ne parvient pas à joindre sa nourrice à Göteborg, l'angoisse monte. Après plusieurs échanges avec ses amis, il convainc un gars de confiance, agent de sécurité, de se rendre sur les lieux. Celui-ci tombe sur la police mais s'arrache à ses griffes en prétextant être là pour un rendez-vous avec une femme. Pendant ce temps, au Kosovo, le Chef réalise qu'il a perdu cinquante-six kilos de cocaïne. Mais comment la police a-t-elle trouvé sa nourrice ? Ils ont déjà vendu ces quantités-là, cela n'a jamais posé de problème. En dehors du Hockeyeur, le Chef était le seul à savoir où se trouvait la coke. Il suppose qu'un voisin a senti l'odeur et alerté la police. Inquiet, il écrit sur EncroChat à plusieurs acteurs du cartel et tire ses propres conclusions. À l'un d'eux, il écrit qu'il a peur que la police « débarque en hélicoptère et atterrisse sur ma gueule. Ouais, je me fais des films, ils n'ont aucune preuve pour remonter jusqu'à moi, et personne ne peut me dénoncer. Mais ils vont en avoir par-dessus la tête, ce sera pas une petite enquête, ce sera une opération de ouf. »

16

Le Chef n'est pas le seul à paniquer. Ces dernières semaines, Donvar, dealer à Stockholm, et plusieurs de ses amis ont eux aussi un mauvais pressentiment. Les gars sont bizarrement nombreux à se faire arrêter dans des circonstances étranges. C'est comme si la police tombait pile au bon moment, le jour où les mecs pourtant toujours prudents se baladaient avec des armes ou de la drogue sur eux.

Il y a un truc qui cloche.

Des bruits commencent à courir : EncroChat aurait été piraté. Bon, ce n'est pas la première fois que cette rumeur se répand ces dernières années, ça dure depuis qu'EncroChat s'est hissé parmi les premiers outils de communication des criminels européens. Et à chaque fois, on prétend que les autorités auraient craqué cette messagerie dite sécurisée, mais c'est faux. Tout le monde sait que ce sont les concurrents qui font tout pour discréditer leurs rivaux sur le marché.

Le téléphone de Donvar ne connaît aucun répit, les messages continuent d'affluer, envoyés par des entrepreneurs souhaitant faire affaire.

Un client veut commander un kilo de cocaïne.

Donvar demande à sa nourrice du sud de Stockholm de se tenir prête, puis il revient à son client pour lui indiquer une adresse, une heure et un mot de passe.

Deux heures plus tard, son employé – qu'il aime appeler ainsi parce qu'il le paie au mois – rejoint une voiture garée sur un parking. Le voyant approcher, le chauffeur prononce le nom de code : « Ferrari ». L'échange a lieu, l'argent est remis.

Quand Donvar rejoint sa compagne au lit le soir du 12 juin 2020, tout paraît normal. À travers le monde, des dizaines de milliers d'utilisateurs d'EncroChat s'endorment avec la conviction que leur trafic se fait dans l'ombre. Le même soir, l'agent de renseignements Putte est au chevet de sa belle-mère, dont le cancer s'est brutalement propagé. Il ne lui reste plus beaucoup de temps et il est assis là, son ordinateur sur les genoux, à se tenir à jour des projets de crimes sur la messagerie cryptée.

Quand ce qui devait arriver arriva. Les administrateurs d'EncroChat se rendent compte que la messagerie a été piratée.

Dans la nuit, le service envoie un message à tous ses utilisateurs pour les avertir qu'ils ont été victimes d'une « interception illégale » par des « organismes d'État ». Il leur conseille vivement de se débarrasser physiquement de leurs téléphones.

Les autorités françaises auront eu accès pendant soixante-treize jours à tous les messages échangés sur EncroChat.

Le lendemain matin, au Kosovo, le Chef se réveille et envoie naïvement un message à un ami.

« Salut, frère. »

« T'es au courant ? Ils ont craqué cette merde », répond l'autre en albanais.

Au bout de quelques minutes, le Chef écrit un laconique :

« ? »

Ce sera son dernier message sur EncroChat.

À Stockholm, le téléphone privé de Donvar se met à sonner. Il est 8 heures du matin et cette journée d'été s'annonce encore chaude dans la capitale. L'appel vient d'un ami qui veut prévenir Donvar que la police ne va pas tarder à enfoncer sa porte. Il lui raconte qu'EncroChat a signalé un piratage et lui conseille de se débarrasser de son téléphone au plus vite.

Pour Donvar, c'est la panique.

Il s'attend à trouver une armada derrière sa porte, mais un coup d'œil dehors le rassure ; il n'y a personne. Son départ est précipité, il a tout juste le temps d'emporter son passeport et un peu d'argent. Dans la rue, il zigzague pour s'assurer que personne ne le suit et se dirige vers le point de rendez-vous où un ami vient le chercher. Ils se rendent sur un parking où il écrase violemment son EncroPhone sous une pierre. Il confie les miettes à son ami qui les jettera « au milieu de rien ».

Ensuite, Donvar prend la direction du sud, traverse le pont de l'Øresund et rejoint les Pays-Bas. Là, il prend conscience qu'il n'a même pas emporté de caleçon de rechange.

Dans la matinée, Putte est installé sur son balcon quand il découvre l'alerte. Le regard sur son écran, il observe quasiment en temps réel la clôture de toutes les communications.

Quand tout est fini, il rentre annoncer à sa femme que cette période de travail acharné est terminée. Elle ignorait ce qu'il faisait, savait simplement que c'était très important. Putte peut enfin se détendre, l'enquête suivra désormais les modalités habituelles. Le lendemain, sa belle-mère pousse son dernier soupir.

Dans toute la Suède et dans le monde entier, c'est l'onde de choc. Les téléphones sont détruits, les gens s'enfuient, passent les frontières et se cachent, les messages affolés fusent sur toutes les plateformes possibles. Certains cherchent les pays qui n'ont pas signé d'accord d'extradition avec la Suède.

Pendant plusieurs semaines, Donvar se cache à l'étranger. Il attend, mais rien ne se passe. Plusieurs amis du milieu sont partis eux aussi. Finalement, il revient chez lui. Plus prudent que jamais, il se méfie de toutes les personnes qu'il croise. Puis il reprend ses activités en passant cette fois par d'autres réseaux chiffrés. Son principal importateur est en détention provisoire, victime de ce vaste coup de filet, mais d'autres sont prêts à le remplacer pour se faire une plus grande place sur le marché des stups en Suède.

Tant qu'il y aura des clients, il y aura de la drogue.

PARTIE 4

FOXTROT
MARS 2020 – AOÛT 2020

17

Le règne d'EncroChat touche à sa fin. L'impossible s'est produit, et pour de nombreux criminels, les conséquences sont fatales. L'alerte modifie la façon de travailler des autorités. Elles n'ont plus l'avantage qu'elles avaient, mais bénéficient toujours d'une énorme quantité de messages précieux. Cette base de données a déjà fourni des pistes pour plusieurs affaires hautement sensibles. L'une d'elles mène à un réseau dont les ramifications semblent s'étendre à plusieurs gangs parmi les plus violents de Suède. Un nom émerge et échappera à la police encore longtemps : Foxkurdish.

En réalité, cette histoire commence plus tôt au printemps, avant le piratage d'EncroChat.

À la fin du mois de mars 2020, un homme de 26 ans, prénommé Albin, se rend à l'*Elite Hotel Stockholm Plaza*, à quelques pas de Stureplan. Dès son arrivée, il attire l'attention du personnel. Ses tatouages et sa barbe dénotent avec l'apparence classique des hommes d'affaires qui séjournent habituellement à l'hôtel. Sans compter que sa location d'une chambre pour le mois complet sort de l'ordinaire.

Quand la responsable lui demande dans quelle branche il travaille, Albin se dit importateur de produits alimentaires italiens, mais reste évasif quant à l'impact de la pandémie sur ses affaires.

La responsable flaire, sinon le mensonge, du moins que quelque chose ne colle pas.

Plus ça va, plus les soupçons se renforcent. Le jeune client revient très souvent à l'hôtel, il prend le taxi pour de longues courses hors de la ville, disparaît régulièrement pour aller se promener. Entre deux excursions, il trouve même le temps de faire des emplettes pour sa grand-mère qui habite tout près.

Ce que le personnel ignore, c'est que l'EncroPhone d'Albin est en ébullition permanente. Quelques jours après son enregistrement, un certain Foxkurdish lui envoie un message bref :

« Älgvägen 62 »

À peine a-t-il reçu le message qu'il se rend à l'adresse indiquée, dans Stockholm. Peu après, Foxkurdish informe un autre contact sur EncroChat qu'Albin est sur place.

« Il est là. »

Le contact d'Albin n'a aucun lien direct avec la marchandise, il se contente d'être l'intermédiaire entre les coursiers et les clients auxquels il décrit vaguement la personne chargée de la livraison.

« Un jeune Suédois barbu. »

Une fois la livraison effectuée à Älgvägen, Albin confirme la réception de quarante mille couronnes lors de l'échange et envoie à Foxkurdish la photo d'un sac contenant une liasse de billets de cinq cents couronnes, ainsi qu'une note manuscrite précisant la somme.

Et ça continue comme ça. Il échange des messages, livre la drogue et récupère l'argent. Au bout d'une semaine, les soupçons de l'hôtel sont tels que l'établissement décide de prendre des mesures. Le contrat signé par le jeune client à son arrivée stipule que le personnel est en droit d'accéder à la chambre. Ainsi, lorsque Albin quitte l'établissement au matin du 7 avril, le personnel profite de l'occasion. On contacte la responsable de l'établissement qui utilise immédiatement son passe. La pièce est sens dessus dessous. Des gobelets de café, verres sales et paquets de Pringles traînent sur le bureau. Par terre, un sac Ralph Lauren contient deux grands sacs remplis de plus de dix mille cachets d'ecstasy bleus et oranges.

Sous peu, des policiers en civil se présentent à la réception. On leur montre une photo prise dans la chambre. Albin revient à l'hôtel à ce moment-là et fait immédiatement demi-tour en devinant qu'il s'agit de policiers dans le hall. Ces derniers sont vifs, coursent Albin et parviennent rapidement à l'arrêter.

Ils se rendent ensuite dans la chambre et y découvrent d'autres stocks de drogue, notamment dans le coffre-fort. En tout, un demi-kilo d'amphétamines, un kilo et demi de cocaïne et plus d'un million de couronnes suédoises conditionnées sous vide ont été saisis. On découvre par ailleurs des sacs portant des noms, sans doute les clients qui ont payé leur commande. Par exemple, il est écrit, à la main et au stylo à encre, « Roger » sur l'une de ces étiquettes.

Le jeune homme de 26 ans a les clés de l'appartement de sa grand-mère sur lui. Un logement où l'on découvre des milliers de cachets d'ecstasy et un petit paquet de cocaïne cachés dans une armoire, à l'insu de la grand-mère. Près de deux kilos d'ecstasy sont emballés, prêts à être envoyés à un client d'Helsinki.

Pour la police, cette opération est un succès – l'affaire est claire et nette, et devrait se conclure par une condamnation –, mais à ce moment-là, on ignore encore l'existence de Foxkurdish et le fait qu'il est le fournisseur de la marchandise qu'ils viennent de saisir. Impossible d'accéder au téléphone chiffré d'Albin et personne ne pense que ce dernier révélera l'identité de son chef.

À toutes les questions qui lui sont posées, il n'a qu'une seule réponse :

— Sans commentaire.

Ce que la police ignore également, c'est que les réponses sont à la portée de ceux qui savent où chercher. En France, un serveur est ouvert : les pièces du puzzle y sont entassées, il n'y a plus qu'à les assembler – mais la police suédoise n'a pas encore été invitée à rejoindre la partie.

Il ne faut pas longtemps avant que l'arrestation d'Albin arrive aux oreilles de Foxkurdish. Aussitôt, il prend la situation en main et envoie plusieurs messages à ses contacts sur EncroChat. À l'alias Tenstatensta, il écrit qu'il a perdu la coke et 1,1 million de couronnes en espèces, mais qu'il s'inquiète aussi qu'Albin parle à la police.

« Il ne sait pas à quoi je ressemble. Mais il sait qu'on m'appelle le Renard. »

Un mois plus tard, quand les enquêteurs de la NOA, désormais partie intégrante de l'opération visant EncroChat, examinent l'historique des chats autour de l'affaire de l'*Elite Hotel*, ils constatent que ceux qui traitaient précédemment avec Foxkurdish continuent de faire affaire avec lui. En temps réel, ils apprennent qu'une nouvelle livraison aura bientôt lieu. Cette fois, ils décident d'agir. Bien que ces enquêteurs soient censés donner la priorité aux situations mettant des vies en danger, on transmet ces informations à des policiers de confiance.

C'est ainsi que Denny, chef d'une équipe de surveillance à Järva, reçoit un appel étrange vers 16 heures le 10 mai.

— Un crime sera bientôt commis à Skogstorpsvägen, à Sollentuna. Une Audi RS6 pourrait être impliquée, lui transmet son contact.

Pas de temps à perdre. L'équipe de Denny est constamment en mission et ses effectifs sont maigres. Il doit monter l'opération rapidement et avec le peu de moyens qu'il a à disposition.

De nombreux criminels apprécient l'Audi RS6 pour sa rapidité ; la police a du mal à la rattraper en cas de poursuite. Cependant, le temps presse, Denny ne pourra pas échafauder un plan ni demander du renfort. C'est sans doute la raison pour laquelle la NOA l'a choisi. Il n'est pas au sommet de la hiérarchie, mais les résultats de son équipe sont toujours très probants. Et puis, il ne pose aucune question sur la source des informations données. L'essentiel, c'est d'empêcher le crime. Il ne lui vient pas à l'esprit qu'il puisse être sur les traces de l'un des plus gros importateurs de drogue en Suède. Peu après le coup de téléphone, plusieurs de ses hommes se dirigent en hâte vers Sollentuna, où le crime est planifié. Deux d'entre eux roulent dans une rue verdoyante donnant sur un parking au fond d'une impasse qui distribue des maisons mitoyennes.

Une fois garés, ils sortent de la voiture et se promènent dans le quartier en faisant mine d'habiter là.

Ils repèrent rapidement une Audi garée dans l'impasse. Il y a quelqu'un dans la voiture, on dirait qu'il se passe quelque chose. Quand ils approchent, le chauffeur sort de la voiture, allume une cigarette et fait les cent pas en regardant nerveusement autour de lui. Pour les agents, son comportement est suspect.

L'homme finit par remonter en voiture, comme s'il attendait quelqu'un, mais cinq minutes plus tard, il ressort et traverse un carré d'herbe pour se diriger vers une Volkswagen rouge qui avance lentement dans la rue.

Postés de l'autre côté de la rue menant à une école, les enquêteurs ont une bonne vue sur l'impasse. À travers une clôture verte et des buissons, ils aperçoivent l'homme de l'Audi monter sur le siège passager de la voiture rouge qui vient d'arriver. Il s'appelle Mesut, a les cheveux bruns, la trentaine. D'apparence, il semble originaire du Moyen-Orient. Dans la voiture rouge, un homme caucasien de forte corpulence, la cinquantaine. Il s'appelle Roger et travaille pour Foxkurdish.

— Fifa, dit Mesut en prenant place dans la voiture rouge.

C'est le mot de passe qu'on lui a indiqué pour que le vendeur, à savoir Roger, soit sûr d'avoir la bonne personne en face de lui.

— Tout y est ? demande Mesut en montrant un sac blanc.

— Ouais, répond Roger en lui remettant le bagage.

Après un bref échange, Mesut ressort de la voiture pour regagner son Audi. Pour les policiers, il est temps de se faire remarquer. L'un d'eux menace Mesut avec son arme avant qu'il n'atteigne son véhicule mais l'homme se met à courir en direction des bois derrière le parking, il jette le sac blanc et un téléphone, mais parcourt à peine cinquante mètres avant d'être neutralisé par un policier.

— Qu'est-ce qu'il y a dans le sac ? lui demande l'agent en le menottant.

— Des trucs illicites, mais pas de flingue, assure Mesut, à présent couché sur le sol, les poings liés. J'ai une dette à régler.

Il prétend ne pas connaître l'homme à qui il vient de prendre ces « trucs illicites ».

Et c'est sans doute vrai. Ce sont de simples coursiers au service des cerveaux qui dirigent les opérations, au même titre que d'autres gèrent le stockage et les livraisons.

Un homme au statut de nourrice raconte qu'il avait la mission de vérifier les quantités de drogue pour que le client soit satisfait. Il était « les yeux » de son commanditaire, son homme de terrain, et touchait pour cela un salaire dont il refuse de donner le montant pour ne pas être identifié, mais glisse que cela tourne généralement autour de vingt mille à cinquante mille couronnes.

— En dessous de vingt mille couronnes, personne ne prend de risque, à moins de se faire exploiter. Comme dans une boîte normale, quoi.

L'avantage d'être nourrice ou coursier, c'est qu'on « n'a pas besoin d'être agressif ou violent ». Il suffit d'avoir « du bon sens et un minimum de cervelle ».

Le travail consiste à préparer un colis, à le livrer au client et à donner le mot de passe communiqué par son chef en attendant la course suivante. L'argent peut être transféré ailleurs pour ne pas risquer que l'on se fasse prendre avec la drogue et l'argent à la fois. Ceux qu'on appelle les « changeurs » sont chargés des transactions financières. Ce sont souvent des gens qui ont fait des études, qui font profil bas et ne participent pas activement à des activités criminelles, mais ils ont des contacts dans le milieu et se font souvent recommander.

La nourrice que j'interroge a été recommandée par un ami. Ce qui l'a motivée à risquer de longues années de prison, c'est l'argent. Il veut s'acheter des vêtements de marque, séjourner dans des hôtels et réaliser d'autres choses qui lui étaient inaccessibles quand il était gamin, élevé par sa mère. C'est comme cela qu'il s'est mis à vendre de la drogue à des clients, surtout à des « Suédois un peu plus âgés, qui boivent beaucoup de bière et soutiennent l'équipe de Hammarby ».

— Je voulais grimper le plus haut possible dans la hiérarchie pour gagner assez d'argent, disons quelques millions, et prendre ensuite ma retraite.

Le destin en a décidé autrement.

Plus tard, la police constatera que toute la structure qui entoure l'alias Foxkurdish sur EncroChat s'articule de cette façon-là. Les différents pions remplissent leur rôle sans se connaître les uns les autres.

Pendant que Mesut est arrêté, Roger – surnommé « le Vieux » par ses comparses – retourne à Sollentuna et prend l'E4 en direction de Solvalla, vers le sud. Au niveau de l'hippodrome, il est arrêté par une patrouille de police rencardée par Denny. Roger reste calme. Un calme étonnant. L'agent chargé de l'arrestation demande à Denny par radio s'ils ont la bonne personne car il ne correspond pas à l'image qu'on se fait habituellement des coursiers.

— C'est sûr et certain, c'est notre homme et c'est bien cette voiture, lui répond-on.

Dans le réseau de Roger, la prudence est de mise. Et grâce à la messagerie chiffrée, ils sont tous convaincus d'être intouchables. Roger garde le silence pendant toute l'audition. Il en a vu d'autres. Ce n'est que plus tard, quand on l'interroge au commissariat, qu'il commence à répondre aux questions sur son trafic.

— J'avais besoin de thune, reconnaît-il.

Roger a 53 ans, c'est un entrepreneur d'Ekerö, dans le sud-ouest de Stockholm. On lui demande combien il a touché pour cette livraison.

— Cinq mille, répond-il.

Pour le reste de l'interrogatoire, il demeure évasif quant à son moyen de communication avec son commanditaire.

— On s'envoie des signaux de fumée, s'amuse-t-il.

Le sac qu'il a remis à Mesut contenait 395 grammes d'héroïne ; s'il est condamné, il ira en prison.

La police saisit ses clés de voiture ainsi qu'une clé de chez Assa, société spécialisée dans les solutions de sécurité. C'est positif, cela veut dire que la police peut contacter l'entreprise et obtenir l'adresse associée à la clé.

Le soir même, la police perquisitionne le domicile de Mesut, l'homme de l'Audi qui a récupéré l'héroïne. Il vit dans une villa jaune dans un quartier calme près de Sollentuna. Depuis le seuil, les policiers constatent déjà que la maison regorge de preuves.

Dans l'escalier menant au sous-sol, des enveloppes sont empilées, prêtes à être postées. L'une d'elles est adressée à une certaine Maria, à Umeå ; une autre, à un Lucas, de Södertälje ; une troisième à un Patrik, à Avesta ; une quatrième, à un Juhani, dans la région de Luleå ; ou encore à un Enrico, de Göteborg. Un grand nombre d'entre elles attendent d'être remplies de drogue.

La police n'est pas surprise de constater que les clients se trouvent aux quatre coins du pays et sont de toutes les classes sociales. Lors de son audition, Mesut déclare qu'on lui fournit une liste de noms et qu'une fois les paquets préparés, quelqu'un vient récupérer toutes les enveloppes.

— Je devais toucher cinquante mille couronnes pour emballer ces colis.

18

Plus les enquêteurs de la NOA fouillent les anciennes conversations entourant l'affaire de l'*Elite Hotel* et la livraison de Sollentuna, plus le rôle de Foxkurdish paraît central. Tout porte à croire qu'il est le cerveau de ce vaste réseau de coursiers, de nourrices et de dealers que la police est en train de creuser.

Le travail continue pour Denny et ses enquêteurs dépêchés sur le terrain, sans qu'ils sachent que leurs collègues de la NOA disposent déjà de certaines réponses. Deux jours à peine après l'arrestation de Sollentuna, les enquêteurs localisent l'adresse correspondant à la clé retrouvée sur Roger.

Elle les conduit d'abord à un entrepôt d'Uppsala, où un bon de transport les mène à une zone industrielle de Vallentuna, au nord de Stockholm. Denny et son équipe s'y rendent immédiatement. Sur la route, ils passent devant des champs et des centres équestres, puis tournent à droite pour découvrir une zone industrielle clôturée. Une barrière est ouverte, la voiture avance. Ils repèrent un box loué par une société enregistrée sous le nom de Roger. Le local est vide, mais l'équipe se doute qu'elle vient de manquer l'expédition d'une grosse cargaison.

Au cours des semaines suivantes, les enquêteurs surveillent la zone industrielle au cas où d'autres membres du réseau organiseraient de nouvelles livraisons, et se renseignent auprès des gens qui travaillent dans le coin. Ils ont remarqué que de jeunes hommes allaient et venaient, sortaient du box avec des sacs lourds avant de partir en taxi. Les policiers leur demandent de signaler toute activité suspecte. Il ne reste plus qu'à attendre.

Les criminels peuvent avoir de la chance plusieurs fois, mais la police, elle, n'a besoin que d'un seul coup de bol.

Pendant que la NOA dresse la cartographie du réseau qui entoure l'alias Foxkurdish sur EncroChat, les enquêteurs guettent le box de la zone industrielle de Vallentuna. À ce stade, Denny sait qu'EncroChat a été infiltré, mais il ne connaît pas encore l'étendue de la base de données collectées ni l'importance que cela aura pour lui et ses collègues.

Le 3 juillet, vers 15 heures, le stress monte quand un collègue posté dans la zone industrielle l'appelle.

Il a repéré un camion néerlandais et une petite camionnette blanche stationnés près du box. Plusieurs personnes sont occupées à décharger des cartons. Il a réussi à lire une partie de la plaque d'immatriculation de la camionnette : WXY. Le cœur de Denny s'affole. C'est certainement le véhicule repéré lors de précédentes patrouilles visant le réseau de Foxkurdish, dont les membres sont soupçonnés d'acheter les stups en gros à Foxkurdish avant de les revendre à leurs clients.

Pour Denny personnellement, cela tombe mal. Il a de la famille à la maison et leur a promis un barbecue ce soir. Tant pis, le travail d'abord : il appelle précipitamment son collègue Erik, qui prévoyait le même repas chez lui et se trouve justement à la boucherie. Erik passe en caisse et fait un saut à vélo chez Denny pour laisser la viande à la famille.

Puis Erik et Denny, en short et tee-shirt, débarquent au commissariat de Solna pour récupérer leurs armes de service et demander du renfort, mais personne n'est disponible. L'occasion est trop belle, ils ne peuvent pas la rater. Ils décident de se rendre eux-mêmes dans la zone industrielle.

Une heure et demie après l'appel de l'informateur, les deux agents arrivent à Vallentuna. En s'approchant du box, ils constatent que les camions sont partis, il n'y a plus personne. Ils demandent un mandat de perquisition pour crime aggravé. On leur accorde. Dans le box, ils trouvent une voiture, un transpalette et plusieurs cartons contenant du haschich dont ils estiment la quantité à une centaine de kilos.

Bingo.

Pendant que Denny passe le box au peigne fin, Erik sort jeter un coup d'œil à la route qui longe la clôture de la zone industrielle et les buissons sauvages. Il aperçoit un camion à environ trois cents mètres de là, correspondant à la description donnée par son informateur. Deux personnes déchargent des cartons pour les transférer dans un break.

En revanche, aucune camionnette blanche en vue.

Erik retourne chercher Denny et, prudents, ils se dirigent en voiture vers le camion garé dans l'impasse. Puis ils sortent calmement du véhicule banalisé pour s'approcher des hommes occupés à décharger. Les deux policiers sont toujours en short et aucun ne porte de gilet pare-balles. Ils n'ont pas eu le temps de s'équiper et, en outre, le but est de rester le plus discrets possible.

— Police ! annoncent-ils en dégainant leurs armes.

Erik attrape le chauffeur du camion tandis que Denny se précipite vers le break pour arrêter le conducteur qui mettait déjà le moteur en marche.

En pleine action, une autre voiture approche. C'est une Mercedes blanche, dont ni le chauffeur ni le passager ne semblent comprendre qu'ils débarquent en pleine opération policière. Le chauffeur sort et salue d'un signe de tête celui du camion, dont Erik maintient fermement les mains dans le dos.

S'il salue le fournisseur au milieu d'une impasse, c'est forcément qu'il vient chercher sa marchandise pour une livraison rapide à l'arrière du camion.

Erik libère le chauffeur et le pousse en direction de Denny avant de brandir son arme.

— Police ! À terre, les mains en l'air ! Les mains en l'air, j'ai dit !

Quatre contre deux, pense Erik en lisant la surprise sur les visages des deux hommes qui viennent d'arriver. Ils obéissent et se couchent sur le sol.

Erik reste à côté d'eux tandis que Denny neutralise les deux autres à une vingtaine de mètres.

— T'as des pinces ? rugit ce dernier.

— Non, répond son collègue.

Dans la précipitation, Denny est le seul à avoir pris des menottes. Quand les deux hommes à terre entendent cela, ils parlent entre eux dans une langue étrangère. Alors Denny crie à son coéquipier :

— Ils sont soupçonnés de trafic de drogue de grande ampleur. S'ils s'enfuient, on a le droit de tirer !

Les hommes comprennent le message et restent au sol.

Tandis que les policiers attendent les renforts, deux camions passent par là, les chauffeurs proposent leur aide.

— Garez vos camions sur la route pour empêcher l'accès à la zone, leur répondent les policiers.

Dix-huit minutes passent avant l'arrivée des renforts : voitures banalisées et unité d'intervention régionale.

On n'a toujours pas retrouvé la camionnette blanche, certainement un élément-clé de cette affaire. La police espère qu'elle reviendra sur les lieux et se garera à proximité du box. Erik et Denny, toujours près du camion, fouillent les cartons de meubles à la recherche d'autres réserves de drogue. Les collègues postés à l'entrée du box appellent Denny. Ils ont repéré un gros véhicule blanc dont le numéro de plaque comprend WXY.

Le chauffeur de la camionnette se dirigeait justement vers le box, mais a opéré rapidement un demi-tour en constatant que la porte avait été forcée. Denny et Erik accourent à l'entrée de la zone industrielle et parviennent à arrêter le conducteur juste avant qu'il ne s'échappe.

Il s'agit du remplaçant de Roger, le nouveau coursier embauché par Foxplanet, un autre alias de Foxkurdish, pour livrer la drogue aux clients de la capitale. Il s'appelle Wilhelm et sa camionnette est au nom de son père.

Plus tard dans la nuit, lors de la perquisition du domicile de Wilhelm à Åkersberga, où il vit avec sa compagne et leur petite fille, la police découvre des cartons contenant les mêmes marques que ceux du box. On le soupçonne d'avoir eu le temps de faire une première livraison avant de revenir se réapprovisionner pour le prochain client.

Denny n'aura pas eu son barbecue en famille. Et même s'ils ont arrêté plusieurs membres du réseau, le cerveau des opérations court toujours : Foxkurdish, qui deviendra tristement célèbre sous le nom du Renard.

19

À la fin du mois de juillet, Jacob, chef d'unité, rentre tout juste de vacances quand il reçoit la copie des messages d'EncroChat concernant la tentative d'homicide de l'arrêt de bus de Viksjö, dont le tireur était un adolescent de 16 ans en lien étroit avec la Patrouille de la Mort. Tandis que l'enquête suit son cours, le chef de Jacob le convoque pour une réunion confidentielle à Solna. On lui demande de superviser l'équipe chargée de cartographier et de neutraliser le réseau que l'on a pu identifier comme étant à la fois derrière l'opération de l'*Elite Hotel*, celle de Sollentuna et celle de la zone industrielle de Vallentuna.

Dans le métier, Jacob est reconnu pour sa contestation systématique de l'autorité et des décisions prises par sa hiérarchie, mais c'est un très bon élément, toujours volontaire pour proposer des solutions alternatives. Son implication dans l'enquête des chats ne fait pas l'unanimité. Beaucoup de crimes déjà commis attendent d'être traités. Dans la région Nord – dont les quartiers Rinkeby, Husby et Tensta –, les homicides non résolus s'accumulent. Les collègues subissent une pression énorme, ils se sentent complètement dépassés. Certains fondent en larmes au travail. À chaque nouvelle affaire, les enquêteurs et autres analystes doivent se mobiliser en plus de la gestion de leur travail habituel. Les chefs sont loin de se réjouir de cette coupe drastique dans les effectifs à l'heure où la situation est déjà tendue.

Mais il faut se faire une raison. Et comme le dossier du Renard atterrit sur le bureau de Jacob, il hérite également des enquêtes sur Roger et le chauffeur de camion arrêté à Vallentuna.

Quelques jours plus tard, Jacob se rend au commissariat de Kungsholmen pour en savoir plus. Le poste est à deux pas de la mairie et de la baie de Riddarfjärden, mais aussi des bureaux de la NOA et, un peu plus loin, de ceux de la RIO, qui a marqué en 2018 la fusion des trois chambres internationales du siège. À Malmö et Göteborg, il existe une unité spécialisée dans la lutte contre la criminalité organisée sous toutes ses formes, depuis le génocide jusqu'aux crimes de guerre en passant par les demandes d'extradition de personnes présentes sur le sol suédois et soupçonnées de crimes à l'étranger.

Autour d'une table ovale dans une salle de réunion de la RIO meublée sobrement, face à un écran plat suspendu au mur, Jacob, l'enquêteur Denny, le substitut du procureur Henrik Söderman et plusieurs agents de l'unité des renseignements de la NOA sont réunis. Lise Tamm, procureure générale de la NOA, est également présente. Elle s'est fait remarquer récemment par son discours sur la banlieue de Rinkeby qu'elle comparait à une zone de guerre. Bien que sujette à polémique, elle a refusé de retirer ses propos, et sera plus tard soutenue par des résidents sur place qui décriront eux-mêmes les fusillades comme un climat de guerre. En outre, elle s'est rendue au Danemark pour suivre le procès de la Patrouille de la Mort, dont plusieurs mis en cause suédois ont été confiés aux autorités danoises avec l'aide de son département. Elle est devenue un maillon essentiel de la coopération avec les autorités françaises pour obtenir au plus vite tous les chats impliquant des Suédois. Les deux pays doivent avoir une confiance absolue dans leurs compétences mutuelles s'ils veulent accélérer les démarches administratives, car dans ce type de contexte, les procureurs suédois sont censés demander un mandat européen d'obtention de preuves pour chaque alias soupçonné de crime sur EncroChat, or il leur faut l'ensemble des conversations « suédoises ».

— Ce réseau a l'air clanique, introduit le porte-parole de la NOA.

Puis il explique que, d'après les communications du Renard sur EncroChat, il paraît évident que les acteurs sont nombreux dans ce cartel, que ce soit pour distribuer les stups ou gérer l'argent que cela génère. Dans les messages, on comprend que les parents du Renard sont également impliqués. La hiérarchie est claire : le Renard est la tête des opérations, et ses proches sont ses seconds. Ensuite, il y a les nourrices qui stockent la marchandise chez eux et les acheteurs en gros qui se fournissent par kilos pour ensuite revendre par le biais des coursiers. Les têtes du réseau n'ont pas besoin de voir transiter la drogue de leurs propres yeux, elles se contentent de photos. Ce sont souvent ces barons que la police a le plus de mal à atteindre.

Or dans le cas présent, on dispose de preuves solides, notamment sur les stups et l'argent provenant de l'*Elite Hotel*.

— Et si on utilisait cette enquête pour toucher directement le haut du panier ? propose Jacob.

Dans la plupart des affaires qui concernent les stups, les autorités parviennent à poursuivre les petites mains en bas de la pyramide, mais ici, les preuves sont solides contre Albin, arrêté à l'*Elite Hotel* en possession de grosses quantités d'argent et de marchandise. L'enquête en cours n'est pas loin d'aboutir, mais on peut aussi utiliser les stups et l'EncroPhone trouvés à l'hôtel comme preuves contre le Renard et plusieurs de ses proches. C'est grâce aux chats récupérés dans le téléphone chiffré d'Albin que la NOA a découvert les innombrables trafics en cours et identifié les contacts du Renard.

En fin de réunion, on promet à Jacob tous les moyens dont il aura besoin.

La prochaine étape consiste à former une équipe. Il souhaiterait seize personnes, dont une partie chargée de la surveillance, quelques enquêteurs dont un spécialisé dans la finance, et un analyste capable de traiter les données obtenues par les points wifi ou les téléphones saisis. Au total, on lui accorde douze personnes, dont les policiers d'intervention Thorbjörn et Niklas, qui patrouillent généralement à Järfälla en voiture sérigraphiée. Ils n'ont pas d'expérience pour ce type d'enquête, mais cela ne pose pas de problème. Tant qu'ils sont motivés, Jacob est prêt à les superviser.

Il rassemble ses collègues de Järfälla, le chef Denny et son équipe de surveillance ainsi qu'une poignée d'autres confrères dans une salle de conférence du département de lutte contre la criminalité, à Solna. Autour d'un café, ils suivent la présentation d'EncroChat sur PowerPoint, ainsi qu'une description du réseau du Renard. L'intéressé est représenté au sommet de la pyramide. Juste en dessous, ses parents. Puis plusieurs acheteurs en gros sont cités, au-dessus d'une liste d'alias dont on suppose qu'ils sont des coursiers et des nourrices.

Denny parcourt les pistes creusées récemment par son équipe et les arrestations effectuées. Le réseau étant composé de nombreuses personnes aux rôles très variés, on baptise l'opération « *Lego* » et l'équipe finit par s'appeler Foxtrot.

La mission aura trois objectifs. Le premier consistera à arrêter toutes les personnes haut placées au sein du réseau et à les condamner à une peine d'un an de prison minimum. Ensuite, il s'agira de neutraliser le réseau par l'identification et l'arrestation d'un maximum de personnes parmi les clients, les coursiers et les nourrices. Eux aussi écoperont d'un an d'emprisonnement si les preuves sont suffisantes. Le troisième objectif sera de bloquer d'éventuelles aides sociales et de saisir les fonds et les produits de luxe financés par les crimes.

Enfin, Jacob motive ses troupes par une ambition supplémentaire : sur leur circonscription, ils devront faire encore mieux dans leur chasse aux criminels pour pacifier la rue.

Des rires nerveux secouent l'assemblée. Ça fait beaucoup de monde à neutraliser, se disent les policiers. Jacob a de la bouteille, il devine l'inquiétude dans les yeux des plus novices, dont certains deviennent enquêteurs pour la première fois sans passer par l'habituelle formation en interne, on n'a pas le temps pour cela.

Ils devront apprendre sur le tas à utiliser les bases de données et à reconnaître les informations qui serviront de preuves devant un tribunal.

Jacob jette sa dose de tabac à priser et s'en coince une autre sous la lèvre. Pour apaiser les tensions latentes, il parle d'une voix calme et assurée.

— Comment s'y prend-on quand on veut manger un énorme éléphant ?

Thorbjörn, Niklas et les autres sont perplexes. Denny, lui, esquisse un sourire en coin. Il a déjà entendu cela.

— On ne le gobe pas d'un coup. On le savoure morceau par morceau.

À peine la réunion terminée, les enquêteurs entament l'analyse des données réclamées à la France par un mandat européen d'obtention de preuves. Il s'agit des chats impliquant les deux alias du Renard – Foxkurdish et Foxplanet – et quatorze interlocuteurs. Leurs conversations tournent principalement autour de la planification de leurs crimes.

Denny, habitué à travailler de façon concrète sur le terrain, est surpris par ses lectures. Il savait que la drogue était importée en masse en Suède, mais il était loin d'imaginer sous quelle proportion. Et encore, ils ne décortiquent le réseau que d'une seule personne.

Jacob procède comme pour la tentative d'homicide de Viksjö. À partir des détails techniques des communications, son équipe doit identifier les personnes cachées derrière chaque alias pour déterminer tous les crimes auxquels elles sont associées. C'est un travail de longue haleine, et les résultats arrivent au compte-gouttes.

Plus l'équipe Foxtrot en apprend sur le Renard et ses méthodes, plus il devient évident que ce malfaiteur a de l'expérience. En réalité, son activité criminelle remonte très loin dans le temps.

20

Au début de l'été 2018, un marché aux puces est organisé à Fyris Park, à Uppsala. L'air est doux sur le parking du grand Ica Maxi, près de la nationale 55, et une foule de gens se presse entre les tables. Pour faire les meilleures affaires, il ne faut pas traîner. Les livres et les vinyles sont entassés auprès de vaisselle et de vêtements vendus par lots pour cinquante couronnes.

À l'écart de la foule se trouve un visage familier. Le Renard, Rawa Majid de son vrai nom. Après avoir disparu dans la nature pendant quelques années, il a été arrêté et vient d'être libéré de prison au printemps. Pendant l'été, on le croise souvent au marché aux puces. Il vient avec sa compagne et leur bébé de quelques mois, la plus jeune de leurs trois enfants.

Cet homme est bien connu des services de police. Son entourage le décrit comme un entrepreneur sympathique, talentueux, fiable et très sociable. D'autres disent de lui qu'il est « prêt à tout pour l'argent ».

Le week-end, il vend des vêtements pour enfants et des jouets, mais c'est un autre genre de marchandise qu'il propose aux clients dans sa voiture. Enfin libre après plusieurs années de détention, il a besoin de remettre de l'ordre dans sa vie. Ce n'est pas ce dont rêvaient ses parents quand ils sont venus en Suède pour offrir à leur bébé un avenir plus sûr.

Sa famille vient de Sulaymaniyya, une ville de la région autonome du Kurdistan irakien, dans le nord-est de l'Irak. Quand elle était jeune, la mère du Renard s'est engagée chez les peshmergas, les forces armées de son pays, « ceux qui affrontent la mort ». Quand d'autres rencontraient un destin funeste, elle a réussi à quitter le régime de Saddam Hussein en 1986, lors de l'interminable guerre qui opposait l'Iran à l'Irak.

Elle s'est enfuie à cheval pour traverser la frontière. Enceinte de neuf mois, elle était fatiguée, affamée et moralement épuisée. Son fils est né en Iran, puis elle a poursuivi sa route jusqu'en Suède, à Uppsala, où les attendait une nouvelle vie. Elle a appris le suédois en six mois.

Le Renard était petit quand ses parents ont divorcé. Il n'aura ni frère ni sœur. Après un divorce litigieux, son père est parti à Stockholm et s'est remarié. Devant élever seule son fils, sa mère travaillait jour et nuit dans le domaine médical. Quand elle ne trouvait pas de nounou, le Renard l'accompagnait au travail. La vie était déjà compliquée pour elle, mais les choses ont empiré quand un proche l'a désignée garante pour un prêt immobilier. Elle dit avoir été trahie, et à plus d'un titre. On lui a pris toutes ses économies et elle s'est retrouvée endettée jusqu'au cou.

Elle raconte qu'ils ont vécu sans domicile pendant quelque temps et que son fils passait beaucoup de temps à Kista, chez ses cousins, deux frères qui deviendraient plus tard des criminels.

Au lycée, le Renard avait de l'ambition, mais ne faisait pas partie des premiers de la classe. Ses amis de l'école de Linné se souviennent de lui comme d'un gamin discret et timide en seconde. Il portait des vêtements basiques et usés, ne parlait presque jamais de lui ni de ses parents.

Puis, arrivé en première, quelque chose a changé. Il est devenu quelqu'un d'autre. Sa voix et son langage corporel dégageaient une forme d'assurance. Il s'est mis à porter des vêtements de marque aux logos bien visibles. Son entourage trouvait ce changement étrange, mais personne n'a rien dit.

En terminale, il a eu son permis et a commencé à se balader dans une vieille voiture rouge. Plusieurs élèves voyaient ce qu'il cachait dans son coffre : des vêtements de marque, des chaînes en or, des téléphones portables neufs et des montres. Des bruits couraient : il travaillerait pour un receleur connu à Uppsala, et ils vendraient ensemble des objets volés. Mais derrière ces vêtements et ces bijoux se cachait tout autre chose. Un camarade de classe se rappelle avoir aperçu des sachets scotchés et remplis de poudre blanche. Les rumeurs ont gonflé, on racontait que le Renard vendait de la drogue.

Après le lycée, il s'est mis à gagner sa vie principalement par la revente. C'est tout ce qu'il savait faire. Téléphones, voitures, bijoux, or, montres, alcool, vêtements... Peu importait le produit, pourvu qu'il y ait du profit. Très tôt, il a rencontré sa petite amie, qui deviendra plus tard la mère de ses enfants.

À cette époque, il a eu des soucis avec la justice et a été condamné, en 2006, à trois mois de prison pour vol et recel.

Trois ans plus tard, sa compagne et lui se sont fait épingler dans une affaire de drogue de grande ampleur : la police surveillait le réseau qui faisait transiter par avion de la cocaïne depuis les Pays-Bas jusqu'à Skavsta, près de Nyköping. Lors d'une saisie chez le Renard et sa femme à Uppsala, on a découvert des centaines de litres de vodka. Dans le garage du couple, il y avait plus d'un demi-kilo de cocaïne et 1,4 kilo de cannabis dans l'appartement. Le Renard déclarera plus tard qu'il vendait de la vodka pour mettre du beurre dans les épinards. En 2010, il a été condamné en appel à huit ans et six mois de prison pour trafic de drogue aggravé, malgré ses dénégations.

Pendant sa détention, sa compagne a ouvert un kiosque à glaces dans le centre d'Uppsala. Le Renard prévoyait d'y travailler dès qu'il serait libéré en conditionnelle en février 2015, après avoir purgé les deux tiers de sa peine, mais son agent de probation racontera qu'on ne l'autoriserait pas à travailler pour une entreprise familiale. Il a donc fallu trouver un plan B.

À peine quelques mois après sa libération, la police a fait une perquisition à son domicile d'Uppsala. On a retrouvé un grand nombre de cartes téléphoniques et plus de quatre kilos de bijoux en or. Au total, une valeur de neuf cent mille couronnes d'objets volés à Uppsala et Kista, d'après le rapport d'enquête. Le Renard déclarera à la police qu'un vendeur est venu le voir au kiosque à glaces pour lui vendre des cartes téléphoniques. Il affirmera également que les bijoux appartenaient à un ami qui souhaitait connaître leur densité en or avant de les vendre. À la même époque, il a été condamné pour complicité d'enlèvement et violences contre un homme victime d'extorsion de fonds.

Tandis qu'on lui cherchait un établissement carcéral, le Renard a fait une demande à l'administration pénitentiaire ; il souhaitait faire des études. On l'a envoyé à Hällby, une prison de sécurité maximale, à l'ouest d'Eskilstuna. Là-bas, il s'est rapidement vu retirer l'autorisation d'appeler sa mère et sa compagne après avoir été accusé de chercher à détourner ces appels vers d'autres complices.

En mars 2018, quelques mois à peine avant d'être aperçu au marché aux puces, le Renard est libéré après avoir passé près d'un quart de sa jeune vie derrière les barreaux. Pendant ces années-là, les fusillades en Suède ont considérablement augmenté et chaque ville a vu se développer son propre réseau criminel, principalement consacré au trafic de stupéfiants. Et puis, ce ne sont plus de petites ventes à coups de centaines de grammes. La refonte du système judiciaire fait apparaître de nouvelles pratiques, permettant aux criminels de manipuler de la drogue en grosse quantité et avec un risque moindre d'être condamnés à de lourdes peines. Dans le cas du Renard, cela aurait réduit sa peine à un an. Les coursiers actifs à sa sortie de prison transportaient la cocaïne, le cannabis et les amphétamines par kilos. La demande était énorme et des sommes d'argent considérables entraient en jeu.

L'un des premiers à accueillir le Renard à sa sortie de prison, c'est son cousin Shad, avec un cadeau pour le moins symbolique : une chaîne en or avec un pendentif en forme de renard.

Ils ont grandi ensemble, comme deux frères, et ont en commun d'avoir emprunté très tôt le chemin de la criminalité. Shad et son grand frère ont toujours protégé le Renard, raconte un membre de la famille. Les proches de Shad le décrivent comme serviable, joueur et plein d'humour. Lors d'un voyage en Grèce, par exemple, il aurait porté un tee-shirt avec l'inscription « Absolut Svensk » (« Absolument Suédois », un jeu de mots avec la marque de vodka suédoise Absolut). Cependant, à mesure qu'il a grandi, il s'est bâti une réputation d'homme dangereux, se brouillant avec d'influents criminels de la région de Järva et devenant l'une des figures de proue des Headshotligan, un groupe étroitement lié à la branche régionale de la Patrouille de la Mort.

Mais voilà qu'une tragédie frappe la famille et bouleversera l'avenir du Renard. En juin 2018, Shad est assassiné, pris dans un piège mortel. Il est abattu alors qu'il avait rendez-vous avec une femme proche d'un criminel influent. Il était en train d'écrire sur EncroChat quand une voiture est passée près de lui, un tireur à l'arrière aurait ouvert le feu, le tuant sur le coup.

C'est en tout cas la version retenue par la police.

À ce moment-là, le Renard dit qu'il se trouvait en voyage d'affaires en Espagne. Il ne s'est pas rendu aux funérailles, raconte un proche. En revanche, sa mère était là, chez les cousins, à Kista, pour aider à préparer les repas et à servir les invités venus de loin présenter leurs condoléances. Les proches sont à la fois tristes et en colère, mais ils ne sont pas surpris. Ils savaient que Shad avait beaucoup d'ennemis, et que sa position dans le milieu de la pègre en faisait une cible de premier choix.

Ses ennemis auraient rassemblé 1,5 million de couronnes pour le faire tuer.

La famille est encore en plein deuil quand une rumeur crée des tensions en son sein. Avant le meurtre, Shad aurait raconté à un proche que le Renard tenait à ce que son cousin se rende à ce rendez-vous qui marquera le lieu de sa mort. L'entourage du défunt commence à se méfier du Renard, sans toutefois oser en tirer des conclusions hâtives.

Après tout, c'est la famille.

Mais voilà que d'autres informations arrivent, renforçant l'idée que le Renard aurait joué un rôle dans le piège qui a coûté la vie à son cousin.

Pourtant, la famille savait que Shad était d'une loyauté absolue envers lui.

— Shad était son pilier, déclare un parent, affirmant qu'il protégeait son cousin comme un frère.

Sans lui, le Renard ne serait déjà « plus en vie ».

Le Renard a toujours clamé son innocence et n'a jamais été ouvertement soupçonné. Ses complices affirment qu'il « ne s'en prendrait jamais à ses propres cousins ». Mais rien n'y fait, la famille de Shad coupe immédiatement les ponts avec lui ainsi qu'avec sa mère. En revanche, on ne reproche rien à son père, très proche de sa sœur, la mère de Shad.

Inquiète pour la sécurité de son fils, la mère du Renard le convainc de quitter le pays. Il part donc avec sa femme et leurs trois enfants en Grande-Bretagne et aux Pays-Bas, hébergés par des proches, avant de déménager dans la ville natale de ses parents, Sulaymaniyya.

En Irak, la famille a des contacts auprès de grands influenceurs du pouvoir politique ; c'est l'occasion parfaite pour le Renard de poursuivre ses activités. Sans la complicité du pouvoir en place, « on ne peut rien faire », déclare un parent, avant d'ajouter que le Renard n'a pas son pareil pour s'adapter aux changements d'environnement et établir des relations avec les bonnes personnes. En plus de faciliter ses investissements et d'alléger les contrôles fiscaux et comptables, les contacts du Renard lui permettent d'investir dans un restaurant et d'obtenir une autorisation de port d'arme.

Mais le conflit qui scinde sa famille est un coup dur. L'entourage de Shad a clairement fait comprendre à toutes leurs connaissances, en Suède et en Irak, que quiconque entrerait en contact avec le Renard se verrait rayé de la vie de la famille de Shad. Cherchant la réconciliation, le Renard aurait envoyé plusieurs messagers auprès de ses cousins quand ceux-ci venaient en Irak. Il leur aurait également proposé des services pour lever le conflit et regagner leur confiance.

— Il est jeune, pourtant il a l'expérience de dix hommes. Et il est rusé, d'où son surnom, raconte un parent.

Bien que les affaires roulent pour le Renard en Irak, il ne peut pas rester en exil éternellement. Il se bâtit rapidement une fortune qui fait des jaloux. Certains s'agacent de le voir vivre avec sa famille dans un appartement immense valant plusieurs millions de couronnes, dans un immeuble récent de trente-deux étages à Dania City, un quartier résidentiel moderne aux haies soigneusement taillées et doté de grandes salles de sport, à l'est de Sulaymaniyya.

Après les vacances de la famille du Renard à Dubaï au printemps 2020, le coronavirus se propage et les frontières commencent à se fermer. La compagne et les enfants du Renard n'étant pas irakiens, ils ne peuvent pas rester sur ce sol et doivent repartir à Uppsala.

À son retour en Suède à la mi-mars, le Renard n'a aucune raison d'attirer l'attention des autorités. Bien que la police dispose d'informations selon lesquelles il serait impliqué dans un réseau de trafic de stupéfiants, elle n'a pas assez de preuves pour justifier son arrestation. En outre, elle est déjà suffisamment occupée avec la violence croissante qui agite les gangs.

Jusque-là, Jacob et l'équipe Foxtrot ont une vision assez claire de la carrière criminelle du Renard, mais l'opération de l'*Elite Hotel* et l'arrestation d'Albin, alors âgé de 26 ans, complexifient l'affaire. Non seulement le Renard a perdu l'un de ses coursiers, mais il est également visé par l'entourage de Shad, qui le croit toujours impliqué dans le meurtre de son cousin.

Pendant qu'il était à l'étranger, un parent de Shad s'est rendu au commissariat pour raconter tout ce qu'il savait, en se basant sur les dires des amis du défunt : il aurait été attiré dans un piège puis abattu, plusieurs gangs seraient impliqués et le tireur en voiture aurait joué sur l'effet de surprise. Le témoin a également donné le nom de celui qui, d'après la rumeur, aurait commis ce crime : il s'agirait du Masque, un criminel notoire.

Sur la base de ces informations, Patrik Zanders, chargé de l'enquête, tente d'entrer en contact avec le Renard par le biais de son entourage.

— C'est un nom-clé dans notre enquête, explique Zanders, qui a été muté à la NOA et seconde Ted Esplund en tant que chef d'investigations sur la messagerie chiffrée.

Un jour, Zanders reçoit l'appel d'un homme qui prétend être le Renard, mais la réception est mauvaise, il entend très mal au téléphone. Et puis, rien ne prouve qu'il s'agisse vraiment de son homme. On lui demande de rappeler, ce qu'il ne fait pas. Quant au Masque, on manque également de preuves solides pour l'inculper. Ce n'est même pas la peine d'envisager de l'interroger. Patrik Zanders n'est pas au courant du retour du Renard sur le sol suédois au printemps 2020. Si on avait voulu l'empêcher de quitter le pays, il aurait fallu le condamner par contumace à une peine d'emprisonnement, mais cela n'a pas été fait.

Le Renard reste malgré tout une piste à suivre.

— Il est dans le top 5 des personnes que l'on souhaite interpeller, explique Patrik Zanders.

Mais la police n'est pas la seule à vouloir rendre justice à Shad.

21

Au printemps 2020, dans l'enceinte de la prison de Kumla, au sud d'Örebro, on orchestre un plan de vengeance pour le meurtre de Shad. Les soupçons se portent sur les détenus d'un quartier de haute sécurité où sont incarcérés les terroristes, les assassins et les chefs de gangs les plus dangereux et pour lesquels le risque d'évasion est le plus grand : on l'appelle le quartier Fenix.

Putte et ses collègues de la NOA font une découverte surprenante à la lecture des conversations de l'alias Mujaheed sur EncroChat. Il s'agit du leader du réseau de Vårby, Chihab Lamouri, un nom que Putte connaît bien depuis que Lamouri s'est installé en Espagne.

Sur EncroChat, ce dernier discute avec un certain Literalbeetle et la conversation est stupéfiante. Il y aurait des fuites dans les enquêtes confidentielles de police. Les criminels pourraient savoir de quelles preuves disposent les autorités, et adapter ainsi leur témoignage. La taupe les tuyauterait également pour esquiver les patrouilles.

— C'est forcément un avocat ! rugit un collègue de la NOA.

Putte est mal à l'aise. Des avocats aideraient des criminels impliqués dans des meurtres et des attentats à la bombe ?

La priorité est mise sur les assassinats à déjouer absolument. Cette affaire est donc transmise aux confrères de la région de Stockholm, que l'on vient officiellement d'inviter à rejoindre l'opération.

On découvre alors que derrière l'alias Literalbeetle se cachent deux avocats réputés du cabinet Devlet, dans la capitale. Il s'agit d'Ekrem Güngör et d'Amir Amdouni, respectivement surnommés « le Roi » et « le Prince » dans les chats. En plus de toucher des millions sur le dos de l'État pour leur travail d'avocat, ils jouent tous les deux les indics auprès de plusieurs réseaux criminels.

« On vous aide, vous nous aidez, c'est donnant-donnant dans cette vie et dans la suivante, inch'Allah ! » écrit la tête du réseau de Vårby aux avocats.

Le mois d'avril 2020 est à peine entamé quand, au sein de l'une des quatre unités de Fenix à Kumla, un homme condamné à perpétuité pour meurtre se confie à ses geôliers. Réputé pour ses bagarres virulentes avec d'autres détenus, il se tient à carreau ces derniers temps. Peut-être grâce au programme qu'il suit pour justement apprendre à mieux gérer les conflits. Et cela le rend étonnamment bavard.

Ce qu'il raconte à plusieurs gardiens pendant ses pauses hors de l'isolement peut surprendre quand on connaît la règle du silence généralement observée au sein de la pègre. Il révèle qu'un codétenu de Fenix à Kumla, et leader de la Patrouille de la Mort, lui a confié son projet de tuer le Masque, ce trentenaire soupçonné d'être impliqué dans le meurtre de Shad, mais qui purge une peine pour détention illégale d'arme à la prison de Saltvik, à Härnösand.

Le gardien est choqué, et il n'est pas au bout de ses peines. L'assassinat ne sera pas confié à n'importe qui : ce sera l'avocat du leader de la Patrouille de la Mort, à savoir Ekrem Güngör.

Ces informations sont difficiles à vérifier, mais trop détaillées pour ne pas être prises au sérieux. Elles sont alors notées dans le système de renseignement interne de l'administration pénitentiaire. Cependant, c'est bien plus tard, une fois mises en contexte, qu'elles se révéleront précieuses. Les détails apportés par ce parent de Shad seront également capitaux pour mieux comprendre les circonstances de ce projet de meurtre.

Après une longue enquête, les soupçons envers Ekrem Güngör, dit « le Roi », que la police a déjà surpris à renseigner les criminels, se renforcent. Au début du mois d'avril et de l'opération sur EncroChat, le Roi a échangé avec son client, le chef de la Patrouille de la Mort, avant d'écrire à un certain Leopardmaster, autre criminel réputé, pour l'informer que le Masque est « à point ». On en déduit que tout est prêt, il sera bientôt assassiné.

Ainsi débute le complot contre le Masque. D'après le rapport d'enquête, en plus de fournir le déroulé du plan, l'avocat charge Leopardmaster de rassembler plusieurs millions de couronnes auprès des ennemis du Masque afin de financer le projet.

Une minute plus tard, Leopardmaster transfère l'info à ses contacts. Le jour suivant, ils ont rassemblé un million de couronnes à faire transiter par le Changeur, au bureau de change World Exchange de Södermalm, à Stockholm.

L'info fait le tour d'EncroChat, aussi bien dans les banlieues suédoises qu'à l'étranger. Le Boxeur, alors à Dubaï, reçoit un message adressé à Airwalnut, l'un de ses alias. On lui propose de participer financièrement au meurtre, mais lui, ce n'est pas le Masque qui l'intéresse. Et puis, il se dit sans un rond.

D'autres paraissent plus intéressés. Sur les chats, il semblerait qu'on ait réuni la somme en quelques jours à peine. À croire que le Masque a beaucoup d'ennemis. Au sein de la police comme dans la rue, il a la réputation d'un loup solitaire, calculateur et avide de vengeance, respecté et craint par les criminels les plus virulents. À l'origine de cette réputation : une anecdote.

À la suite du meurtre de son meilleur ami, il aurait passé une nuit entière sur sa tombe. Sa soif de vengeance était terrible, mais il s'est montré patient. Deux ans plus tard, il s'est rendu dans un quartier résidentiel de Järfälla à la recherche de celui qu'il soupçonnait d'avoir assassiné son ami. Des riverains ont signalé qu'un « homme âgé errait » dans la zone, et la police a envoyé une patrouille. Au terme d'une course-poursuite décoiffante, les policiers ont fini par le rattraper. En le faisant sortir de son véhicule, ils se sont rendu compte qu'il s'agissait d'un jeune homme affublé d'un masque en caoutchouc réaliste, représentant un vieillard. Dans sa voiture, il avait un fusil à lunette chargé et un pistolet.

Cette histoire lui a valu le surnom du Masque.

Bien après le démantèlement d'EncroChat, la police constate que l'administration pénitentiaire disposait d'informations sur un complot de meurtre qui semblait correspondre à ce qu'on a lu dans les chats. Deux policiers se rendent dans l'établissement du condamné à perpétuité pour l'interroger. À leur grande surprise, le bavard confirme ses premiers dires : le Roi est impliqué dans bien d'autres crimes que ceux auxquels ont accès les enquêteurs grâce aux chats. L'enquête montrera d'ailleurs que les prisonniers les plus surveillés et dangereux du pays n'ont eu aucun mal à communiquer avec l'extérieur, il leur suffisait de transmettre leurs directives à leur avocat, le Roi. Et même dans l'enceinte de l'établissement pénitentiaire, les détenus peuvent facilement communiquer entre eux. Les gardiens expliquent à la police que les prisonniers peuvent notamment vider l'eau de leurs toilettes et se parler par les canalisations.

— On retrouve le même problème dans toutes les prisons, déclare un responsable de Fenix interrogé dans le cadre de l'assassinat fomenté contre le Masque.

Parmi la quantité astronomique de messages EncroChat auxquels la NOA a eu accès, les enquêteurs cherchent les mentions du Masque dans toutes les discussions datant de la période où son meurtre était planifié.

Et il est cité plusieurs fois, notamment par Foxkurdish, qui mentionne le Masque dans la période où il doit gérer le chaos semé par l'arrestation de son coursier Albin à l'*Elite Hotel*.

« Il se passe un truc avec le Masque, non ? », demande-t-il à l'alias Modernsky le 19 avril.

Modernsky répond que rien n'est confirmé, mais des rumeurs circulent sur ceux qui ont été prêts à aligner de l'argent pour faire tuer Shad. Il y aurait le réseau 24K, dont les membres de Järfälla et Tensta sont associés au collectif de rap du même nom. Modernsky évoque aussi le réseau de Jakobsberg, qui a recruté le jeune de 16 ans de la Patrouille de la Mort pour l'attaque de l'arrêt de bus de Viksjö. La raison du meurtre de Shad, d'après

Modernsky, remonte à un an, quand un ami proche des deux réseaux a été abattu. La conversation regorge de détails, les enquêteurs notent consciencieusement tous les pseudos et les rapports d'actes violents. Plus la police gagne en expérience, plus elle mesure l'ampleur des règlements de comptes qui agitent ces réseaux. Dans cette même conversation, Modernsky interroge Foxkurdish sur ses intentions envers le Masque quand celui-ci sortira de prison.

« T'inquiète frère, et dis rien à personne », répond le Renard.

Son ami n'est pas inquiet, il veut juste être prévenu avant que quiconque passe à l'acte. Et promet de garder ça pour lui.

« Ok frère, répond Foxkurdish avec un cœur. »

Il reste un détail à régler avant de lancer l'assassinat du Masque : comment l'atteindre ? Quand l'avocat Ekrem Güngör évoque le projet, sa cible est derrière les barreaux d'une autre unité Fenix, à la prison de Saltvik. Le détenu bavard a révélé à ses geôliers qu'une personne s'est proposée pour exécuter le forfait. Il s'agit de Berno Khouri, tête du réseau de Södertälje, qui purge déjà une peine de réclusion à perpétuité, récemment transféré de Kumla à Saltvik. Khouri et le chef de la Patrouille de la Mort, tous deux détenus à Kumla, ont tissé des liens en prison. Quand Khouri a été transféré à Saltvik pour des raisons inconnues, cela tombait à pic pour le projet d'assassinat, raconte la source.

Une fois l'argent rassemblé et le feu vert obtenu, l'homme de la Patrouille de la Mort doit envoyer une lettre à Khouri. Son contenu pouvant être lu par le personnel pénitentiaire, la lettre doit contenir un code, ce sera :

« Le journaliste m'a contacté, il veut m'interviewer. »

En attendant que la mission soit accomplie, les financeurs guettent les actualités, à l'affût d'un meurtre qui aurait eu lieu dans une prison, mais le Masque n'est toujours pas assassiné. Il semblerait que la détention ait rapproché les deux hommes et Khouri aurait de la sympathie pour sa cible.

Quand le Masque sort de prison, il lui écrit pour lui souhaiter « un joyeux Noël et une bonne année ». On raconte qu'il serait à présent en Turquie, comme beaucoup d'autres criminels suédois.

En interrogatoire, Khouri nie en bloc les accusations de projet d'assassinat.

— Votre interrogatoire, là, vous pouvez vous le mettre où je pense, dit-il avant de se murer dans le silence.

Quand je le contacte, même topo : il refuse de faire le moindre commentaire. Les chats et le témoignage du condamné à perpétuité ne constituent pas des preuves suffisantes pour inculper qui que ce soit. Cependant, on a monté un dossier contre le Prince et le Roi en vue de demander au tribunal une peine de plusieurs années de réclusion. Le Roi est un personnage-clé du complot contre le Masque, il est accusé de complicité de meurtre. Les deux avocats ont abusé de leur pouvoir, tranchera la cour d'appel. Après le verdict, l'avocat d'Ekrem Güngör racontera à *Aftonbladet* que son client a manqué à son éthique et « assume totalement » avoir été rayé du barreau, sort qu'a subi également le Prince.

Lorsque j'interroge Khouri sur les accusations à son encontre, il continue de nier et affirme que ce sont de pures calomnies pour discréditer sa demande de révision, que l'enquête n'est basée que sur « des mensonges et des rumeurs ».

Il essaie seulement de sauver la face, réagit le condamné à perpétuité avant d'affirmer qu'il a seulement « dit la pure vérité » et que tous ceux qui ont participé au projet de meurtre le savent pertinemment.

22

Quelques semaines après leur retour en Suède, début avril 2020, la compagne du Renard rend visite à Hasse, un ami de la famille, à Kista. Il les a aidés à lancer le kiosque à glaces et s'est chargé de tenir leur compta. Ce jour-là, elle lui demande de l'aide pour trouver une formation à distance d'aide-soignante. Puis elle évoque sereinement son désir d'utiliser vingt mille couronnes de sa part des bénéfices du kiosque afin d'acheter des billets pour toute la famille en vue de leur prochain voyage.

Le Renard écrit à sa mère sur EncroChat le soir même de la descente à l'*Elite Hotel* pour lui raconter ce qu'il s'est passé.

« Ils ont arrêté le Suédois. Il pourrait me balancer. »

Il l'informe également que son père possède 4,7 millions de couronnes et cinq ou six montres.

La mère lui conseille de quitter le pays et transfère à sa belle-fille un article du *Dagens Industri* sur le dernier vol depuis la Suède vers le Royaume-Uni prévu pour le 9 avril avant la fermeture des frontières en raison de la pandémie.

Le 9 avril vers midi, le Renard, sa compagne et leurs trois enfants embarquent pour Amsterdam. Son EncroPhone se connecte ensuite près d'une zone résidentielle de La Haye aux Pays-Bas, à quatre kilomètres à peine du siège d'Europol.

Le Renard sera resté à peine un mois en Suède avant de repartir. Pour les enquêteurs de l'équipe Foxtrot, c'est une fuite. Il craint que la police ne remonte la piste jusqu'à lui.

Quelques jours plus tard, c'est à la mère du Renard de rendre visite à Hasse. Ils ont eu une liaison il y a longtemps et sont toujours restés bons amis ; Hasse est un soutien important pour la famille. Il était l'agent de probation du Renard quand celui-ci a été condamné pour trafic de drogue en bande organisée en 2010, mais cela n'a pas calmé le Renard, qui a récidivé et s'est retrouvé une nouvelle fois derrière les barreaux. Depuis, Hasse n'a pas une image très glorieuse de lui.

La mère a un service à demander à Hasse. Elle aimerait qu'il récupère les montres que son fils a laissées chez son père pour ne pas les emporter en voyage. Elle précise que son fils achète et revend ces montres de luxe et des chaînes en or, en plus des restaurants qu'il gère en Irak. Hasse ne se doute donc de rien. Pour autant, il s'entend mal avec le père du Renard et n'a aucune envie de le faire venir chez lui. Les deux hommes se donnent plutôt rendez-vous au pied du bâtiment pour le transfert d'un sac en plastique contenant plusieurs gros écrins.

Puis Hasse remonte chez lui et range le sac dans une chambre. Quelques heures plus tard, la mère du Renard vient lui montrer le contenu des écrins. Ce sont trois Rolex étincelantes. L'une d'elles, en or rose, vaut 592 000 SEK. À elles trois, elles valent plus d'un million de couronnes.

La mère aimerait qu'il garde les bijoux chez lui.

Il n'est pas surpris. Ce n'est pas la première fois que cette famille d'immigrants lui demande ce type de service, car ils craignent aussi bien les descentes de police que les cambriolages. Pour eux, mieux vaut disperser l'argent liquide et les bijoux chez les autres. Seulement, cette fois, Hasse refuse. Que ces montres soient légales ou non, il déteste leur style moyen-oriental qu'il dit trouver vulgaire.

— Reprends cette merde. Je ne veux pas de ça chez moi.

23

En se basant sur les chats, Jacob et le reste de l'équipe Foxtrot soupçonnent le Renard d'avoir fui à l'étranger. La perquisition de son appartement vide le confirme et permet d'en apprendre davantage sur sa façon de mener ses activités.

Denny et son équipe de surveillance s'intéressent déjà à plusieurs personnes-clés à la tête de son réseau, dont de gros clients en contact direct avec l'alias présumé du Renard. L'un d'eux se fait appeler Darthvvader. L'accès à EncroChat permet à Thorbjörn et Niklas, de l'équipe Foxtrot, d'établir une sorte d'organigramme des acteurs de ce réseau. On va bientôt pouvoir mener un vaste coup de filet, ce n'est plus qu'une question de moyens.

On relie assez facilement Albin, de l'*Elite Hotel*, à l'alias Buckradio. C'est l'un des employés du Renard, payé pour dealer. Darthvvader est l'un de ses clients, il a reçu plus de deux kilos d'amphétamines et autant de MDMA, livrés à Haninge, au sud de Stockholm. D'après les chats, il y en aurait eu pour 92 080 SEK. La police pense que la somme est aussi précise parce que la marchandise est vendue en euros ensuite convertis en couronnes.

Au sein du réseau, Darthvvader est à la fois client et coursier. Les conversations indiquent qu'il a livré deux kilos d'amphétamines à un certain Efficientbonsai sur EncroChat, que l'on suppose être le chef du réseau de Dalen, à Enskededalen, au sud de Stockholm. Cet homme de 39 ans, qui se cache sous l'alias Efficientbonsai, envoie son propre coursier récupérer le paquet à Bredäng, au sud de la capitale. Il sera plus tard condamné pour avoir orchestré l'enlèvement du rappeur Einár. Celui-ci ayant refusé de payer les trois millions de couronnes qu'on lui réclamait en le menaçant de diffuser des photos humiliantes sur les réseaux sociaux, le chef du réseau de Dalen a alors planifié un attentat à la bombe au domicile du rappeur. Par ailleurs, on l'accusera d'avoir importé cent treize kilos de cocaïne en 2020, quand EncroChat était surveillé par les autorités. C'est beaucoup, quand on sait que les douanes ont saisi au total deux cent seize kilos de cocaïne sur toute l'année 2020.

Lors d'une précédente affaire de violences, le chef du réseau de Dalen était en détention provisoire quand son petit frère a réussi à obtenir des informations confidentielles sur l'enquête en cours grâce à l'avocat Ekrem Güngör, ce qui lui a permis d'influencer le témoignage de sa victime. Le petit frère a été arrêté au printemps 2022 en Bulgarie, mais a réussi à s'évader. Il est toujours en cavale aujourd'hui. Les affaires entre le réseau de Dalen et celui du Renard connaîtront plus tard des changements drastiques, mais pour l'instant, tout se passe au mieux.

Les personnes haut placées au sein du réseau du Renard, comme Darthvvader, n'ont pas besoin de toucher à la marchandise, ils ont des « ouvriers » pour ça. Il peut s'agir d'intermédiaires qui font le lien avec d'autres réseaux, de nourrices qui stockent la marchandise chez eux ou de coursiers qui livrent directement aux clients.

À la différence des coursiers d'autres réseaux, ceux du Renard sont souvent de petits entrepreneurs, Suédois d'origine, plus âgés que leurs commanditaires et travaillant en toute légalité en dehors de leurs affaires avec le Renard. Bref, des quidams qui éveillent le moins de soupçons possible. Par exemple, Darthvvader se targue dans les chats d'avoir un coursier par ailleurs agent de sécurité de nuit pour l'agence européenne de prévention et de contrôle des maladies, dont le siège est à Solna. Pour les narcotrafiquants, la gestion de la marchandise est à la fois risquée et coûteuse.

— Ils veulent tous livrer la drogue à leurs clients le plus vite possible, explique l'un des membres du réseau.

Le principe est finalement très proche du concept de « nouvelle gestion publique[1] », d'abord présent dans le milieu de l'entreprise avant de s'étendre au secteur public dans les années 1990. Les trafiquants de drogue suivent ce même système de gestion à flux tendu pour éviter les stocks inutiles.

Sur EncroChat, les différents comptes du Renard sont très actifs. Les affaires foisonnent entre la vente de cocaïne, d'amphétamines, de cannabis, d'ecstasy, de MDMA et d'héroïne. L'offre et la demande dictent le marché. On consigne soigneusement les transactions, on rembourse les dettes par centaines de milliers de couronnes, notamment par le bitcoin.

Au sein de l'équipe Foxtrot, on considère que la police n'est pas très au point pour pister les paiements par cryptomonnaie. En fait, c'est trop compliqué. Peu d'agents possèdent les compétences techniques nécessaires pour retracer les transactions. Dans le cas du Renard, certaines sources affirment que l'argent provenant de la vente ne lui est pas directement versé, mais qu'il transite par des changeurs qui s'occupent de la conversion.

— Ce sont des sortes de conseillers financiers, sauf qu'ils n'acceptent que les bitcoins et ne veulent pas savoir d'où viennent les fonds, explique un policier.

Ces changeurs ne sont généralement pas suédois, ni présents sur le sol suédois. C'est donc une impasse et l'enquête est loin d'être prioritaire. La police se retrouve alors à ne pourchasser que les « petites frappes », à enquêter sur les nourrices et les coursiers. Cela prend du temps de remonter jusqu'à la source de l'argent, jusqu'aux véritables gestionnaires criminels, et c'est quelque chose que la police ne fait pas assez bien. D'après un rapport d'inspection, la police devrait améliorer sa capacité à retracer l'argent dans les enquêtes criminelles et à mettre la main dessus. Certes, les policiers

1. N.d.T : la « nouvelle gestion publique » était un concept des années 1970 axé sur l'efficacité et la modernisation du secteur public, mettant l'accent sur l'utilisation de méthodes du secteur privé pour améliorer la gouvernance, l'efficacité et la responsabilisation dans les services publics.

en sont conscients, mais ils trouvent que le résultat visé n'est pas à la hauteur de tous les moyens qu'il faudrait déployer.

Au milieu de toutes ces pistes et ces rumeurs, on recolle de nouvelles pièces du puzzle grâce à l'identification de Darthvvader. Dans une salle dépouillée du commissariat de Solna, où travaille l'équipe de Jacob, les murs sont tapissés de notes et les ordinateurs regorgent de documents partagés. Les enquêteurs sont installés derrière leurs écrans, le fond de leurs tasses blanches est souillé de marc séché, et ils suivent attentivement les conversations chiffrées.

EncroChat leur apprend que c'est Darthvvader qui a envoyé Mesut en coursier pour récupérer l'héroïne auprès de Roger à Sollentuna le 10 mai 2020. Il est également écrit noir sur blanc que c'est l'alias du Renard qui a envoyé Roger pour vendre la marchandise.

Une fois de plus, le Renard – du moins son alias – est directement impliqué dans un cas de trafic de drogue.

Dans les chats, les deux trafiquants s'agitent quand ils constatent que leurs coursiers respectifs, arrêtés par la police, ne répondent plus au téléphone.

« Frère ils ont vrillé », écrit Darthvvader à l'alias du Renard.

Darthvvader passe devant le domicile de Mesut et craint d'être repéré par la police.

« C'est la merde, écrit-il plusieurs fois. Je suis baisé frère. »

« T'es pas le seul », lui répond le Renard, inquiet que la police n'intercepte ses quatre autres livraisons prévues ou retrouve l'entrepôt qui pèse dix millions.

Mais Darthvvader, lui, se préoccupe surtout de Mesut. Il sort avec sa sœur, c'est la famille.

« C'est mon beau-frère mec. C'est même pas un criminel. »

Il ajoute que Roger, qui assure quotidiennement des courses pour le Renard, était sûrement surveillé. Il veut partager les frais de cette perte, car lui aussi s'en trouve perdant. Il a peur et se demande ce qu'en pensera la famille quand elle apprendra que son beau-frère a été arrêté.

« L'héroïne j'arrête », écrit-il, comme s'il craignait d'être le prochain sur la liste.

Les enquêteurs n'ont aucun mal à identifier celui qui se cache derrière l'alias Darthvvader. Dans la voiture que conduisait Mesut lors de son arrestation, la police a trouvé un courrier adressé à un homme de 28 ans à Upplands Väsby, mais qui habite en réalité à Solna avec sa petite amie, près du centre commercial Mall of Scandinavia.

Une perquisition à ce domicile révèle un chariot de bar au plateau de verre à bords dorés rempli de bouteilles de whisky et de tequila parfaitement identique à celui d'une photo envoyée par Darthvvader sur EncroChat. Grâce aux points wifi utilisés pour les téléphones classique et chiffré de cet homme, on l'associe à différents lieux de crime. Par l'analyse de ses finances personnelles, on découvre qu'il touche un salaire de ses sœurs gestionnaires d'une agence de médias et services d'interprétation. C'est une famille d'entrepreneurs, propriétaires de biens immobiliers en Suède et à Dubaï.

Mais les sommes qui arrivent sur ses différents comptes ne correspondent pas à ses revenus déclarés, sans parler de sa consommation suspecte d'articles de luxe. Il achète régulièrement chez Cartier, Philipp Plein, Dior, Dolce & Gabbana et RoyalDesign, et réserve des hôtels étoilés à l'étranger.

Les recherches de la police confirment que c'est à la fois un ami et un gros client du Renard.

Avant son arrestation, il a assisté avec angoisse au démantèlement de la messagerie EncroChat et aux arrestations successives de plusieurs de ses proches, et il ne s'est pas encore remis de l'assaut de l'unité d'intervention de la police. Il a conscience qu'il vit sur le fil du rasoir.

À l'été 2020, Darthvvader et ses contacts deviennent méfiants, même envers les personnes qu'ils fréquentent. Ils ne font pas confiance à leurs moyens de communication, préfèrent discuter de vive voix et dans des lieux très fréquentés pour se fondre dans la masse. Ils scannent la clientèle des restaurants où ils se rendent. Jusqu'au bout, ils ont l'espoir de s'en sortir, d'avoir été assez discrets dans leurs conversations sur EncroChat.

Mais Denny et ses agents n'en loupent pas une miette.

Malgré les arrestations massives de coursiers et de nourrices, le Renard et ses alliés, qui ont pour l'instant échappé à la police, continuent de faire affaire en toute sérénité. Peut-être sont-ils convaincus que personne ne les balancera.

Mais à la fin du mois d'août 2020, l'équipe Foxtrot a localisé les parents du Renard et s'apprête à frapper ceux qui lui sont les plus proches.

24

Mardi 25 août 2020, on tambourine violemment à la porte de l'appartement de la mère du Renard, à Uppsala. Les policiers portent des gants en latex bleus et fouillent armoires, étagères et pots de fleurs sur le balcon, où l'un d'eux annonce :

— On a trouvé quelque chose.

Dans un seau, il a découvert des sacs remplis de liasses de billets dissimulés sous de gros haltères. On en découvre d'autres un peu partout dans l'appartement, bien cachées. L'argent liquide est aussi rangé dans des chaussettes, dont l'une a été fourrée dans une manique de cuisine, dans le tiroir sous le four, contenant 33 400 SEK. Il y en a dans des pantalons de la penderie, dans deux peignoirs suspendus derrière la porte d'une chambre. Ça frôle les quatre cent mille couronnes. La mère du Renard touche les aides sociales et dispose de 4 901 SEK sur son compte.

Détail surprenant, elle possède son propre EncroPhone. On croise parfois des coursières, dont certaines doivent manipuler de grosses sommes en liquide, mais ce sont généralement des jeunes femmes en galère, au même titre que les hommes. Là, il s'agit d'une femme mûre et mère de famille.

Elle se fait appeler Inediblepalm sur la messagerie chiffrée et n'est en contact qu'avec deux alias : Foxkurdish et Foxplanet. Effectivement, il semblerait que mère et fils communiquent principalement par EncroChat. Il lui souhaite une bonne fête des mères, envoie des cœurs et des smileys de bisous, et elle répond par des photos de ses petits-enfants qui font du skateboard.

Un jour, elle demande à Foxkurdish d'appeler son petit-fils qu'elle garde chez elle ce jour-là.

Le lendemain, elle lui demande d'appeler un numéro de téléphone suédois enregistré au nom du père du Renard. Foxkurdish lui répond un peu plus tard par deux photos de son poignet orné d'une Rolex valant plusieurs centaines de milliers de couronnes et plusieurs liasses de billets de cinquante euros posées sur ses genoux. À côté des liasses, une grosse tête de renard en or.

Parmi les personnes entraînées dans la spirale des événements de cette journée du mois d'août, il y a un économiste de 77 ans à la retraite. Il se trouve près du kiosque à glaces de Fyrisån quand trois policiers viennent l'arrêter. Le kiosque appartient à la compagne du Renard, mais ce dernier y travaille souvent. Il dit faire le service gratuitement, parfois avec sa mère. Il adore le contact avec les gens, ça l'occupe.

Quant au retraité, il a commencé à offrir gracieusement ses services au kiosque quelques années plus tôt. Alors qu'il se promenait à vélo, il a vu une femme aux longs cheveux noirs sortir les chaises et les tables toute seule et a proposé son aide. Et puis, il est revenu. Une amitié platonique s'est nouée entre lui et la mère du Renard, qu'il a d'ailleurs hébergée en attendant qu'elle se trouve un autre logement.

Peu à peu, on lui a confié l'ouverture du kiosque le matin, puis la réception des livraisons et la fermeture le soir. La mère du Renard arrivait généralement vers midi. Pour le retraité, c'était mieux qu'un abonnement en salle de sport ; il a perdu beaucoup de poids.

Mais au printemps puis à l'été 2020, une dynamique qu'il regretterait plus tard s'est mise progressivement en place. La mère commençait à lui demander des faveurs, il fallait par exemple remettre de l'argent liquide à des inconnus. Rien d'illégal, lui assurait-on. Il l'a crue sans poser de question et a fait ce qu'elle lui demandait : compter des centaines de milliers de couronnes en espèces et les remettre à d'autres gens. Un jour d'été, il est parti à vélo avec une grosse somme à remettre à un type garé sur le parking d'un fast-food. Ce qu'il ignorait, c'est que la femme de confiance à qui il rendait ce service exécutait la demande de son fils le Renard, à savoir transmettre 212 000 SEK à « un Arabe ».

Par pure bonté, le retraité s'est retrouvé coursier.

En plus de livrer des liasses, il a accepté de stocker des centaines de milliers de couronnes chez lui, bien que la mère du Renard ait son propre appartement. Il ne lui a jamais demandé pourquoi elle ne conservait pas l'argent elle-même.

Le retraité est finalement arrêté et passe deux nuits en garde à vue. Après son interpellation, il est libéré en attendant son procès, où on le condamnera à la prison avec sursis pour blanchiment d'argent. Les policiers chargés de l'affaire le prendront en pitié.

— Ils ont abusé de vous, lui diront-ils.

Et il sera bien d'accord avec eux.

Pendant que la police arrête le retraité et procède à une perquisition au domicile de la mère du Renard, une autre fouille a lieu chez le père, à Kista, au nord-ouest de Stockholm. Celui-ci est finalement condamné pour blanchiment d'argent après la livraison de près de deux cent mille couronnes par Albin, arrêté à l'*Elite Hotel*. Sur EncroChat, le coursier avait en effet reçu du Renard l'ordre de « remettre le paquet à [son] père ».

Les perquisitions touchent même Hasse, le vieil entrepreneur. Lorsque Denny et son équipe font irruption chez lui, il est très surpris. Autrefois modérément engagé en politique, Hasse n'a aucun antécédent et a monté plusieurs entreprises. Sa situation financière est solide et son point de vue sur l'immigration est bien connu de son entourage. Pour lui, il faudrait réguler l'immigration, n'ouvrir la porte à aucun criminel étranger susceptible de venir causer des problèmes.

Surpris par la police, il est embarqué au poste de Solna, où on l'interroge une première fois. Pour lui, pas d'inquiétude, c'est forcément un malentendu. La situation est presque grisante. Il se dit que l'anecdote sera drôle quand il la racontera à ses copains autour d'une bière.

Mais la garde à vue s'éternise. On lui pose des questions sur des centaines de milliers de couronnes en liquide générées par des activités criminelles. Hasse est perplexe.

Pendant ce temps, la police fouille son domicile à la recherche de caches. Ils retirent la mappemonde accrochée au mur de son bureau, tirent même la bibliothèque blanche bien garnie pour regarder derrière. Dans une caisse en bois, ils découvrent un carton portant le nom de la mère du Renard. Elle contient des billets stockés dans des sacs et des enveloppes scellées par des élastiques. Ce sont tous les pourboires accumulés depuis plusieurs années et le fond de caisse du kiosque à glaces ; telle est l'explication donnée aussi bien par la mère que par Hasse.

En poursuivant les recherches sur le balcon, la police fait une autre découverte à laquelle Hasse lui-même ne s'attendait pas. Derrière un volet en métal fixé au mur du balcon, il y a un sac de supermarché contenant trois montres d'une valeur de plus d'un million de couronnes et un bijou en or à l'effigie d'un renard.

Les fameux bijoux du Moyen-Orient qu'il trouvait trop tape-à-l'œil et qu'il avait refusé de cacher chez lui. Lui, il ne les aurait jamais mis là, il aurait craint l'humidité. Plus tard, la mère du Renard reconnaîtra avoir caché le sac à l'insu d'Hasse. Après trois nuits de garde à vue, il est finalement libéré, bien que les soupçons ne soient pas encore levés.

L'arrestation des parents et autres proches du Renard est un événement. Au commissariat de Solna, l'équipe Foxtrot est fière du travail accompli, mais évite de crier victoire. Certes, en quelques mois seulement, l'opération a atteint plusieurs de ses objectifs, mais la drogue continue de circuler dans les rues de Suède. Et cela entraîne une violence meurtrière. Les gros bonnets comme le

Renard croient pouvoir poursuivre leurs activités en toute impunité grâce à de nouveaux services cryptés.

Depuis le piratage d'EncroChat, ils sont nombreux à se tourner vers un nouveau service chiffré : Anom. Sa devise, c'est qu'il est conçu « par des criminels, pour des criminels », mais c'est très loin de la vérité.

PARTIE 5

HONEYPOT[1]
SEPTEMBRE 2020 – JUIN 2021

1. N.d.T : le « honeypot » est un système informatique intentionnellement vulnérable, conçu pour attirer et piéger les personnes ciblées.

25

Le 3 septembre 2020, une semaine après l'opération visant les proches du Renard, des membres du FBI américain se rendent à Stockholm. Quelques jours plus tôt, ils contactaient la NOA pour discuter d'une éventuelle coopération dans le cadre d'une opération secrète, à laquelle la NOA a répondu favorablement. Emil Eisersjö, chef opérationnel, ne pourra pas être présent à la réunion, mais il envoie une équipe à l'ambassade des États-Unis pour entamer le travail.

À cette première rencontre, il y a Vera. Forte d'une longue carrière dans la police et dans la lutte contre la criminalité organisée, elle était l'agent de liaison de la NOA à Europol à l'époque de l'infiltration des serveurs d'EncroChat, mais tenue à l'écart de cette opération car trop occupée par ses affaires en cours. Pourtant, elle voyait bien qu'il se tramait quelque chose, c'était frustrant de ne pas pouvoir y participer. Elle constatait seulement que des confrères français, néerlandais, britanniques et d'autres pays triés sur le volet se réunissaient depuis des mois dans une salle de réunion du rez-de-chaussée. C'est devenu d'autant plus pénible quand des collègues français, la croyant informée, lui ont réclamé des retours sur les renseignements qu'obtenait la Suède au début de l'opération.

— On a arrêté quelqu'un ? lui demandait-on.

Plantée là, derrière son bureau de la NOA à Europol, elle les regardait avec des yeux ronds. Après avoir représenté la Suède au sein d'Europol pendant près de quatre ans, elle connaissait bien les autres représentants, mais voilà qu'elle se faisait exclure par ses propres collègues de la NOA. Au cours du mois de mai, quand la Suède a officiellement rejoint l'opération, elle a réclamé des explications à son chef Emil Eisersjö.

— Maintenant, dites-moi ce qu'il se passe !

Il lui a tout raconté. La NOA était impliquée dans une opération de masse concernant EncroChat ; la Suède et une poignée d'autres pays avaient accès à des conversations chiffrées. Il ne restait plus qu'à accepter la nouvelle et à reprendre son travail sur toutes les tâches annexes induites par cette opération, notamment la surveillance de nombreux criminels suédois basés en Espagne.

Un membre du FBI débute la réunion en informant Vera que l'agence fédérale américaine de police a créé Anom, un service chiffré utilisé par des milliers de criminels, notamment en Suède, sur la même base qu'EncroChat. Un projet digne d'un film hollywoodien.

Vera n'en croit pas ses oreilles, et se voit chargée d'entamer la collaboration avec le FBI.

Elle n'aurait jamais imaginé qu'on puisse mettre à disposition un nouveau service chiffré de cette façon-là. Encore moins que les autorités seraient capables de déployer un piège de cette envergure pour tous ceux qui persistent à mener leurs activités criminelles.

Comme pour EncroChat, on consulte Lise Tamm de la RIO pour garantir les bases légales sur lesquelles appuyer cette collaboration. Elle désigne à nouveau le substitut du procureur Henrik Söderman en contact privilégié, cette fois avec sa collègue chevronnée Ewamari Häggkvist.

En suivant le même schéma que pour EncroChat, la Suède aura cette fois accès aux renseignements par les États-Unis, avec lesquels elle a établi une coopération juridique. Le principe de libre examen des preuves s'applique et il revient aux tribunaux de décider si les conversations chiffrées constituent ou non des preuves solides. La grande différence avec EncroChat, c'est qu'Anom a été créé par le FBI et distribué aux organisations criminelles. Dans ce cas, peut-on considérer qu'il y a eu interception des données sur le territoire suédois et complicité de la police et du parquet ? Non, répondent les procureurs de la RIO, car les conversations d'Anom transitent par un serveur situé à l'étranger. On ne sait pas où précisément, mais ce n'est pas sur le sol suédois.

L'autre question-clé est de savoir s'il s'agit ou non d'une provocation illégale.

— Les criminels ont fait le choix conscient d'utiliser un service pour commettre des crimes, ils découvriront plus tard que ledit service était manipulé par le FBI, expliquera Lise Tamm.

En conclusion, la NOA a le feu vert. À la demande du FBI, la police suédoise dirigera l'opération, appelée *Trojan Shield*[1], au sein d'Europol. Pour Vera, il faut commencer par monter la structure au sein de la NOA capable de réceptionner les données que communiquera le FBI.

L'opération *Anom* n'échappera pas aux critiques des avocats de la défense, mais il était impensable de renoncer à réceptionner des informations précieuses pouvant sauver des vies, selon Linda H Staaf, directrice des renseignements de la NOA.

— Si je pouvais retourner en arrière, je ne changerais rien du tout, assume-t-elle fermement.

Selon elle, la police a eu raison de laisser le FBI « écouter » les citoyens suédois. Avec Anom comme avec l'affaire EncroChat, on aurait facilement pu céder aux critiques et renoncer à utiliser des renseignements précieux pour ne pas faire de vagues. Cela aurait été plus sécurisant, mais aussi plus immoral. Et puis, l'utilisation de ces données n'était pas clairement illégale, sinon elle y aurait réfléchi à deux fois.

— La situation est grave en Suède. Si l'on peut obtenir des informations utiles pour déjouer des meurtres, on le fait. Je ne m'en

1. N.d.T. : « bouclier de Troie » en anglais.

cache pas, je choisis une démarche offensive car nous *devons* agir, déclare Linda H Staaf.

L'idée d'Anom a émergé quelques années plus tôt, lorsque le FBI a ouvert à San Diego une enquête sur l'entreprise canadienne Phantom Secure, qui fournissait des téléphones cryptés. L'enquête a révélé que les usagers de ces téléphones appartenaient exclusivement à des organisations criminelles, principalement spécialisées dans le trafic de stupéfiants. Quand le FBI s'est intéressé à l'affaire, il a constaté que des cartels sud-américains, le Syndicat du crime en Europe et les Hells Angels en Australie, entre autres gangs de bikers, utilisaient ces appareils chiffrés.

En mars 2018, le PDG de l'entreprise et quatre autres responsables ont été mis en examen pour violation de la loi RICO, une loi américaine qui interdit la participation à toute organisation criminelle et facilite l'arrestation des commanditaires de crimes perpétrés par leurs subordonnés. Il s'agissait de la toute première affaire de ce genre, où les autorités américaines ciblaient les responsables d'une entreprise spécialisée dans une technologie propice à la dissimulation de crimes.

C'est également grâce à une loi interdisant toute participation à une association criminelle qu'Alexandre, procureur français, a obtenu l'interception des données transmises par EncroChat et ses serveurs. Le PDG de Phantom Secure a reconnu les faits et s'est vu condamné à neuf ans de prison pour avoir fourni des téléphones cryptés facilitant le trafic de stupéfiants à l'international. Cependant, le FBI avait bien conscience que, aussi imposante soit l'entreprise Phantom Secure, cela restait un simple service de communication ; et ce n'était qu'une question de temps avant qu'un autre vienne le remplacer sur le marché. D'où la naissance de cette idée audacieuse quand, dans le cadre de l'enquête sur Phantom, le FBI a arrêté un ancien narcotrafiquant qui a accepté de devenir leur informateur. Il avait récemment investi une grosse somme d'argent dans le développement d'une nouvelle plateforme de communication : Anom.

Et il proposait de la mettre à disposition des autorités en échange d'une réduction de peine et d'environ cent mille dollars.

Anom a l'apparence d'un téléphone classique, mais les fonctions d'appel et de messages sont désactivées et remplacées par un logiciel préinstallé caché derrière une icône basique de calculatrice. En saisissant un code dans la calculette, on ouvre Anom et on accède à la possibilité d'envoyer des textes, des images, des vidéos ou des messages vocaux cryptés. Ces téléphones disposent également d'une fonction de suppression des messages au bout du délai prédéfini par l'usager.

Le projet Anom aurait été peaufiné « autour d'une bière » partagée entre la police australienne et les agents du FBI. Ils avaient précédemment collaboré sur Phantom Secure et réfléchissaient à présent au meilleur moyen d'attaquer les criminels sur leur propre terrain.

Le FBI fournissait l'informateur tandis que les Australiens disposaient de la solution technique pour décrypter les messages envoyés via Anom.

L'étape suivante a été décisive : le FBI a donné son accord à l'informateur pour fournir les téléphones Anom à trois anciens distributeurs de Phantom. Ces derniers étaient en contact direct avec des organisations criminelles internationales, principalement australiennes. Pour que la distribution fonctionne, il fallait établir une relation de confiance avec les criminels, or ces distributeurs bénéficiaient déjà de bons rapports dans le milieu. Les nouveaux téléphones Anom se sont rapidement imposés.

Côté marketing, c'était également très simple. Il y avait un mot de passe sur le site web que les revendeurs donnaient aux clients pour éloigner les personnes extérieures au milieu du crime et renforcer ainsi le sentiment de confiance.

Le FBI a dès lors lancé une enquête secrète, appelée opération *Trojan Shield*, en collaboration notamment avec la police fédérale australienne (l'AFP) pour surveiller les communications. Une clé de chiffrement intégrée au système permettait de transférer secrètement chaque message au FBI.

Le tribunal a commencé par donner l'autorisation à l'AFP de surveiller une cinquantaine de téléphones Anom appartenant à des personnes en lien avec l'Australie. Le test fut probant et permit à la police de pister deux réseaux criminels influents dans le pays. Visiblement, Anom était utilisé à des fins exclusivement criminelles, notamment dans le cadre de trafic d'armes et de stupéfiants. Ces informations ont été partagées avec le FBI.

Anom a mis du temps à se déployer, mais à l'été 2019, la demande pour ces téléphones a franchi les frontières australiennes et atteint toujours plus d'acteurs du milieu criminel. Seulement, la police australienne avait beau suivre les discussions, la décision du tribunal ne lui permettait pas de partager les informations obtenues avec d'autres pays. Pour y remédier, le FBI a installé un serveur dans un pays tiers qui n'avait pas accès au contenu, mais permettait aux communications d'Anom de transiter de l'Australie vers le FBI. Ce pays tiers reste anonyme, mais d'après le journal *Vice*, il s'agirait d'un membre de l'Union européenne. Cependant, ce n'est pas la Suède, précise une source de la NOA.

Fin octobre 2019, le FBI reçoit les premiers messages du serveur. Le nombre d'usagers augmente petit à petit, si bien que l'agence fédérale peut accéder aux discussions, images, vidéos et messages audio échangés dans le milieu de la pègre. Elle recrute par ailleurs dix-sept acteurs-clés faisant office d'administrateurs, de distributeurs et d'influenceurs criminels pour pousser les malfaiteurs à utiliser Anom.

C'est là que Maximilian Rivkin entre en scène.

Né à Malmö, il compte à son actif déjà six ans de prison pour trafic de stups et fait profil bas en Suède. Il s'est seulement permis un témoignage sur l'attaque terroriste de Drottninggatan en 2017, l'une des scènes les plus atroces qu'il ait jamais vues, raconte-t-il au quotidien *Svenska Dagbladet*. On le recroise dans les médias deux ans plus tard, à la télévision colombienne, quand il est expulsé d'un hôtel après avoir saccagé sa chambre sous l'effet de la coke et de l'ecstasy.

À cette époque, l'impétueux Rivkin, âgé de 39 ans, réside officiellement en Serbie, le pays d'origine de ses parents, mais on découvrira qu'il est toujours resté actif dans le milieu criminel suédois. C'est ainsi qu'il est devenu l'un des trois principaux administrateurs internationaux d'Anom, chargé de décider qui pouvait se procurer un téléphone chiffré et quels comptes effacer en priorité en cas d'arrestation.

Les deux autres administrateurs sont basés en Turquie et en Australie.

Le narcotrafiquant le plus médiatisé à cette époque, c'est l'Australien Hakan Ayik. Lui, Rivkin et deux autres criminels d'influence ont été sélectionnés à leur insu pour devenir les « influenceurs » chargés de diffuser avec crédibilité le piège du FBI. Pour ce faire, ils touchaient une prime pour chaque nouveau compte souscrit par un criminel (en pensant faire de la promotion pour l'entreprise Anom). L'abonnement coûtait environ quinze mille couronnes par semestre en bitcoins. En plus des primes versées aux administrateurs, on rémunérait des entreprises créées par la police. Bientôt, Rivkin serait accusé d'être une balance pour le FBI.

— Sans Rivkin, pas d'Anom, dira l'un de ses anciens complices.

Après le vaste coup de filet mené dans toute l'Europe grâce à EncroChat, ceux qui ont échappé à la vague d'arrestations cherchent de nouveaux moyens de communication cryptée. À l'automne 2020, Maximilian Rivkin vend ses téléphones et développe une clientèle. Il engage des revendeurs en Suède et les conseille sur la façon de promouvoir Anom. Pas besoin de jouer aux commerciaux, il suffit de dire que seules « les tapettes et les taupes de la police » utilisent Sky ECC, son concurrent principal de l'époque. Il encourage ses revendeurs à proposer de meilleurs prix pour s'imposer sur le marché et garantir d'importants revenus à long terme.

Il a l'air tellement convaincu de la pérennité de la messagerie cryptée qu'il écrit directement aux criminels pour les persuader d'utiliser le système ultra-sécurisé d'Anom.

« Pour 1 500 €, t'as un téléphone Anom tout neuf. La marge est ouf. En plus on est les premiers à l'avoir », écrit Rivkin à un criminel du sud de Stockholm.

Dans cette même conversation sur Anom, on apprend que les téléphones se propagent parmi différents gangs, notamment à Göteborg, Farsta et Rinkeby.

« On t'en prend dix à Tensta, dix à Uppsala, et dix pour nos gars », commande le contact.

« OK, disons 5 mille boules frère », répond Rivkin.

Les agents de renseignements de la NOA, Vera, Putte, Cattis et Ted suivent la propagation en direct. Après le succès de l'opération sur EncroChat, Ted Esplund a rejoint la cellule des renseignements de la NOA à Stockholm, où il coordonne le travail sur les services chiffrés au sein de la police. C'est le sourire aux lèvres qu'il lit les conversations sur son écran, remerciant intérieurement Rivkin pour sa distribution de téléphones Anom dans la pègre suédoise sans se douter qu'il aide la police.

Le client de Rivkin précise que des membres du gang des Lions, à Hässelby, veulent eux aussi diffuser les téléphones et réaliser des bénéfices. Ils sont prêts à en acheter cent pour les diffuser en Suède, en Norvège et en Espagne.

« Y en aura pour tout le monde », répond Rivkin.

Ce même client propose de mettre les téléphones en vente en magasin, mais Rivkin refuse. C'est trop risqué. Il veut bien monter une boîte de responsables et de support dans différentes régions, mais la vente doit se faire en main propre.

« On vend Anom comme on vend de la came », écrit-il.

26

À la tête de tout un réseau convaincu par Rivkin d'utiliser les téléphones Anom, un homme dirige une grande partie du trafic de stups dans plusieurs quartiers sud de Stockholm : c'est Abdul Haleem. Il participe par ailleurs au deal de cocaïne dissimulée dans du fromage gouda, avec la complicité des proches de la famille Ali Khan et du réseau de Hjällbo.

Malgré la rafle permise par EncroChat, la pègre a besoin de poursuivre ses activités. Ce nouveau téléphone chiffré vendu par Rivkin tombe à point nommé.

Abdul Haleem a plusieurs affaires à régler, il a besoin de communiquer en toute sécurité. Notamment pour faire abattre son ancien ami Sascha Viklund une bonne fois pour toutes.

Un an plus tôt, un jour d'automne d'octobre 2019, Sascha se promène à Farsta quand deux voitures ralentissent à sa hauteur. Les passagers surgissent et le désarment. Ils le forcent à grimper dans l'un des véhicules devant plusieurs témoins pour le conduire à Vaxholm, au nord-est de Stockholm. Il fait déjà nuit quand Sascha se retrouve dans un bois, une arme avec silencieux pointée sur le visage.

— À genoux ! crie-t-on en lui tirant une balle dans les fesses. La prochaine, c'est pour ta gueule.

Sascha connaît bien celui qui le menace. Il louche, a la voix rauque et un tatouage qui lui remonte le long du cou. C'est Abdul Haleem, son ancien ami et compagnon de crime.

Quelques années plus tôt, tous les deux se sont associés. Sascha et son passé tumultueux, entre foyers pour mineurs et établissements pénitentiaires, a été présenté à Abdul par un ami commun. Ce fut le début d'une longue complicité, laissant leurs deux noms apparaître dans plusieurs enquêtes sur des crimes graves.

Au sud de Stockholm, la réputation d'Abdul est vite arrivée aux oreilles de l'ancienne génération de criminels, avec ses origines afghanes, son caractère rancunier, sa violence et sa soif de vengeance. Adolescent, il a été accusé de tentative de meurtre à l'encontre d'un criminel qui avait renversé l'un de ses amis lors d'une course-poursuite. Depuis, il a fait l'objet de plusieurs enquêtes sur des fusillades et des meurtres, mais a toujours filé entre les doigts de la justice.

De retour d'un séjour en prison, il a voulu étendre son territoire. Bien décidé à contrôler la vente de stups dans certaines parties du sud de Stockholm, il s'est lancé. Son arme principale était la peur, raconte une personne de son entourage. Le message à ses rivaux était clair : si vous vous mettez sur notre chemin, vous mourrez.

En parallèle, plusieurs luttes de pouvoir agitant le sud de Stockholm se sont soldées par des meurtres, dont la plupart restent encore non élucidés. Ces règlements de comptes faisaient parfois des victimes collatérales parmi les civils. L'un de ces cas très médiatisés est le meurtre de Shayan Gaff, un étudiant de 22 ans, futur enseignant, abattu de douze balles en octobre 2018 par une arme automatique alors qu'il sortait d'un café de Segeltorp avec un ami. Shayan n'avait aucun lien avec le milieu criminel, il devait simplement ressembler à un rival du réseau de Vårby.

— Pourquoi moi ? a-t-il soufflé avant de mourir.

— Pour eux, Shayan est « juste une gaffe », mais pour nous, c'est un traumatisme, un deuil qu'on doit apprendre à supporter, déclare un parent de Shayan.

Plusieurs meurtres commis à Stockholm à cette époque seraient potentiellement liés à un vieux conflit opposant Maykil Yokhanna, visé par le complot meurtrier de Västerås, à Chihab Lamouri, leader du réseau de Vårby.

Un proche de Chihab a été condamné pour le meurtre de Shayan Gaff et défendu devant les tribunaux par le Roi et le Prince.

Mais malgré la mort d'un innocent, la chasse continue.

Trois semaines après le meurtre de Shayan, la cible initiale, un homme prénommé Gee, a été abattu avec un ami de Hallonbergen. D'après ce que raconte une source bien informée qui a accepté d'expliquer l'origine du conflit, Gee aurait eu des différends quelques années plus tôt avec un proche d'Abdul Haleem et aurait été banni de Rågsved. Cet incident aurait créé des tensions et conduit les criminels à prendre parti pour différentes factions. Maykil Yokhanna aurait choisi le camp de Gee, qui se mettait à dos à la fois le réseau de Vårby et celui d'Abdul. Le coupable du double meurtre n'a pas été clairement identifié. Du côté d'Haleem, on affirme simplement que le meurtre de Gee les « réjouit ».

Quand Abdul Haleem tentait de bâtir un empire dans le trafic de drogue, son ami et allié Sascha a été victime d'un grave accident de moto. À sa sortie de l'hôpital, il a été hébergé quelque temps par Abdul, qui lui a prêté un appartement.

Plus tard, lors d'une promenade sur la plage, Sascha s'est bagarré au couteau avec un couple qui reprochait à ses copains de ne pas avoir remis une bouée de sauvetage à sa place. Abdul en a voulu à Sascha de s'en prendre à des étrangers qui n'avaient aucun lien avec le milieu criminel, cela risquait de nuire à leur réputation. D'ailleurs, Abdul gérait le trafic de stups comme un business et s'agaçait de voir Sascha « sniffer sa dope ».

Pour Abdul, c'était la preuve d'un manque d'honneur.

Mais les proches de Sascha, eux, portaient un tout autre regard sur les choses.

La bagarre au couteau a valu à Sascha une peine de prison qu'il a commencé à purger à l'automne 2018, à Tidaholm. Parmi les détenus de son unité, il y avait Maykil Yokhanna, qui avait choisi le camp de Gee. Des rumeurs ont commencé à circuler ; Sascha et Maykil seraient devenus bons copains et Sascha lui aurait « confié des secrets ». Quand la drogue a commencé à disparaître de différentes caches, on a soupçonné Sascha d'avoir fait fuiter des informations. Quelques jours avant sa libération, il a été transféré dans une autre unité par mesure de protection car des menaces pesaient sur lui. Cela n'a fait qu'aggraver les soupçons. Collaborait-il avec la police ?

D'où l'enlèvement de Sascha, qui s'est retrouvé dans un bois de Vaxholm ce fameux jour d'automne, à genoux, une arme pointée sur la figure et le cœur battant à tout rompre.

— T'as dit quoi à Maykil ? demande l'un des hommes.

On le frappe d'un coup de poing au visage.

— J'ai rien dit du tout, se défend-il, sûr de lui.

Ils fouillent dans son téléphone, lisent tous ses messages et parcourent son répertoire, mais ne trouvent rien de suspect. Les proches de Sascha, eux, affirment qu'il est impensable qu'il ait collaboré avec la police.

Les hommes avaient l'intention de l'abattre et de l'enterrer là, d'où les pelles ; mais, après plus d'une demi-heure d'interrogatoire musclé, une voiture approche et déstabilise le groupe. Sascha saisit sa chance, il se lève et court à toutes jambes dans la forêt, malgré sa blessure par balle et son boitement, dû à la semelle qu'il doit porter depuis son accident de moto. Plusieurs hommes le prennent en chasse et lui tirent dessus, mais il passe entre les balles. Il disparaît dans la forêt et finit par déboucher sur une route où il arrête une voiture.

— Ce mec est un chat, il a plusieurs vies, racontera-t-on par la suite dans le sud de Stockholm.

Mais Abdul Haleem n'a pas dit son dernier mot.

Un ami commun, respecté par les deux parties, aurait tenté de jouer les médiateurs entre Sascha et Abdul.

— On ne pourrait pas tourner la page ? Tu pourrais lui pardonner et lui laisser une seconde chance.

— Sa chance, il l'a déjà eue, aurait répondu Abdul.

Ce dernier, d'après ses proches, n'a qu'une devise depuis l'enfance, qu'il a passée en Afghanistan, et il attend de ses alliés comme de ses rivaux qu'ils vivent selon ces mêmes principes : respect, crainte et loyauté.

Respecter, c'est se montrer juste envers son prochain, ne pas l'opprimer. Celui qui menace ou qui blesse un membre du groupe d'Abdul doit en assumer les conséquences. Sa vengeance sera terrible, le traître devra le payer de sa vie. Tous ceux qui ont affaire à lui le savent très bien.

— On ne lâche pas l'affaire tant qu'on n'a pas obtenu ce qu'on veut. C'est cette peur qu'on veut que les autres ressentent, déclare un témoin qui connaît l'organisation interne de ce réseau.

La loyauté, c'est un lien fort qui ne s'achète pas. On ne doit ni trahir ni se montrer jaloux. Et puis, on se doit la protection mutuelle. On doit montrer qu'on est prêt à se faire arrêter pour l'autre, à se prendre une balle pour l'autre, à soutenir la famille de l'autre s'il n'est plus là demain. Si quelqu'un veut quitter le monde du crime pour fonder une famille, sa décision sera respectée, mais il n'aura en aucun cas l'autorisation de rejoindre un autre clan.

Ces principes respectés par Abdul Haleem ont protégé son groupe ethnique, les Tadjiks, contre les Soviétiques et les talibans. Il applique ces valeurs dans la rue et suscite la crainte dont il a besoin pour diriger et détruire tout ce qui lui résiste. En public, en tout cas, c'est la voie qu'il a choisie. En privé, Abdul essaie de mener une vie normale de propriétaire d'un appartement où il vit avec sa compagne étudiante en médecine.

Il essaie de séparer les deux mondes tant qu'il peut, mais en pratique, ce n'est pas évident. Quand le couple se promène à Rågsved, la police voit comment les jeunes se lèvent devant lui, lui serrent la main ou époussettent ses vêtements. Il est évident qu'Abdul est le chef, le décideur. Il n'a même pas besoin de porter une arme, ses hommes le font à sa place et n'hésiteront pas à s'en servir pour lui.

Du côté de Sascha, ses proches affirment qu'il ne demandera jamais de « seconde chance », il est trop fier pour ça. Ce serait une entorse à sa dignité. Abdul n'est pas son chef, ils sont sur un pied d'égalité. Abdul est le cerveau, Sascha les muscles. Il leur arrive de travailler ensemble. C'est tout.

— Pour lui, Sascha était un exécutant. Mais il n'aurait obéi à personne d'autre. Ce n'était la pute de personne, raconte l'une de ses sœurs.

Dans son entourage, on est convaincu que la colère d'Abdul cachait de la peur. Non pas pour ce que Sascha savait, mais pour ce dont il était capable s'il devenait un rival. Le camp d'Haleem n'a jamais partagé ce point de vue : pour eux, Sascha n'a jamais représenté une menace. Sinon, « il aurait déjà essayé de se venger ».

Début décembre 2019, la neige tapisse les rues de Bjurhovda, à l'est de Västerås. Sascha y a rendez-vous avec Maykil. Une relation purement commerciale, disent ses proches.

Sascha se sent plus en sécurité à Västerås, mais il est toujours extrêmement prudent quand il va acheter des stups en ville. Il enfile un gilet pare-balles renforcé de plaques résistant aux armes automatiques. Depuis qu'il a survécu à une tentative de meurtre, il n'est plus le même.

Il n'est que 15 h 30, pourtant la nuit tombe. Une fillette de 11 ans attend sa mère chez elle quand elle entend soudain du bruit dehors. Un silence, puis un homme crie à l'aide. Sa mère rentre justement du travail et entend la voix. Elle accourt dans l'allée devant chez elle et découvre un jeune homme couvert de sang, la bouche lacérée. C'est Sascha. Elle appelle les secours en accompagnant le garçon vers sa porte d'entrée, puis hésite. Il ne peut pas entrer, sa fille ne doit pas le voir dans cet état, la bouche en sang. Ils entrent alors dans le garage et le garçon s'assied sur les marches, comme s'il voulait vite descendre au sous-sol. Au bout du fil, on demande à la mère de le mettre en position latérale de sécurité et de stopper l'hémorragie.

Sascha est transporté dans un état critique à l'hôpital Karolinska, mais parvient miraculeusement à survivre. Une fois de plus.

27

Quelques mois plus tard, en mai 2020, un policier se rend chez la mère de Sascha pour « transmettre des informations » au garçon, mais celui-ci est absent. Quand il rappelle la police, Sascha apprend sans surprise qu'il fait l'objet de sérieuses menaces. La police le sait puisqu'elle le surveille de près dans le cadre de l'opération *Rimfrost*. Au téléphone, Sascha reste courtois, mais n'a rien à déclarer et répond plutôt par d'autres questions.

— Vous savez pourquoi il en a après moi ?

C'est une information que la police ne peut pas révéler, elle observe simplement que Sascha a levé le pied depuis qu'on a tenté de le tuer.

Mais le garçon a choisi la voie du crime, or quand on fait ça, le contrat est tacite : interdiction de copiner avec la police. Même si sa vie est en danger. Il ne veut ni de leur aide ni de leur protection.

— Je suis pas une balance, lâche-t-il avant de raccrocher.

Il passe l'été amaigri et fatigué, mal remis de ses blessures par balle. Il s'installe pendant quelque temps chez sa mère, avec qui il renoue peu à peu les liens brisés par la vie qu'il avait choisie.

Sa mère, ses frères et ses sœurs le trouvent changé, plus mature. Avant, il était prêt à mourir à tout instant, mais maintenant il veut vivre. Il a une petite amie, lui a offert un chihuahua et parle de fonder une famille ; mais son passé pèse lourd.

Quand sa mère part travailler dans une cantine scolaire, il se terre derrière les rideaux de la cuisine, au deuxième étage d'un appartement du sud de Stockholm, et surveille les voitures qu'il ne reconnaît pas. Il note les plaques d'immatriculation sur un calendrier aimanté au frigo. Est-ce que ce sont des hommes de main d'Abdul Haleem, venus à sa recherche ?

Ils savent où habite sa mère.

Il s'inquiète pour ses neveux et nièces et refuse de monter en voiture avec eux quand on lui propose de le conduire quelque part, pour ne pas les mettre en danger. Au début du mois de juin, Abdul discute avec un ami sur EncroChat des tentatives de meurtre.

— L'autre bâtard de Stockholm, j'ai failli l'avoir l'an dernier mais il s'en est tiré.

À la suite du démantèlement d'EncroChat à la mi-juin, Abdul reste dans l'idée d'éliminer son rival et se croit en sécurité, puisqu'il n'a toujours pas été arrêté alors qu'il a utilisé la messagerie chiffrée. Comme beaucoup d'autres, il se débarrasse de son EncroPhone dans l'été et le remplace par un Anom.

Sur les recommandations d'autres jeunes, Abdul Haleem est mis en contact avec Kevin, 20 ans, membre du réseau d'Årsta, également au sud de Stockholm et groupe client du réseau d'Haleem pour des armes et des stups. Kevin veut se faire bien voir, car il sait qu'il sera récompensé par ses aînés « par de l'argent ou d'autres avantages ». Certes, ce n'est pas parce qu'on commet des violences au nom d'un gang que celui-ci nous paiera grassement si l'on abat un rival, mais les rumeurs racontent que les tireurs seront « richement récompensés ». C'est comme cela que ça marche.

— Quand on est soldat, on est choyé, me raconte une source.

Kevin a accès à Sascha, découvrira-t-on plus tard. Il connaît un certain Toj, lui-même proche de Sascha à l'époque où ils purgeaient une peine ensemble.

— On a missionné Kevin pour qu'il recrute Toj dans le but d'hameçonner Sascha. C'est Kevin qui devait le tuer, faire le sale boulot, dit encore la source.

L'enquête mentionne donc que Kevin a trouvé son *goare* : Toj. Une source bien informée ajoute que Toj était prêt à trahir Sascha « pour deux cent mille couronnes et deux armes ».

Mais Toj se dit innocent. Les chats ont été mal interprétés, se défendra-t-il auprès de moi. Pour lui, ce qu'on m'a raconté est faux.

Un informateur fiable m'affirme pourtant que Toj savait ce qui l'attendait, ce que la cour confirmera par la suite. La source estime que cette somme représente « des clopinettes » au vu du contexte. Le réseau gagnait beaucoup plus que cela sur les bénéfices d'une seule journée de deal de stups.

— Tu sais combien on se faisait ? me demande cette personne que je rencontre en banlieue sud de Stockholm.

Ces souvenirs le rendent fier et il ne s'en cache pas. Il me raconte que le deal se faisait souvent dans un resto de Huddinge, fréquenté par les étudiants de la fac de Södertörn et par des « Suédois normaux », dont beaucoup travaillaient dans le coin, notamment à l'hôpital Karolinska.

— Les étudiants fumaient tous de la beuh, raconte-t-il.

En semaine, c'était leur came préférée, et le week-end, ils prenaient plutôt de la coke. Ils consommaient aussi du Concerta, un médicament prescrit en traitement contre le TDAH.

— Ça les aidait à se concentrer, ajoute-t-il en me regardant d'un air très sérieux. Il faut que tu comprennes un truc, Diamant. Nos plus gros clients, ils sont pas du quartier. C'est des gens normaux. C'est eux qui nous rapportent un max.

Quand je lui demande si ce sont ces étudiants, ces « gens normaux » qui financent leurs armes et leurs guerres de gangs, sa réponse ne se fait pas attendre.

— Ouais. Ils nous traitent de menace pour la société, mais ils ne savent même pas surveiller leurs propres gosses.

À l'arrivée de l'automne, Abdul Haleem et ses alliés recherchent activement Sascha, qu'on appelle aussi « le Suédois ». Sur Anom, Abdul écrit à Kevin :

« Faut qu'on défonce sa porte et qu'on débarque avec la grosse artillerie. J'ai trop la haine. »

Mais pendant qu'Abdul perd patience, Sascha fait profil bas. Le mardi 15 septembre, Kevin reçoit un autre message sur Anom.

« Frère tu me le chopes aujourd'hui ? »

« Dès que je le vois je le descends », répond-il à Abdul.

Depuis qu'il a échappé à la mort, Sascha redouble de prudence. Il a changé, lui qui n'avait jamais peur de rien. Il connaît Abdul, c'est un type rancunier, surtout pour une question d'honneur. Sascha le sent, la mort sera sa seule issue. La seule chose qui puisse calmer son ennemi.

Les proches de Sascha savent qu'Abdul connaît leur adresse, mais il n'oserait pas « débarquer avec la grosse artillerie » et risquer de faire des victimes collatérales.

— Si Abdul touche à un seul cheveu d'une de mes filles ou de mes petits-enfants, il sait qu'il signera l'arrêt de mort de sa propre famille, explique Carina, la mère de Sascha. Mon fils les réduirait en miettes. C'est la torture assurée.

L'une de ses filles raconte :

— Contrairement à Abdul, mon frère ne fait pas dans la parlotte. Il se tait et agit. À mon avis, c'est pour ça qu'Abdul n'a pas osé s'en prendre directement à lui.

Sascha se méfie de tout le monde. Il peut compter ses vrais amis sur les doigts de la main, et Toj en fait partie. Le soir du 16 septembre, tous les deux parlent de l'anniversaire de Toj.

« T'es dispo à quelle heure ? » demande Sascha.

La réponse tarde à arriver, il est 23 heures passées.

« On se retrouve à Söder ? »

« Haha si tu veux. »

Ils conviennent de se rejoindre à la gare de Södermalm. Avant de partir, Sascha dit à sa grande sœur qu'il va retrouver Toj. Elle appelle un taxi pour lui et lui prête quelques milliers de couronnes pour qu'il achète un manteau plus chaud et se prenne une chambre d'hôtel pour la nuit.

Quand il rejoint Toj, ce dernier est accompagné de Kevin. Le plan consiste à conduire Sascha sur le pont d'Årsta, de huit cents mètres de haut, puis de prendre la première à gauche en direction du terrain de foot.

— C'est là-bas qu'ils voulaient l'abattre, racontera-t-on plus tard.

On apprendra qu'un complice armé attendait au terrain de foot. Sascha a un mauvais pressentiment, la présence de Kevin lui met la puce à l'oreille.

L'enquête révèle que Sascha a rabattu sa capuche sur sa tête et qu'il est probablement pris de court par le premier coup de feu qui frôle sa joue alors qu'ils remontent la piste cyclable du pont d'Årsta. Il ne porte pas de gilet pare-balles et tente de fuir vers Södermalm, mais il reçoit trois balles dans le dos avant de s'effondrer. Il reçoit l'ultime décharge dans la tempe, tirée par un pistolet de départ de course transformé en arme létale.

Le meurtre accompli, Kevin écrit au commanditaire, Abdul Haleem. Trois cœurs accompagnent son message :

« C'est bon le Suédois est *out.* »

L'autre répond :

« T'es le meilleur frère. »

Abdul prétend ne pas aimer s'épancher sur les chats, mais sur ce coup-là, ça lui échappe :

« Je te suis jusqu'à la mort. »

« Moi pareil frère », répond Kevin.

Il aura fallu s'y reprendre à plusieurs fois, mais Sascha a fini par succomber à l'acharnement d'Abdul. Comme bien d'autres avant eux, ils auront vu leur amitié se changer en rivalité haineuse et finir dans un bain de sang.

28

Le lendemain matin du meurtre de Sascha, sa famille se réunit chez la mère, Carina, qui a demandé à ses enfants de rentrer en urgence à la maison. Ils apprennent la mort de leur frère, et dans l'après-midi, tous les proches partent en convoi sur le pont où ils allument des bougies de commémoration.

Près de la place Årsta, la sœur qui a vu Sascha la veille au soir aperçoit Toj près du passage piéton. Leurs regards se croisent, il lui fait signe. Comme ils se rapprochent pour discuter, elle remarque qu'il a les pupilles dilatées et du blanc à la commissure des lèvres. Il est clairement sous l'emprise d'une drogue. Le reste de la famille ne reconnaît pas ce garçon.

— Putain, je suis tellement choqué, lâche Toj.

Il prétend qu'il voulait justement appeler la sœur après avoir appris pour le meurtre, mais il n'a plus de téléphone.

— Où est ton portable ? Qu'est-ce que tu as fait de tes affaires ? demande-t-elle.

— Je sais pas, j'en sais rien, répond-il avant d'ajouter qu'il a fêté son anniversaire la veille et qu'il a croisé Sascha.

— Je sais, il me l'a dit, opine la sœur.

Toj lui raconte, ainsi qu'à la mère, sa version des faits. D'après lui, ils étaient cinq à la soirée. Toj, sa petite amie, la meilleure amie de cette dernière, un autre copain et Sascha. Ils devaient prendre le taxi pour Årsta, mais il manquait une place dans la voiture. Ils ont donc convenu que Sascha se rendrait là-bas de son côté et qu'ils se rejoindraient près d'un terrain de foot. Quand Toj a aperçu les gyrophares, il a compris qu'il s'était passé quelque chose.

Pour les proches de Sascha, cette histoire ne tient pas debout. En cette période de pandémie, il est rare que les chauffeurs de taxi acceptent quatre passagers, d'autant plus si l'un d'eux devait s'asseoir à l'avant. Ils auraient dû être deux à rester sur le carreau, à devoir partager un autre taxi. Cela ne colle pas.

— Comment tu pouvais savoir que c'était Sascha allongé par terre ? l'interroge la sœur.

Il se tourne alors vers la mère, tombe à genoux et se met à pleurer. Lui-même s'est retrouvé sous une pluie de balles à peine une semaine plus tôt.

— Tu crois que c'est moi ? Tu crois vraiment que j'ai fait ça ?

— Non, je ne crois pas. Je n'en sais rien. Mais ton histoire ne tient pas debout, alors forcément, je t'interroge, explique la sœur.

Carina reste là, figée, les yeux secs. Elle trouve toute cette situation étrange. Tout le monde sait qu'elle peut paraître froide, qu'elle laisse rarement transparaître ses émotions en public, même quand elle vient de perdre son fils. Elle affiche une façade qui ne dit rien de l'amour profond qu'elle éprouve pour ses onze enfants, quelle que soit la vie qu'ils ont choisie. Elle a tout fait pour leur offrir une meilleure vie que la sienne.

— On y va, appelle quelqu'un.

Pas trop tôt, pense la mère, soulagée.

Quand ils montent en voiture pour rejoindre le lieu de commémoration, Toj court après la voiture dans laquelle la sœur est montée.

— Je t'appelle ! Je vais me racheter un téléphone cet aprèm !

Carina n'a rien manqué de l'échange. Pour elle, l'attitude tendue de Toj est le signe qu'il a été impliqué dans le meurtre. Son fils, qui ne se remettait pas de sa blessure à la jambe, n'aurait jamais cédé sa place dans le taxi. Quitte à jeter tous les autres sur le trottoir.

En interrogatoire, la police apprend de l'entourage de Sascha que ce dernier a vu Toj juste avant le meurtre. On apprend également que son ancien ami, Abdul Haleem, en avait après lui. Seulement, recueillir des suppositions est une chose ; prouver qu'une personne est impliquée en est une autre.

Dès les débuts de l'enquête, Lisa dos Santos, procureure chargée de l'affaire, obtient l'autorisation de mettre Toj et Kevin sur écoute. Cela ne donne rien, les suspects sont bien trop malins pour parler ouvertement de leurs crimes avec leurs téléphones classiques, mais la police arrête les deux hommes quelques semaines plus tard. Des caméras de surveillance les ont filmés à la gare de Södra, non loin du pont où Sascha a été tué. La procureure dispose également de témoignages décrivant les auteurs présumés du meurtre, et ils correspondent à la tenue que les deux garçons portaient au moment des faits.

À force de pistes et de témoignages mettant Abdul en cause dans les deux tentatives de meurtre contre Sascha, il devient le suspect numéro un.

Au printemps suivant, le procès approche et les résultats d'analyse du centre de la médecine légale renforcent les soupçons de la procureure Lisa dos Santos. Des particules d'amorce (la partie de la cartouche frappée au moment du coup de feu) ont été retrouvées sur la doudoune noire de Kevin, pouvant être reliées aux étuis trouvés sur les lieux du crime. Les recherches digitales et téléphoniques n'ayant rien donné de plus, Lisa dos Santos se prépare à engager des poursuites fin mai.

Pour elle, si les preuves sont insuffisantes contre Abdul Haleem, elles sont solides contre Kevin et Toj. Pour l'instant, elle doit donc renoncer à Abdul. La procureure n'est pas au courant de l'opération *Anom* à ce stade, celle-ci étant toujours confidentielle.

Mais au moment de fixer une date pour le procès, Lisa dos Santos reçoit un appel étrange. C'est Marie Lind Thomsen, vice-procureure de la RIO.

— Sortez vos deux téléphones de la pièce, ordonne-t-elle.

Le réflexe de Lisa, c'est la peur. Elle craint d'être personnellement visée. Non pas qu'elle ait commis le moindre crime, mais des criminels peuvent la prendre pour cible, au vu de son travail. Elle pose les téléphones sur une table dans le couloir, ferme la porte et reçoit un appel sur Skype. Elle apprend que non, tout cela n'a rien de personnel. Il s'agit de son enquête sur le meurtre du pont d'Årsta. Lind Thomsen lui demande si les noms de Kevin et Abdul Haleem figurent parmi ses suspects. Lisa répond par l'affirmative, précisant que les poursuites contre Haleem ont été abandonnées. On lui donne ensuite un autre nom qui ne figurait pas dans l'enquête. C'est un membre du réseau d'Haleem et qui aurait par ailleurs été en contact avec Maximilian Rivkin concernant des violences.

Lisa est troublée. Que sait la RIO concernant l'affaire dont elle est chargée ?

La vice-procureure lui donne les grandes lignes de l'opération top secrète en cours, appelée *Trojan Shield*, dont les informations proviennent principalement du FBI et impliquent les conversations par messagerie des suspects de Lisa. La messagerie sécurisée s'appelle Anom. Cependant, l'opération ne sera pas révélée avant le 7 juin, Lisa doit donc patienter avant d'engager des poursuites. Et elle ne doit parler de l'opération à personne, pas même à ses collègues.

Lisa est optimiste, mais ne s'emporte pas. Il est déjà arrivé que des SMS capitaux soient interceptés, mais ils étaient tellement codés que personne n'arrivait à les déchiffrer.

Garde ton sang-froid, se dit-elle.

Quelques jours plus tard, elle est convoquée au poste de police de Kungsholmen. Le directeur d'enquête la reçoit dans une salle sans fenêtre et lui remet une pile de papiers contenant des extraits de chats.

La NOA a ébauché de premières analyses sur les identités numériques et découvert que Kevin, Abdul Haleem et une troisième personne encore inconnue ont planifié via Anom le meurtre de Sascha. Kevin a notamment envoyé une photo où l'on voit une main tenant une arme automatique près d'un port, non loin de son domicile. Abdul Haleem, de son côté, est identifié grâce à des photos de son chat. D'après les enquêteurs, Toj n'utilise pas Anom, mais des témoignages et des chats l'associent au meurtre du pont. En outre, c'est le dernier à avoir vu Sascha en vie.

Lisa est profondément soulagée : toutes ces preuves éclairent enfin les circonstances du drame. Dans ce genre d'affaire, on a souvent du mal à incriminer d'autres personnes que les tireurs eux-mêmes. Maintenant, elle peut non seulement consolider ses premiers soupçons, mais aussi poursuivre le commanditaire du meurtre. Ce qui la frappe, c'est la cruauté des conversations. Le meurtre est abordé sans filtre. C'est assumé et parfaitement brutal.

La cour d'appel condamnera Abdul Haleem pour incitation au meurtre et Toj pour meurtre. Les deux hommes écoperont d'une incarcération à perpétuité. Kevin, quant à lui, n'aura que quatorze années de prison pour meurtre, car il avait 20 ans au moment des faits[1]. Les discussions provenant de Sky ECC, qui sera également craqué par la police, figureront dans le dossier en cour d'appel.

Toj affirme qu'il n'aurait jamais accepté de servir de *goare*. Tout ce dont on l'accuse est un « ramassis de conneries » et va à l'encontre de toutes les valeurs qu'il défend.

Dans une lettre, il raconte qu'il a couru vers Sascha après la fusillade. À ce moment-là, il ne restait que lui et Sascha sur le pont.

« Quand j'ai vu qu'il était blessé à la tête, j'ai paniqué et je me suis enfui », écrit-il.

Il dit regretter de ne pas être resté.

« C'est comme si je l'avais abandonné. J'ai tellement honte. »

À présent condamné à perpétuité, Toj raconte qu'il comprend mieux, maintenant qu'il a lu les conversations d'Anom. Il fera tout ce qui est en son pouvoir pour faire réviser son procès et « prouver [son] innocence ». Les deux autres, eux, n'ont pas souhaité faire de commentaire.

1. N.d.T : en Suède, la majorité pénale est fixée à 15 ans, mais la loi précise qu'une considération spéciale doit être accordée aux jeunes jusqu'à 21 ans en raison de leur âge, et que leur peine doit être allégée.

29

Le 26 septembre 2020, sur la conversation Anom appelée « l'Entreprise », on commence à s'agiter. Un certain Soko, membre de cette discussion, ne répond plus depuis deux jours. En réalité, il a éteint son téléphone pour partir au spa avec sa femme.

« Sa meuf le frappe tous les mois », charrie le surnommé Microsoft, qui utilise l'alias 7ed648 sur Anom.

L'association d'un pseudo et d'un numéro de série rassure les utilisateurs, convaincus que personne ne pourra les identifier, mais tout cela fait partie du plan du FBI. Derrière le surnom Microsoft se cache l'un de leurs influenceurs à l'international, Maximilian Rivkin, qui habitait autrefois à Malmö et déploie les téléphones Anom au sein de la pègre.

Quand Soko lit enfin le message sur sa femme, il en rigole et répond :

« J'en bave les mecs ! »

Puis il ajoute avec un smiley :

« Vous voulez éviter les emmerdes ? Alors ne buvez pas de champagne dans les pompes d'une autre meuf. »

Ce qu'ils ignorent, c'est que la NOA a entamé ce jour-là les démarches techniques pour recevoir toutes les mises à jour du FBI, qu'ils transmettent ensuite à toutes les autres nations membres de cette opération d'envergure.

Vera, agente de liaison de la NOA et chargée de l'opération, a tout organisé pour prévenir les crimes commis sur le sol suédois. La NOA reçoit les mises à jour trois fois par semaine, après que le FBI a ouvert chaque conversation et lui en a autorisé l'accès. C'est la loi.

Et c'est frustrant. Il faut attendre que la NOA parvienne à identifier certains alias avant de pouvoir donner au FBI la liste des cas à prioriser et gagner en rapidité. Rivkin fait clairement partie des cibles prioritaires, sachant qu'il a un pied « presque partout ».

La police remarque vite une différence entre Anom et EncroChat. À la différence d'EncroChat, Anom est principalement tourné vers le trafic de drogue, et c'était attendu ; mais on y trouve quand même des échanges pour fomenter des meurtres. Notamment dans les chats de Rivkin, au caractère susceptible.

Les autorités sont surprises de découvrir ce qu'il cache dans une ferme d'Olshammar, petite ville industrielle d'à peine plus de deux cents habitants sur la commune d'Askersund. Le sous-sol de cette maison renfermerait un laboratoire secret de fabrication d'amphétamines, sous la direction de Rivkin et deux autres responsables.

L'un des deux, c'est Rikard, originaire de Stockholm, la cinquantaine, déjà condamné ces dernières années pour plusieurs délits liés à la drogue. C'est un homme banal, le regard franc et les cheveux rasés, poivre et sel sur les tempes. Un procureur le décrit comme « une personne extrêmement déterminée, roublarde et intelligente, qui aurait été un excellent entrepreneur s'il avait choisi la voie légale ». C'est le portrait que les policiers et le parquet dressent souvent des grands barons de la drogue : ce sont de bons gestionnaires, des chefs d'équipe capables de gérer des chaînes logistiques complexes à l'échelle nationale et internationale.

Rikard a purgé sa dernière peine pour trafic de stups il y a tout juste six mois, avant que les autorités n'aient accès aux téléphones chiffrés de plusieurs criminels. On dirait qu'il s'est rapidement trouvé une nouvelle activité. Plus tard, la NOA comprendra que Rikard occupait un rôle plus important qu'on ne l'aurait cru sur le marché des stups.

Rikard, Rivkin et le troisième complice – l'un des parents de Rivkin – étant dispersés dans la Suède, leurs affaires sont gérées à distance par Anom. D'où le groupe de discussion « l'Entreprise », où ils échangent sur l'économie, la compta, l'approvisionnement en huile d'amphétamine, la fabrication des stups, le contact avec les clients et la vente.

Plusieurs Polonais ont été engagés pour la production elle-même ; ils discutent sur une conversation nommée « la Cuisine ». Ils sont également chargés du transport des amphétamines jusqu'aux coursiers qui la livrent aux clients selon les instructions de l'Entreprise.

La NOA comprend rapidement qu'ils ont de grandes ambitions. Ils veulent produire une tonne d'amphétamines par mois, pourvu qu'ils se procurent l'huile nécessaire.

Après avoir suivi la conversation du groupe pendant plusieurs semaines, la NOA obtient des détails sur leur prochaine livraison. Elle aura lieu sur le parking du centre commercial de Marieberg, à Örebro, dans deux jours. On envoie sur Anom une carte et une adresse. Des patrouilles locales sont déployées, sans qu'on leur précise la source des informations. Elles suivent une Mitsubishi Pajero depuis Olshammar jusqu'au parking d'un magasin de jouets du centre commercial. Les agents filment le chauffeur de la voiture, dont on apprendra par la suite qu'il s'appelle Piotr, qui décharge trois paquets blancs de son coffre dans un caddie qu'il pousse ensuite sur le parking tout en regardant son téléphone. Un instant plus tard, il salue discrètement un homme, nommé Lennart, qui sort de sa Saab et s'éloigne. Piotr met alors les paquets dans la Saab.

Puis il sort trois bidons de la Saab qu'il charge dans son caddie pour les emporter vers sa voiture. Et les deux coursiers s'en vont dans des directions opposées. Piotr rentre à Olshammar, Lennart part vers Eskilstuna ; tous les deux pris en filature.

Dans la soirée, Lennart est arrêté à une sortie d'autoroute. On saisit dans sa voiture près de soixante kilos d'amphétamines sous vide. Si on dilue tout ça, il y en a pour plusieurs millions de couronnes. Comme le coursier ne répond pas sur la conversation, les autres acteurs de l'opération commencent à s'alarmer.

« Il a dû se faire prendre », écrit l'un d'eux sur le groupe de l'Entreprise.

Plus tard dans la soirée, l'unité d'intervention de Bergslagen approche de la maison d'Olshammar. C'est une petite ville, il est difficile de se faire discret. Informés de la présence de produits chimiques dans la maison, ils portent des masques et des gants de protection. Les secours sont également prévenus et prêts à intervenir au cas où cela tournerait mal.

La police fait irruption dans la maison par plusieurs entrées simultanément pour surprendre les laborantins avant qu'ils ne détruisent les preuves.

— Police ! Police ! crient-ils.

Au rez-de-chaussée, un homme est rapidement maîtrisé. Tout est filmé par des caméras embarquées par l'unité d'intervention.

— Couche-toi ! lui ordonne-t-on en plaquant son visage sur le plancher.

Pendant ce temps, trois autres policiers descendent au sous-sol.

— À terre ! Couche-toi ! Allez ! ordonnent-ils en pointant un pistolet SIG Sauer sur un autre ouvrier.

L'intéressé, vêtu d'un short bleu et d'un tee-shirt foncé, obéit sans discuter. Puis un agent déclare :

— Le sous-sol est sécurisé. Le sous-sol est sécurisé.

Quelqu'un a eu le temps de prévenir Rikard juste au moment où la police débarquait.

« C'est la merde tout est foutu », transmet Rikard aux autres avec une capture d'écran de la conversation où on l'informe que le labo est cerné.

« Flics au labo », écrit quelqu'un.

« Quoi ? Ils sont là ? »

« Ouais. *Kurwa* !!! » jure le Polonais qui a donné l'alerte. Et la réponse ne se fait pas attendre.

« Fuuuuuuck »

Parmi les hommes interpellés, il y a Piotr, le coursier. Dans la voiture qu'il conduisait sur le parking du magasin de jouets, on retrouve les trois bidons contenant un total de cinquante litres d'amphétamines récupérés dans la voiture de Lennart.

À l'étage de la maison, plusieurs couchages étaient prévus pour les ouvriers quand ils n'étaient pas occupés à produire la poudre chimique qui constitue les amphétamines.

Dans deux remises au sous-sol, on découvre des combinaisons de protection, des pH-mètres, des cartouches de masques respiratoires, des sacs sous vide et de quoi les sceller. Ailleurs, on découvre les trois produits chimiques nécessaires à la production : du méthanol, de l'acide sulfurique et de la caféine. Le laboratoire lui-même occupe l'espace d'une ancienne buanderie, à laquelle on a ajouté une ventilation au plafond et dont on a obstrué les fenêtres avec du polystyrène.

La descente de police a suscité un vent de panique sur les conversations que transmet le FBI à la NOA. Le fondateur de l'Entreprise, qui en l'espace de quatre mois a réussi à produire et vendre plus de quatre cents kilos d'amphétamines d'une valeur d'environ neuf millions de couronnes, ne comprend pas comment la police a pu apprendre pour le labo.

« Ça n'a aucun sens ! » écrit un ami de la famille de Rivkin, qui le connaît depuis qu'il est tout petit.

C'est Vera et son équipe de la NOA qui ont décidé d'intervenir pour stopper la production au plus vite. Elle pense que les criminels ne soupçonneront jamais la faillibilité d'Anom. Comme ces criminels vendent eux-mêmes ces téléphones, ils sont convaincus qu'ils sont fiables. Leurs soupçons se portent plutôt sur leurs ouvriers qui ont pu se montrer négligents et attirer l'attention des autorités sur leur petite communauté.

— Rivkin a donc poursuivi ses conversations sur Anom et planifié de nouveaux projets criminels, me raconte Ted Esplund, agent de police à Örebro, aujourd'hui responsable national du travail d'analyse des données chiffrées.

Les discussions se poursuivent donc sur Anom malgré la destruction du laboratoire. La police laisse faire Rikard, puisqu'elle ne veut pas révéler qu'elle obtient des quantités astronomiques de preuves grâce à ces échanges. Il continue ainsi de vendre de la drogue depuis la plateforme Flugsvamp 3.0 sur le darknet, société dont il sera plus tard accusé d'être le PDG, à la direction d'un groupe d'employés dispersés dans plusieurs villes. Pour échapper aux autorités, les drogues sont payées avec de la cryptomonnaie et envoyées par courrier.

30

À la mi-octobre 2020, le porte-conteneurs *Manila Maersk* quitte le port de Casablanca, au Maroc, chargé d'une cargaison clandestine à destination du port de Skandiahamnen, à Göteborg.

Vera obtient le renfort des douaniers pour soutenir son équipe de la NOA. Associés, ils lutteront plus efficacement contre le trafic de contrebande qui trouve sans cesse de nouvelles voies d'accès en Suède. Pendant l'opération visant EncroChat, les douanes n'étaient pas impliquées sur le terrain, mais Vera a compris qu'elles disposaient d'un réseau, d'outils et de canaux précieux pour lutter contre la contrebande au passage des frontières. Ensemble, ils seront plus efficaces. Et elle avait raison.

Le 1er novembre, à 3 h 12 du matin, un message est envoyé sur Anom par un homme recherché, originaire de Göteborg mais ce jour-là au Maroc. Le message est destiné à la personne qui attend la livraison.

— T'es réveillé ?

— Ouais.

L'homme recherché écrit deux minutes plus tard pour lui indiquer de se tenir prêt.

— Je suis toujours prêt, lui répond-on.

Les enquêteurs s'intéressent très vite à un artisan plombier à Kungälv, à qui serait destinée la livraison. Début novembre 2020, la NOA repère trois conteneurs remplis de carreaux de salle de bain en provenance du Maroc et à destination de cet artisan. Au début, on a peu de détails, puis les malfaiteurs finissent par décrire le trajet complet sur Anom. Ils révèlent également le réel contenu de la cargaison : il s'agit de plaques de marbre dissimulant du haschich.

Il faut empêcher cela, se dit Vera. Elle sait que les douanes ne pourront pas contrôler tous les conteneurs livrés à Skandiahamnen, à Göteborg, mais les infos suffisent à justifier un contrôle. Main dans la main, douanes et police lancent une opération de surveillance dans le port et autour de l'artisan, et rendent régulièrement compte à Vera. Celle-ci chapeaute sans trop en dévoiler, mais reste assez convaincante pour que ses collègues saisissent la fiabilité de ses sources. Elle est mal à l'aise de devoir cacher certaines informations, mais n'a pas le choix. Pour qu'Anom reste un secret pour les criminels, elle doit éviter tout risque de fuites parmi ses collègues.

Malgré sa discrétion, il semblerait que la surveillance du port soit corrompue. Le principal suspect, aux manettes de cette opération de contrebande, a l'air aux aguets dans un message envoyé sur Anom. Cet habitant de Göteborg, âgé de 33 ans, est considéré comme l'un des chefs du réseau de Bergsjön.

« Pas de stress on a un indic chez les flics. Il nous rapporte tout », écrit-il.

Les enquêteurs de la NOA sont stupéfaits, mais ce n'est pas la première fois que les criminels prétendent ce genre de choses, surtout les membres de ce réseau à Göteborg. C'était déjà arrivé sur EncroChat.

— Ils ne donnaient jamais le nom de ces indics, m'expliquera l'un des analystes chargés du déchiffrage dans l'ouest de la Suède.

Quand j'interroge d'autres personnes sur ces éventuels infiltrés, on me répond que c'est courant dans les chats, les criminels aiment se vanter de leurs soi-disant contacts pour asseoir leur réputation. La NOA a fait de grosses recherches autour des termes « fuites », « flic corrompu », « corruption » et autres, mais on n'a jamais prouvé que quiconque divulguait délibérément des informations de la NOA, affirmera Ted Esplund. Par mesure de sécurité, on a donné cette piste à creuser à une division de la police nationale indépendante chargée d'enquêter sur les crimes présumés de policiers, d'élèves de l'école de police, de juges et de procureurs.

L'affaire des plaques de marbre est celle où l'éventualité d'un indic est la plus probable. On soupçonne finalement un policier de Göteborg d'avoir révélé à un civil que le port était sous surveillance. De fil en aiguille, l'information serait arrivée aux oreilles du suspect de 33 ans qui chapeaute l'opération clandestine.

Dans les chats, le trafiquant semble convaincu que la présence policière n'empêchera pas le passage de la cargaison au port. Il est loin de se douter que la NOA et les douaniers savent précisément quels conteneurs inspecter.

L'évocation d'une taupe au sein de la police dans les chats d'Anom aboutira finalement début 2022 à la condamnation d'un agent de la région Ouest pour trois intrusions dans le système informatique et consultation illégale des registres de la police.

Dans l'un des conteneurs inspectés, dix palettes sont emballées dans du plastique avec la mention « marbre Taza », un marbre à la nuance plutôt claire. Le grand scanner mobile passé dans tout le conteneur n'indique rien d'anormal, mais quand les douaniers vérifient le flanc du contenu des palettes, ils remarquent que leur épaisseur varie. Ils s'emparent d'une dalle plus épaisse que les autres et la frappe avec un marteau. Le carreau cède facilement et révèle son contenu : des galettes de haschich emballées sous vide dans des paquets bruns. Des autocollants indiquent « Spécial police » et « Los Pollos Hermanos », en référence à une chaîne de fast-food de la série *Breaking Bad*.

En d'autres circonstances, on aurait remplacé la drogue par de faux produits pour pister la livraison jusqu'à destination sans que la marchandise ne soit vendue, mais cela ne fonctionne que pour de petits lots. Ici, il faudrait briser et remplacer toutes les dalles. Les douaniers se contentent donc de retirer le carreau brisé et d'installer des caméras et des micros dans les conteneurs. Ensuite, ils informent leurs confrères au port que le contrôle est terminé et qu'ils peuvent laisser passer le chargement.

La livraison des dalles au plombier de Kungälv était programmée pour le 12 novembre, mais le jour J, l'adresse de livraison est modifiée, ce sera finalement transporté chez une entreprise de déménageurs, à Kinna. Pendant que les conteneurs sont vidés à l'aide d'un chariot élévateur, l'artisan et sa femme sont sur écoute.

— Ça aura mis plus de temps que prévu, dit l'homme une fois les palettes déchargées.

— Qu'est-ce que c'est ? demande sa femme.

— Des carreaux de marbre.

— Putain, mais qu'est-ce que tu veux en foutre ?

Il explique qu'il doit simplement stocker les carreaux avant de les livrer au client.

— Qui t'achète tout ça ? s'étonne-t-elle.

Le plombier passe le week-end dans l'entrepôt et dort sur place. Le dimanche 15 novembre, les agents planqués le voient sortir avec un sac-poubelle et prendre la voiture pour se rendre à un kilomètre de là, à Fritsla. Il entre dans un spa privé, appartenant au trafiquant de 33 ans parmi les chefs du réseau de Bergsjön, qui prétend avoir un indic dans la police. Après l'arrivée de l'homme au sac-poubelle, la petite amie du propriétaire du spa gare sa Mercedes. Puis c'est au tour d'un autre, qui arrive en Volvo. Ils passent tous un moment à l'intérieur, puis le conducteur de la Volvo ressort et part avec la Mercedes.

La police l'arrête un peu plus loin, fouille le véhicule et tombe sur un caisson aménagé sous le siège passager rempli de haschich avec les mêmes étiquettes que celles retrouvées par les douaniers dans le conteneur. Le même jour, la police et les douaniers procèdent à plusieurs perquisitions simultanées. Au spa, on saisit un sac-poubelle noir contenant des barquettes de salade vides et des brisures de carreau de marbre. Dans l'entrepôt de Kinna, on trouve un téléphone chiffré, mais toutes les données sont supprimées à distance peu après la saisie. On arrête même l'acheteur d'origine, l'artisan plombier. Au total, c'est 1,2 tonne de haschich qui était cachée dans les dalles de marbre : l'une des plus grosses saisies jamais réalisées par la police suédoise. La valeur marchande est estimée à plus de cent vingt millions de couronnes.

L'opération soulève des cris de joie dans le bureau de l'équipe de Vera. Anom commence à porter ses fruits. Malgré l'ampleur de la saisie, la police et les douaniers restent discrets. On sent la frustration grandir au sein du réseau criminel. Dans leurs conversations chiffrées, ils se demandent pourquoi les médias ne se sont pas emparés de l'affaire.

La compromission d'EncroChat a beau être très récente, personne ne soupçonne Anom d'être aux mains des autorités. Les trafiquants pensent simplement avoir joué de malchance.

Vera et ses collègues ont alors la confirmation que le gérant du spa doit être arrêté, lui aussi. Les chats le confirment, il est à la tête de toute l'opération et se trouve en contact avec l'homme recherché parti au Maroc. L'année précédente, il bénéficiait d'une libération conditionnelle après une condamnation pour divers délits liés à la drogue. Sur Anom, de toute évidence, il est à la fois stressé et sous le choc.

« Putain, je suis trop mal. »

Dans le chat, il précise qu'en plus du spa, on peut le relier à l'entrepôt où les dalles ont été saisies. Il prévoit de bientôt quitter le pays.

À la NOA, on décide de ne pas l'arrêter toute de suite. Avant cela, on veut réunir davantage de preuves.

31

Tandis que l'opération *Anom* bat son plein, la justice commence à traiter les affaires liées à EncroChat datant de l'hiver 2020. On s'attaque notamment à la tentative de meurtre à l'arrêt de bus de Viksjö, où un jeune de 16 ans a été recruté comme tueur à gages par la Patrouille de la Mort.

Au tribunal d'Attunda, à Sollentuna, un garçon est assis en silence. C'est lui qui s'est vu confier le meurtre de Peter, qu'il ne connaissait ni d'Ève ni d'Adam.

« Un vrai soldat », le qualifie-t-on dans les chats.

Côté police, Jacob est chargé de l'enquête en parallèle de sa traque du Renard. Grâce aux chats transmis par la gendarmerie française, son équipe parvient rapidement à identifier les trois hommes qui ont missionné l'adolescent.

Aussi bien devant le tribunal que la cour d'appel, les avocats de la défense critiquent les preuves obtenues par EncroChat à plusieurs égards, mais c'est insuffisant pour empêcher les condamnations. Pour eux, l'accès à ces discussions chiffrées transgresse la loi suédoise et aucune conclusion fiable ne peut être tirée de ces chats décousus, puisqu'ils n'ont pas été reçus dans l'ordre chronologique. En outre, argumentent-ils, la fonction de suppression d'urgence peut avoir effacé certains messages, altérant ainsi les preuves. Le tribunal tranche : « Il faut interpréter ces chats avec prudence », mais les informations qu'on en a tirées restent pertinentes pour la résolution de l'affaire.

C'est l'un des nombreux procès basés sur des preuves tirées d'EncroChat, et plus de quatre cents personnes seront condamnées.

Dans une prison de haute sécurité, je rencontre un détenu condamné sur la base des révélations d'EncroChat. L'homme mesure près de deux mètres, il a la barbe soignée et une coupe de cheveux classique. Il s'assied derrière la vitre, en face de moi. Sa longue période de détention provisoire lui a fait perdre du poids, et le temps passé ensuite en centre de détention n'a rien arrangé. Il lui reste encore quelques années à purger pour trafic de drogue aggravé. Il pose devant lui un livre de droit à la couverture rouge : *Le Pouvoir des preuves : méthode d'évaluation des preuves en affaires pénales*[1]. L'auteur est Christian Dahlman, professeur de droit à l'université de Lund. Il analyse dans cet ouvrage plusieurs affaires connues en Suède, notamment celle de Thomas Quick ou le meurtre de Lisa Holm. Le détenu assis en face de moi, la vingtaine à peine passée, a surligné des passages sur le libre examen des preuves, principe sur lequel se sont principalement appuyées les autorités pour présenter les chats chiffrés comme preuves devant les tribunaux sans tenir compte des circonstances dans lesquelles on a eu accès aux chats.

— C'était pas réglo, dit le jeune prisonnier.

Son tee-shirt clair le serre. Avec d'autres codétenus, il essaie de pratiquer du sport régulièrement. Ils s'entendent bien. Certains sont bien informés sur les affaires liées aux chats cryptés et ils en épluchent ensemble tous les aspects juridiques. Ce ne sont pas les seuls : j'ai contacté d'autres condamnés qui s'estimaient lésés par l'État. Ils n'ont même pas su comment la gendarmerie française avait accédé à ces chats, la réponse relevant du secret défense. Nombre de personnes que j'ai pu interviewer accusent les autorités d'avoir illégalement mis sur écoute des citoyens suédois, et cela avec l'aide d'autres pays, notamment la France et les États-Unis. Pour eux, c'est un « scandale judiciaire ».

« Où est passée la justice ? » s'indigne un chef de gang dans une lettre à mon adresse.

---

1. *Beviskraft : Metod för bevisvärdering i brottmål*, Norstedts Juridik, 2018.

« Les criminels ne sont-ils pas des citoyens ? N'ont-ils pas le droit à un procès juste ? » m'écrit une autre tête pensante criminelle bien connue.

Certains considèrent que les juges et jurés sont influencés par le débat politique qui prône des mesures plus strictes contre la criminalité. Dans une lettre, un criminel estime que ce n'est pas le tribunal qui l'a condamné, mais les politiciens.

« Je suis prisonnier politique », dit-il, critique envers sa condamnation pour trafic de drogue aggravé.

Selon lui, si cette violation des droits humains n'a choqué personne, c'est parce que tout le monde se félicite des nombreuses condamnations qu'a permises EncroChat.

L'avocat Thomas Olsson a représenté plusieurs criminels inculpés dans cette affaire et critique sévèrement l'usage des chats. Selon lui, les tribunaux étrangers ont été plus raisonnables et réfléchis, ils ont souligné l'usage discutable des données chiffrées et ont ouvert le débat. Alors qu'en Suède, on s'empressait de légitimer l'utilisation juridique des chats au nom de la libre appréciation des preuves.

« Comme si c'était une sorte de clause de non-responsabilité et que ça excusait tout », s'indigne Olsson.

Parmi les condamnés, on reproche aux fonctionnaires suédois d'avoir dissimulé d'importantes informations sur les opérations chiffrées, en particulier EncroChat. Le nom de Solveig Wollstad, représentante de la Suède à Eurojust, revient souvent. Elle a suscité de vives critiques, notamment pour avoir été appelée à témoigner au procès d'un gang à Göteborg, mais elle en a finalement été dispensée.

Selon Wollstad et le bureau du procureur, cette dispense s'expliquait par l'immunité diplomatique dont elle bénéficiait en sa qualité de représentante nationale de la Suède à Eurojust. En outre, on allait lui poser des questions dont les réponses étaient protégées par le secret professionnel.

Elle souligne que le choix de ne pas témoigner n'était pas de son fait, qu'elle s'est contentée d'agir selon la loi et les décisions auxquelles elle était tenue de se conformer. Elle précise que ce sont les tribunaux qui, pour toutes ces raisons, ont conclu qu'elle ne pouvait pas témoigner. En tant que procureure d'Eurojust, elle ne prenait bien sûr aucune initiative sur ce qui pouvait ou non être utilisé comme preuve, sur la façon dont il fallait mener la coopération européenne ou sur la manière dont la gendarmerie française devait travailler.

« Si les procureurs suédois avaient demandé aux Français d'intercepter ces conversations, il aurait fallu passer devant le tribunal suédois. Or ce sont les Français qui ont partagé ces informations », explique-t-elle.

La procureure, à présent à la retraite, affirme n'avoir aucune idée de la façon dont la France a eu accès aux chats, car ces méthodes relèvent du secret légal français.

— J'ai rencontré des gens, principalement des hommes, qui prétendaient le savoir. Mais je crois qu'en réalité, personne ne le sait.

Quand je rencontre le trafiquant de stups derrière sa vitre en prison, il me montre un document qui donne, à lui et à d'autres détenus en Suède, l'espoir d'un réexamen de leur cas par la Cour suprême. En Allemagne, un tribunal régional a réclamé lors d'une affaire quelques éclaircissements à la Cour de justice européenne sur le moyen par lequel les informations d'EncroChat sont parvenues aux autorités allemandes. Si la Cour de justice de l'Union européenne en venait à conclure que la transmission des données d'EncroChat était contraire au droit européen, cela influencerait la façon dont les tribunaux examineront ce type de preuves à l'avenir. Étant donné que de nombreuses affaires basées sur des preuves tirées d'EncroChat ont déjà été jugées, il ne reste pour ces condamnés que la possibilité d'une demande de réexamen. Et encore, certaines personnes compétentes considèrent que cela ne changera rien aux affaires déjà jugées, puisqu'un « changement de contexte juridique ne sera pas considéré comme une raison suffisante pour accorder un réexamen ».

Pour l'instant, les experts déterminent la valeur des chats cryptés en évoquant chaque fois la libre administration et la libre appréciation des preuves.

— La Cour de justice de l'Union européenne ne peut pas modifier les bases du droit de preuve suédois. C'est une question d'intérêt national, argumente Stefan Reimer, juge à la Cour suprême, qui a jusqu'à présent refusé l'autorisation de réexaminer les affaires liées aux messageries chiffrées.

Cependant, Ester Herlin-Karnell, professeure de droit de l'Union européenne et de droit pénal de l'Union européenne à l'université de Göteborg, estime que le regard porté par la Suède sur la façon dont on se procure certaines preuves pourrait, à terme, être influencé par les modifications législatives portées au niveau européen. Elle attend impatiemment la réponse de la Cour de justice de l'Union européenne à la question posée par le tribunal allemand et espère des précisions pour ce qui est de savoir si des preuves obtenues par EncroChat ont été partagées de façon illégale. À vrai dire, elle aurait espéré que les tribunaux suédois posent eux-mêmes cette question à la Cour de justice européenne, mais force est de constater que cela n'a pas été fait, « ni dans cette affaire ni sur bien d'autres questions ».

L'avocat Thomas Olsson déclare que plusieurs de ses collègues et lui-même ont travaillé dur pour comprendre les « questions juridiques et factuelles qui entourent les téléphones cryptés ». Ils estiment avoir développé des arguments solides remettant en question la manière dont les tribunaux traitent les chats cryptés, mais disent avoir « fait face à l'indifférence ».

Enfin, il accuse la Cour suprême d'avoir « toujours eu un temps de retard ». Il garde espoir, mais reconnaît qu'il est peu probable d'obtenir le réexamen des nombreux procès basés sur les preuves des chats chiffrés.

— La Cour suprême s'est fichue toute seule dans une impasse. Qu'est-ce qu'ils vont faire maintenant ? Ils ne peuvent pas dire : « Oups, ça ne marche pas comme ça, on va réviser le procès de Vårby. » Ça ne se fera jamais, conclut-il en riant.

32

Ne sachant encore rien de l'opération *Trojan Shield*, l'équipe Foxtrot poursuit la surveillance du réseau du Renard. Durant l'automne et l'hiver 2020, sous la direction de Jacob, ils ont effectué avec succès plusieurs saisies de grande ampleur et sont parvenus à arrêter plusieurs personnes-clés. Mais pour chaque piste creusée, deux autres apparaissent. Et aucune ne semble rapprocher la police du Renard.

L'équipe Foxtrot ne peut qu'observer passivement le narcotrafiquant pendant qu'il deale sa marchandise, mais elle le surveille dorénavant avec de nouveaux outils. Les enquêteurs soupçonnent son réseau d'exploiter désormais de vrais noms d'entreprises et des adresses e-mails proches des originales pour dissimuler les stups dans les cargaisons importées de l'étranger. Via ces entreprises piratées, ils créent des comptes clients auprès du transporteur Shiplink, qui récupère les commandes et les livre directement aux adresses renseignées. Chaque livraison porte un bordereau d'expédition mentionnant le nom de l'entreprise piratée et un numéro de téléphone pour que le client confirme la réception du paquet.

Si quelqu'un appelle ce numéro, c'est un membre du réseau du Renard qui décroche.

Quand l'équipe de Denny effectue des perquisitions à différentes adresses, elle tombe sur des bordereaux révélant des indices qui mènent à de nouveaux suspects. L'une de ces pistes émerge dans un entrepôt de Södermalm, au début du mois de février 2021, lors de la découverte de cinquante kilos de cannabis.

On découvre que le numéro de téléphone sur le bordereau correspond à un téléphone prépayé acheté dans une boutique du sud de Stockholm. Quand la police obtient les images des caméras de surveillance des lieux, ils constatent que l'achat a été fait par un homme chauve à lunettes, d'une quarantaine d'années.

Il est rapidement identifié, on obtient l'autorisation de le mettre sur écoute. Ses antécédents révèlent qu'il est divorcé, père d'un enfant et entraîneur de handball dans un club. La police a une théorie : cet homme serait devenu le premier contact du Renard en Suède après les arrestations massives de tous les autres complices par Denny et son équipe. Désormais, c'est cet entraîneur qui réceptionne les stups introduits en Suède via les Pays-Bas.

Au début du printemps se tient une réunion d'évaluation rassemblant des responsables de la circonscription du nord de Stockholm et de la NOA. Jacob décrit le dur labeur abattu par l'équipe Foxtrot et tente de convaincre de hauts responsables que le Renard est un narcotrafiquant de premier ordre qui mérite le déploiement prioritaire de ressources, y compris celles de la NOA. On prend note des adresses néerlandaises et espagnoles où l'on soupçonne le Renard de se fournir en drogue synthétique et en cannabis. Il faudrait une opération internationale pour enrayer son trafic et nuire à son réseau, ajoute Jacob.

À ce moment-là, il ignore encore que l'opération *Anom* dirigée par le FBI est en cours et nécessite également la réaffectation des ressources de la NOA.

Après des « délibérations difficiles », on répond à Jacob que le Renard ne doit pas être pris en charge par la NOA, mais par la région. Emil Eisersjö, alors chef des renseignements, compte parmi ceux qui ne jugent pas ce réseau prioritaire. Il ne considère pas le Renard si violent que cela et expliquera plus tard : « Nous avions autre chose en cours », à savoir d'autres criminels plus dangereux « qu'on pensait peut-être pouvoir attraper grâce à Anom ».

Jacob, Denny, Niklas et tous ceux qui ont consacré les dix derniers mois à traquer le Renard sont contrariés de voir que leur alerte n'est pas écoutée.

Le dossier Renard est alors renvoyé à la police de la région Nord de Stockholm. Là, l'équipe de Jacob reçoit l'ordre de mettre fin à l'opération dès que l'entraîneur de handball sera arrêté.

Pendant ce temps, on s'intéresse de plus en plus à l'entraîneur en question, toujours placé sous surveillance par les agents de la NOA. Ils le pistent sur un parking à Nacka ; il est seul dans sa voiture quand il reçoit un appel de l'entreprise Shiplink. La conversation est sur écoute et leur apprend qu'il y a un problème de livraison. Une commande expédiée d'Amsterdam à Södertälje est bloquée à Landskrona.

Shiplink aurait appelé le numéro du destinataire indiqué sur le bordereau, c'est-à-dire celui d'une carte prépayée, et personne n'a décroché. Shiplink s'est donc renseigné sur l'entreprise indiquée comme ayant passé commande, et l'a contactée. L'entreprise en question a répondu qu'elle n'a jamais fait appel à Shiplink, elle ignore visiblement que son nom a été usurpé par des trafiquants.

L'entraîneur assure que c'est un malentendu, il convient d'un accord avec Shiplink en payant immédiatement la facture pour que le colis soit livré dans une zone industrielle de Södertälje.

L'analyse des conversations sur écoute prend du temps, c'est pourquoi l'équipe de Denny met plusieurs jours à apprendre qu'une livraison de stups est prévue à Södertälje. *Comme d'habitude*, s'agace Denny, frustré de constater que la police a toujours un temps de retard. Cependant, il a bien conscience que ses huit enquêteurs ne peuvent pas être partout. Ils ont eux-mêmes pris l'initiative de cette chasse au Renard, font des heures sup' pour fouiller ses relations, suivre ses pages sur les réseaux sociaux et fouiller les entrepôts et appartements suspects. Ils commencent à avoir du flair, la traque de tous ces « renardeaux » les obsède et ils espèrent tomber un jour sur l'alpha de la meute.

C'est un dimanche de repos que Denny et son collègue se rendent dans la zone industrielle de Södertälje. L'endroit est calme, il n'y a pas un chat. Arrivés à l'entrepôt, ils remarquent que le loquet des grandes portes noires en accordéon vient d'être remplacé. Il y a des copeaux de fer par terre et, à droite de la porte, un carton contient un sac renfermant des clés qui correspondent au nouveau loquet.

Un coursier envoyé par l'entraîneur est déjà venu récupérer le colis, mais Denny et son collègue sont sur une bonne piste : ils ont découvert l'un des nombreux points de livraison du réseau. On découvrira plus tard un autre bordereau de livraison reliant le dépôt de Södertälje à l'entraîneur de handball.

Grisés par ce bond en avant, les agents se renseignent sur tous les trajets en taxi concernant cette zone industrielle. Par chance, la zone a très peu d'intérêt et les trajets ne sont pas nombreux. Denny apprend qu'un taxi du centre de Stockholm est venu deux fois jusqu'ici ces derniers jours. La seconde fois, le taxi a fait le trajet retour au bout de quatre heures. La réservation indique que celui que l'on soupçonne de servir de nourrice au réseau a pris le taxi au *Forenom Aparthotel* sur Johannesgatan, près de Stureplan.

On ne tarde pas à retrouver sa trace.

Denny et son collègue tentent leur chance : ils appellent l'hôtel pour connaître les noms des clients présents le jour de ce trajet en taxi.

— Vous pouvez répéter ? demande le binôme de Denny au téléphone.

— Rodrigo.

Cela correspond au nom du client du taxi pour Södertälje. Ils tiennent quelque chose.

Malgré toutes les arrestations et les quantités astronomiques de drogue saisies ces derniers mois, la région reste le théâtre de fusillades mortelles. Cela doit passer avant le trafic de stups. Deux jours plus tard, l'équipe s'attelle ainsi à la surveillance de personnes soupçonnées d'être impliquées dans l'un des nombreux meurtres, mais sur le terrain, il ne se passe rien de plus, et avant de terminer son service, le collègue de Denny rappelle la compagnie de taxi pour voir si d'autres voyages ont été effectués par Rodrigo.

Il ne s'attendait pas à cette réponse :

— Il vient juste de réserver un taxi pour Märsta.

On s'éloigne de la mission, mais tant pis : l'équipe de Denny décide d'envoyer la moitié de ses effectifs à Märsta, avec l'accord de Jacob et d'un autre responsable, bien que celui-ci n'ait aucune autorité sur cette équipe.

Denny s'empresse d'appeler ses enquêteurs par radio.

Martina, nouvelle recrue qui vient de rejoindre le commissariat de Rinkeby et qui reprend son service une demi-heure plus tard, reçoit l'ordre de se rendre à Märsta avec un collègue. Les deux agents se préparent à la hâte et sautent dans une voiture banalisée.

Pour gagner du temps, Denny donne l'ordre au reste de l'équipe de les rejoindre au plus vite.

Il prend par ailleurs la décision de perquisitionner la chambre louée par Rodrigo à l'appart-hôtel de Forenom, rue Johannesgatan, où il envoie deux autres agents. Il n'y a personne dans la chambre, mais les policiers tombent sur un butin. Dans un placard et dans un sac en tissu glissé sous le lit, ils découvrent treize kilos de cocaïne emballés et estampillés des lettres CD ou de l'image de cobra. Ils mettent également la main sur de l'argent liquide et sur neuf kilos de MDMA emballés dans de l'aluminium. Dans un sac posé sur le plan de travail du coin cuisine, on trouve un lecteur de carte bancaire lié à Rodrigo, avec une carte bleue à son nom. Il s'agit d'un jeune homme originaire de Hässelby, au nord-ouest de Stockholm. Dans l'immédiat, il s'est évanoui dans la nature, sans doute parti à Märsta en taxi pour livrer un client.

Les deux enquêteurs ont pour ordre de rester à l'appart-hôtel en attendant le retour de Rodrigo, pendant que Martina et son binôme arrivent dans la zone de Märsta où se rendait le taxi. Il fait sombre et les enquêteurs ne savent pas exactement à quoi ressemble l'homme qu'ils recherchent. Juste devant eux, il y a le *Bokloster*

Villahotell, un bâtiment blanc à deux étages avec son parking extérieur. Au coin de la rue, un appart-hôtel appartient à la même chaîne que celui de la rue Johannesgatan.

Après avoir ratissé la zone à pied, les deux agents se séparent. Martina retourne dans la voiture et surveille la rue pendant que son collègue entre dans l'appart-hôtel. Elle remarque une voiture garée depuis un moment, dont le moteur tourne. Un homme est assis derrière le volant pendant que son ami fume dehors dans le froid, visiblement tendu. Martina rapporte la situation par radio pour tenir son collègue informé.

— Je vais contrôler un véhicule, dit-elle en essayant de lire la plaque d'immatriculation depuis sa planque, sans succès.

Elle aperçoit alors un homme imposant qui sort du *Bokloster Villahotell*. La veste ouverte et la démarche assurée, il monte à l'arrière du véhicule toujours en marche.

— Un homme vient de sortir.

Par expérience, Martina sait que les transactions se déroulent généralement comme ça. La came est remise, vérifiée, puis payée. C'est ce qu'il se passe en ce moment même, pense-t-elle.

— Je vais les contrôler, répète-t-elle en se dépêchant de sortir.

Dans la rue éclairée par les lampadaires, elle s'approche du véhicule d'un pas pressé, la main sur la crosse. Ce qu'elle ignore, c'est que la radio n'a pas marché. Cela arrive parfois, mais là, c'est très mal tombé. Son collègue n'a pas reçu l'info sur ce qu'elle s'apprêtait à faire.

Pour ne pas laisser le temps au chauffeur de comprendre et de s'enfuir, elle ouvre la portière à la volée et déclare sèchement :

— Police !

À l'arrière, le jeune homme ouvre sa portière et fait un mouvement avec sa veste, que Martina interprète comme l'intention de dégainer une arme. Au lieu de cela, il se jette sur elle et la bouscule. Elle l'attrape par sa veste, essaie de le faire tomber, mais il résiste et se débat. Comme elle le maintient fermement, elle ne peut pas appeler son collègue par radio. Rechignant à le lâcher, elle se rappelle quand même qu'il reste deux hommes dans la voiture, elle essaie alors de se retourner pour ne pas leur tourner le dos, au cas où ils lui sauteraient dessus. Soudain, la voiture démarre alors qu'elle se débat encore avec le jeune, qui se met à paniquer en les voyant partir. Il recule et lui donne un violent coup de poing dans le nez. Martina titube, mais résiste à la douleur cuisante qui fait grimper son adrénaline en flèche.

Entre-temps, son collègue est revenu à la voiture et l'a vue accuser le coup.

— Collègue en difficulté ! crie-t-il à la radio en se ruant pour plaquer l'homme à terre.

À deux, ils parviennent à lui passer les menottes malgré sa vigueur. Ce n'est qu'avec le renfort de deux autres policiers qu'ils arrivent finalement à le neutraliser.

Il s'appelle Jerker et a jeté par terre au moment de l'interpellation deux sacs remplis de poudre blanche. Dans une chambre d'hôtel, on découvre d'autres lots de cocaïne emballés dans du plastique rouge avec les mêmes lettres CD qu'à l'appart-hôtel du centre-ville. Au total, c'est sur un kilo de coke que le tribunal statuera quand il jugera Rodrigo pour le lot apporté en taxi peu de temps avant l'arrivée de la police. Les deux hommes dans la voiture étaient les clients de Jerker, à qui il comptait rapidement remettre la commande.

Pendant que la police collecte des preuves à Märsta, les deux enquêteurs restés dans la chambre d'hôtel au centre-ville attendent le retour de Rodrigo, qui ignore encore que les autorités ont découvert sa planque. Le temps passe, les familles commencent à demander quand les policiers rentreront chez eux. Ils n'en ont aucune idée. Vers 23 heures, ils entendent une clé dans la serrure. La porte s'ouvre sur Rodrigo et aussitôt les agents crient : « Police ! » en le plaquant au sol. Il n'a même pas le temps de réagir.

Au retour au poste de l'équipe de Denny après l'interpellation de Rodrigo et Jerker, les policiers peuvent se féliciter d'avoir saisi quatorze kilos de cocaïne et neuf kilos de MDMA en l'espace d'une soirée. Denny s'attend à un accueil chaleureux, à un gâteau et à des tapes dans le dos. Ils ont retiré des rues l'équivalent de milliers de couronnes en stups. Au lieu de cela, les supérieurs passent un savon à leurs agents.

— Il faut savoir respecter les limites, s'entend dire Denny.

Jacob s'entretient avec son chef, qu'il aimerait convaincre que l'approbation de cette opération était une bonne chose ; mais on lui reproche d'avoir dirigé la manœuvre et encouragé Denny à abandonner ses autres affaires en cours pour remonter cette piste. Ce qui agace surtout ses chefs, c'est qu'il a pris l'initiative sans l'accord de sa hiérarchie, alors que ses enquêteurs étaient initialement chargés de surveiller des personnes impliquées dans des guerres de gangs qui sévissent à Järva.

Denny a une formation d'ambulancier, il s'est retrouvé plusieurs fois premier sur les lieux de fusillades. Dans le conflit qui opposait le réseau Shottaz à la Patrouille de la Mort, il a tenté en vain de sauver Izzy, la première victime du conflit, ainsi qu'Atto, originaire de Malmö et abattu à Tensta par des complices de Shottaz, leader du gang qui porte son nom, selon l'enquête de la police. Shottaz était d'ailleurs un ami très proche du Boxeur.

Plusieurs agents défendent l'opération du jour à Järva ; ils insistent sur le fait que ça a été un succès, et ce avec seulement la moitié des effectifs. Les esprits s'échauffent, on s'emporte et Jacob est contrarié. Cette conversation marquera une fissure entre lui et la hiérarchie de ce commissariat.

Mais Jacob et Denny restent convaincus qu'ils ont pris la bonne décision. Peu importe ce qu'en disent leurs supérieurs, ils ont la conviction que le réseau du Renard doit être démantelé. Ils veulent seulement faire leur travail. Pour Jacob, c'est la goutte d'eau qui fait déborder le vase après des années de ressentiment à l'égard de ses chefs, en particulier ceux de la circonscription de Solna. À croire que la direction refuse d'entendre que le trafic de stups alimente les violences meurtrières qui secouent la société. Les sommes d'argent faramineuses générées par le deal sont un carburant pour la cupidité, les dettes, les conflits et le désir de vengeance.

— Ça ressemblerait à quoi, si je laissais quatorze kilos de coke dans une chambre d'hôtel sans rien faire ? Ce serait vendre mon âme de flic, considère Denny.

Le chef qui s'est confronté à Jacob se défend : en tant que responsable, il se doit de prendre de la hauteur sur la situation quand il se passe autant de choses à la fois. Et il s'est agacé du « manque de collaboration », mais bien entendu, l'investissement des enquêteurs dans cette opération était honorable.

Entre la leçon de morale qu'on lui a donnée et le refus de la NOA de faire passer le Renard en priorité, Jacob ne pourra avaler la pilule qu'en tournant la page. Mais d'abord, il doit terminer plusieurs affaires qui dépendent de l'équipe Foxtrot. Il faut savoir prendre son mal en patience.

Le téléphone de l'entraîneur de handball sur écoute renseigne l'équipe Foxtrot sur plusieurs membres du réseau du Renard.

Après l'interpellation de Rodrigo et la découverte de l'entrepôt de Södertälje, l'entraîneur cherche de nouveaux points de stockage où faire livrer sa marchandise. Il en trouve un à Lillvreta, près d'Uppsala ; la police, réactive, installe une caméra cachée et envoie des patrouilles régulières dans le quartier. L'entraîneur embauche de nouveaux coursiers pour réceptionner les livraisons et gérer le deal auprès des clients.

Dès l'arrivée du transporteur, la police lance la perquisition du lieu et la fouille des complices de l'entraîneur. Elle découvre un total de cent cartons bleus contenant huit cent cinquante kilos de tahini, une crème de sésame utilisée en assaisonnement ; mais ces cartons renferment aussi des emballages en plastique contenant quatre-vingt-dix kilos d'amphétamines, près de neuf kilos de cocaïne et sept kilos de « crystal », une méthamphétamine dont les jeunes fêtards d'Uppsala sont de plus en plus friands.

Pendant que tous les complices de l'entraîneur tombent comme des mouches, ses conversations sur écoute en révèlent encore davantage. Il tente d'inciter un ancien criminel à enlever deux enfants pour faire chanter une famille de riches et se faire un paquet d'argent. La famille en question, l'entraîneur la connaît par l'école et le handball. La police en déduit qu'il est désespéré, les saisies de plusieurs millions de couronnes en stups ont dû le couvrir de dettes.

À la fin du mois de mars, l'équipe de Jacob a du nouveau. L'entraîneur, toujours sur écoute, passe un coup de fil depuis sa voiture. Il n'a pas la même voix que d'habitude ; que se passe-t-il ?

Ils comprennent qu'il s'adresse à un policier.

Ce que l'équipe de Jacob ignore, c'est que l'entraîneur a déjà pris contact avec la police avant la livraison à Lillvreta. Au péril de sa vie, il a proposé de devenir informateur pour la police, révélant qu'il savait des choses sur l'importation de stups en Suède et pouvait même fournir des infos sur son commanditaire : le Renard. Il raconte comment le Renard contrôle tout depuis l'étranger, qu'il a un parent à Uppsala pour « cacher des choses » et gérer l'argent.

Au bout du fil, le policier lui transmet un numéro de téléphone sécurisé avec l'instruction de ne plus perpétrer aucun crime ni pousser quiconque à en commettre. Il devra se contenter d'écouter, puis de transmettre à la police tout ce qu'il apprend.

L'équipe Foxtrot constate qu'il transmet de bonnes infos, puisqu'il raconte tout au sujet de Lillvreta. Il semblerait qu'il craigne de finir à son tour derrière les barreaux. Après tout, les complices du Renard sont tous tombés.

Il touche un salaire du club de handball où il travaille, c'est un entraîneur apprécié. Mais ce que beaucoup ignorent, c'est qu'il est endetté à hauteur de plus d'un demi-million de couronnes. Chaque mois, l'agence de recouvrement prélève 9 117 SEK sur son salaire.

D'après la police, il aurait commencé à travailler pour le Renard après qu'un ami au courant de sa dette l'a contacté pour lui proposer de se faire plus d'argent. On avait besoin d'un mec réglo qui parlait bien suédois et pouvait être le contact de la société de transport pour toute la gestion téléphonique. Fin mars, il est arrêté et condamné à huit ans d'emprisonnement. Le fait qu'il soit sorti de l'échiquier est une victoire pour Jacob et ses enquêteurs du commissariat de Solna, quoi que dise la NOA sur ce qu'ils sont censés prioriser.

33

Le téléphone de Denny sonne. C'est un collègue de la cellule renseignements, qui lui annonce qu'un crime est sur le point d'être commis à midi sur le parking sud de la gare de Bro, sur la commune de Upplands-Bro, à quarante kilomètres au nord-ouest du centre de Stockholm. Denny est loin de se douter que ce tuyau provient d'Anom, mais il fait confiance à son confrère. Il envoie Erik et d'autres agents sur les lieux.

C'est un jour froid d'hiver en ce début d'année, et parallèlement à toutes les autres opérations de surveillance en cours, on observe un homme vêtu de noir, la trentaine, quittant le parking pour rejoindre la petite zone industrielle qui borde la gare. Il y a peu de monde, on peut facilement voir ce qu'il se passe. À une centaine de mètres de là, Erik surveille l'homme en noir et attend son retour pour le contrôler. Pendant ce temps, un pick-up équipé d'une grue s'immobilise devant la gare, sans éteindre le moteur. Une dizaine de minutes plus tard, l'homme en noir revient avec un sac qu'il ne portait pas un peu plus tôt. Il s'approche du chauffeur du pick-up, discute quelques secondes et jette le sac à l'arrière. Depuis son poste de guet, Erik regarde s'éloigner le pick-up et appelle un collègue pour qu'il arrête le véhicule un peu plus loin. Dans le sac, on découvre dix kilos d'amphétamines très diluées.

Entre-temps, le jeune homme qui repartait vers la gare est interpellé par la police. Il est rapidement identifié ; Oliver habite dans le quartier d'Årsta, à Stockholm.

Après l'interpellation, Erik et son collègue retournent dans la zone industrielle où se trouvent une dizaine de garages et un club de motards. Une pelle gît devant l'une des portes de garage, ce qui éveille la curiosité d'Erik. Il essaie de regarder au travers d'une vitre en plexiglas brisée, mais ne voit rien.

Il frappe.

Aucune réponse.

Ils écartent la pelle et font coulisser la porte. La première chose qu'Erik aperçoit, c'est un pistolet de la marque Glock posé sur une armoire. Ils referment la porte derrière eux pour effectuer la perquisition pendant qu'un collègue monte la garde dehors. Quelqu'un finira par venir, car deux matelas et des draps sont installés sur le sol. Dans un coffre-fort, les policiers trouvent une autre arme et des munitions ; enfin, dans plusieurs tiroirs sont stockés une quinzaine de kilos d'amphétamines et plusieurs centaines de milliers de couronnes en espèces.

— Quelqu'un arrive, les avertit-on soudain à l'oreillette.

Erik sort son arme. Dehors, un homme torse nu avec une croix gammée tatouée sur le ventre jette un bref coup d'œil par la vitre brisée, mais n'a l'air de se douter de rien. Il ouvre rapidement la porte et est aussitôt arrêté par les policiers. Il s'appelle Teemu, c'est un citoyen finlandais qui est la figure de proue d'un vaste réseau criminel. Il rentre d'un sauna, dans le club de bikers voisin. Peu après, une femme arrive, elle est arrêtée à son tour.

Quand Oliver a été interpellé, il était en train d'utiliser son téléphone, et il s'est trouvé tellement pris au dépourvu que les agents ont pu se saisir du portable avant qu'il ne soit verrouillé. Ce n'est pas n'importe quel téléphone. C'est un Sky ECC. Un agent se rend immédiatement au poste de Kungsholmen pour remettre le portable à des techniciens.

Ceux-ci mettent une semaine environ à en tirer toutes les informations possibles, qu'ils transmettent ensuite à l'équipe Foxtrot. On apprend ainsi qu'Oliver a récupéré une commande de stups pour un certain SAS, mais rien ne permet d'identifier la personne derrière ce pseudo. Les enquêteurs ont beau avoir réussi à saisir un Sky ECC déverrouillé, ils sont déçus. À ce stade, l'opération aura tout de même permis d'arrêter les personnes de la zone industrielle sans avoir à donner les noms des autres suspects sur lesquels ils travaillent. La police veut éviter de divulguer en audience de détention provisoire ou devant un avocat qu'elle a eu accès au contenu du téléphone Sky ECC ; l'info ne doit surtout pas arriver aux oreilles des criminels.

Jacob propose à l'enquêteur Thorbjörn de passer à d'autres pistes sur EncroChat. Il reste des milliers de messages à examiner, et cela ne représente qu'une infime partie des enquêtes en cours, sans parler de l'affaire de l'entraîneur de handball ou d'autres membres du réseau du Renard. Mais Thorbjörn ne baisse pas les bras, il relit les messages du téléphone Sky ECC d'Oliver une dernière fois. Une phrase l'interpelle, c'est une question étrange que pose l'alias SAS à Oliver.

« Frère tu peux garder Spex du 20 au 28 déc ? J'ai besoin d'un *cat sitter* »

Visiblement, Oliver et SAS se connaissent personnellement. Thorbjörn retente d'identifier SAS en écumant une fois de plus le téléphone d'Oliver. Pendant six heures, il pousse ses recherches avec The Hellacopters à fond dans les écouteurs, quand il tombe enfin sur le message d'une femme évoquant un chat nommé Spex. Dans cette conversation, Oliver s'est porté volontaire pour garder son chat. Il découvre par ailleurs une photo de Spex qu'Oliver envoie à la femme.

C'est forcément le même chat, il ne peut pas y avoir deux Spex, se dit Thorbjörn.

Il se renseigne sur le numéro de cette femme. Le nom correspond à celui que mentionne Oliver dans les messages, mais Thorbjörn veut s'assurer qu'une seule personne utilise ce numéro. Il essaie d'appeler en numéro masqué. Après plusieurs tentatives, elle finit par décrocher en donnant son nom en guise de bonjour.

— Excusez-moi, c'est un faux numéro, répond Thorbjörn avant de raccrocher.

C'était la confirmation qu'il attendait. Après quelques recherches, il découvre qu'elle a vécu en concubinage avec un certain Lars, à une adresse déjà signalée pour circulation de drogue.

Il présente sa découverte à Jacob qui est déjà sous pression, il doit conclure les affaires en cours s'il veut pouvoir passer à autre chose. Thorbjörn obtient toutefois une petite équipe pour le week-end. Il n'aura qu'à leur indiquer les pistes découvertes et les personnes à surveiller.

Il prépare un PowerPoint pour les onze agents qui lui sont attribués. En guise d'image d'introduction, un jouet : un petit avion orange et blanc, sous lequel est titré « Opération SAS ». La diapositive suivante annonce la mission : « Localiser le chat Spex et arrêter son propriétaire ! »

Cela provoque les rires des enquêteurs.

— On a deux jours. Vendredi, observation. Samedi, on passe à l'action, annonce Thorbjörn.

Puis le groupe se divise en deux équipes. La première se poste devant l'immeuble de la propriétaire du chat et rapporte par WhatsApp qu'elle est là, qu'elle sort faire des courses et rentre chez elle. Pour l'instant, Jacob considère que ce n'est pas la peine d'aller frapper à sa porte. Pendant ce temps, la seconde équipe surveille le bâtiment de Lars et signale du mouvement. Il se change, regarde par la fenêtre et s'apprête à sortir.

— Tenez-vous prêts, écrit l'un des enquêteurs sur le groupe.

La police doit avoir de bonnes raisons de contrôler Lars. Mais cela n'est pas l'étape la plus compliquée. Il suffit de s'approcher de son appartement, ce que font les enquêteurs. Si, par exemple, ils peuvent le soupçonner d'être sous l'emprise d'une drogue, cela suffit pour justifier la perquisition de son domicile afin d'y chercher des stups. Quand Lars sort de chez lui et prend sa voiture, la police a vite fait de l'interpeller. À l'audience, l'enquêteur expliquera qu'ils l'ont arrêté pour avoir roulé à contresens dans une ruelle à sens unique.

Pendant l'interpellation, un téléphone se met à biper sur le tableau de bord. C'est un téléphone Sky ECC. Lars paraît nerveux, il a la bouche sèche. On le soupçonne d'être sous l'emprise d'une drogue, la perquisition s'impose.

Chez lui, on découvre beaucoup d'argent en liquide et d'autres téléphones, mais aucune trace de drogue. Quand les agents examinent l'un de ses portables, ils tombent sur des photos, notamment celle d'un chat.

— Il est à vous ?

— Non. C'est Spex, le chat de mon ex, répond Lars.

Thorbjörn et les autres policiers échangent un regard. Ils ont assez de preuves pour procéder à une arrestation, mais Jacob préfère attendre, c'est stratégique. Ce week-end, la permanence sera assurée par un substitut du procureur qui n'est pas au courant de l'affaire, or c'est lui qui débattrait sur le placement en détention.

C'est donc deux semaines plus tard que Lars est arrêté. Comme il s'est séparé de son ex-petite amie l'été précédent, les enquêteurs estiment qu'elle n'a aucun lien avec l'affaire.

Quelques jours après l'arrestation de Lars, Thorbjörn rend visite à l'ex-compagne pour l'interroger. Ils s'installent dans la cuisine. Elle lui raconte qu'elle a vécu avec Lars jusqu'à l'été 2020. Ils ont alors rompu parce qu'il était devenu « bizarre » et « distant ». Et puis, elle en avait marre qu'il utilise un téléphone dont l'interface n'était pas comme les portables classiques. Elle a fini par lui poser un ultimatum.

— Soit ce téléphone sort de mon appartement, soit tu sors de l'appartement avec ce téléphone.

À la suite de cela, il lui a caché le portable.

L'enquêteur s'intéresse alors au chat.

— Spex a-t-il déjà été gardé par un ami ?

— Oui, Oliver, un copain de Lars.

Il apprend que cet Oliver a gardé le chat à plusieurs reprises. La jeune femme, perplexe, se tourne vers Spex qui passe dans la cuisine.

— Qu'est-ce que tu as fait pour que la police s'intéresse autant à toi ?

Thorbjörn lui explique que le chat a été mentionné dans une enquête.

Il prend plusieurs photos de Spex, notamment quand l'animal se tient près d'une table en marbre à côté d'un vase au contour doré. Une photo du même genre avait été retrouvée dans le téléphone de Lars. C'est une preuve de plus pour associer Lars à l'alias SAS sur Sky ECC.

Les enquêteurs s'intéressent aux différents membres de la conversation sur cette livraison. Il semblerait que d'autres personnes soient impliquées. Il reste beaucoup à faire, mais l'heure tourne et l'équipe Foxtrot sera bientôt dissoute.

Les policiers soupçonnent de plus en plus Lars et l'un de ses amis d'être en contact direct avec le Renard. À la mi-mars 2021, la police suédoise apprend que le service de messagerie chiffrée Sky ECC a lui aussi été compromis par d'autres polices européennes. Cette fois, l'enquête est assurée par les autorités françaises en collaboration avec la Belgique et les Pays-Bas, deux pays devenus de gros importateurs de cocaïne en Europe.

Comme pour EncroChat, les serveurs de Sky ECC sont situés à Roubaix. C'est pourquoi le jeune procureur Alexandre, à Lille, est de nouveau chargé de l'affaire. Il participe à la mise en place des interceptions avant de confier le dossier à la police nationale de Paris, car de son côté, il n'en a pas terminé avec EncroChat.

Cette fois, aucun autre pays n'a été invité à rejoindre l'opération, bien que Sky ECC compte 170 000 utilisateurs à travers le monde et que trois millions de messages transitent chaque jour par cette plateforme. Par conséquent, la police suédoise n'a pas pu suivre ces communications en direct, alors que des milliers d'utilisateurs sont sur son sol.

Pourquoi les polices d'autres pays n'ont-elles pas eu accès à ces chats ? C'est une question que se posent plusieurs acteurs du milieu judiciaire à travers le monde. Des confrères des quatre coins du monde s'en agaceront encore longtemps, car pour eux, c'est une occasion perdue de prévenir de graves crimes dans leur pays.

Quand les chats d'Anom et de Sky ECC seront partagés avec la police suédoise, celle-ci comprendra mieux certains événements visés par plusieurs enquêtes en cours.

Ils auront notamment des explications sur la livraison opérée en gare de Bro. L'affaire serait partie d'un client mécontent. Teemu, le Finlandais tatoué d'une croix gammée, aurait acheté de mauvaises amphétamines et demandé à pouvoir les revendre. Parmi ceux qui jouent un rôle important dans l'affaire, il y a le Forgeron, père de famille, qui roule en Tesla et habite dans une maison du sud de Stockholm. Après la plainte contre Teemu, le Forgeron aurait rapidement trouvé un nouvel acheteur sur Anom. Un ami dans le BTP réputé pour sa bonne humeur.

Entre-temps, le Forgeron demande à son ami Lars de se charger du deal avec l'aide d'Oliver – qui touchera sept mille couronnes pour ce service.

« Retrouve le Finlandais à l'endroit habituel », dit-on à Oliver.

Le code, ce sera « Frodon ».

Si l'équipe Foxtrot s'intéresse particulièrement au Forgeron, c'est à cause du ton familier avec lequel il s'adresse à un autre utilisateur de Sky ECC, que la police soupçonne d'être le Renard. Ils discutent d'armes que le Renard souhaite obtenir, mais le Forgeron lui demande des services en échange.

Pourra-t-il toucher cinq mille euros ?

Oui.

Le Forgeron veut savoir où on lui remettra « le pognon ».

« À Uppsala », lui répond le présumé Renard.

« Au kiosque à glaces ? » demande le Forgeron avant de réclamer une glace en plaisantant.

« Tu me tues frère haha », répond le Renard.

Le Forgeron indique que le mot de passe de cette transaction sera « Bouseux » et demande à qui Lars devra s'adresser.

« Pas de code. Ce sera ma daronne », répond le Renard avant de donner l'adresse du kiosque à Uppsala, généralement tenu par sa mère.

À peine quelques jours plus tard, la police ouvre une enquête contre les parents du Renard, ainsi que le retraité qui travaille bénévolement au kiosque. On découvre chez ce dernier de grosses sommes d'argent liées aux activités criminelles du Renard, ainsi qu'une enveloppe de cinq mille euros portant les empreintes de Lars et de Teemu.

Pendant tout ce temps, évidemment, Denny suivait toute l'affaire sur Anom. Sans que la police locale ne soit au courant, la NOA gardait un œil sur ce trafic.

Quant à l'anonyme de bonne humeur qui a racheté les mauvaises amphétamines du Forgeron et envoyé un coursier prénommé Kent, on a fini par l'identifier.

Il s'agit de Robin, soi-disant ancien soldat d'élite de la Légion étrangère en France, devenu PDG d'une entreprise de BTP avec un chiffre d'affaires de plus d'un demi-million de couronnes suédoises. Il est surveillé par l'équipe Foxtrot, car il est mentionné par Kent quand celui-ci va récupérer les amphétamines avec le pick-up de son entreprise. Il ne comprend pas ce que son collègue faisait à Bro, peut-être qu'il « récupère un outil ».

— On le soupçonnait depuis longtemps, mais on n'avait pas assez de preuves, m'expliquera Niklas de l'équipe Foxtrot.

À la suite de l'opération de l'entrepôt dans la zone industrielle, Robin est interrogé en tant qu'employeur de Kent, arrêté avec dix kilos d'amphétamines.

La NOA a d'autres raisons de garder cet ancien légionnaire à l'œil. Plus tard, il sera condamné pour avoir acheté des amphétamines à Maximilian Rivkin, l'influenceur qui vend les services d'Anom. Rivkin propose la marchandise et négocie les prix.

« J'ai pas dealé une came aussi pure depuis deux ans », écrit Robin à Rivkin.

En outre, on le soupçonne de collaborer avec un ami d'Abdul Haleem, qui serait lui aussi impliqué dans le meurtre de Sascha sur le pont d'Årsta. Les agents de la NOA suivent les discussions avec une vue d'ensemble, et se rendent compte que de nombreux réseaux font affaire d'une façon ou d'une autre. L'un des nombreux criminels visés par cette enquête le confirmera :

— Ils ont mis le doigt sur une affaire plus massive que tout ce qu'on peut imaginer. C'est un véritable réseau de cartels.

34

L'air est encore frais en cette nuit du 7 juin 2021 quand les éléments d'intervention de la police nationale se planquent dans les bois qui cernent une maison à Haninge, au sud de Stockholm. Ces derniers mois, après le démantèlement de Sky ECC, des milliers de nouveaux utilisateurs ont rejoint Anom, mais c'est bientôt terminé. Aujourd'hui, l'opération *Anom* doit se conclure sur des actions synchronisées dans le monde entier.

Les agents de planque transmettent le numéro des plaques d'immatriculation de plusieurs véhicules stationnés devant la maison. L'opération vise Robin, 32 ans, à la tête d'une entreprise de travaux publics et ancien légionnaire, soupçonné de tremper dans un trafic de stups.

L'intéressé ayant évoqué son passé militaire dans les discussions, on le soupçonne d'être armé. Des renforts sont mobilisés. L'unité d'intervention attend le feu vert pour frapper et se tient prête à agir si la cible cherche à s'enfuir. Robin serait alors interpellé.

En revanche, s'il coopère sans discuter, l'opération se poursuivra comme prévu pendant les vingt-quatre heures suivantes, avant que les polices de seize autres pays ne frappent simultanément les criminels identifiés grâce à Anom.

Pendant ce temps, Vera, coordinatrice de la partie suédoise de l'opération *Anom*, prépare le dîner chez elle à La Haye, dans son petit appartement où elle loge non loin du siège d'Europol lorsqu'elle y travaille en présentiel. Ces dernières semaines, elle les a passées ici, à tenir des réunions quotidiennes avec ses homologues étrangers. Ce fut la période la plus excitante de sa carrière.

Grâce à elle, le FBI a accepté de travailler avec Europol. Elle a aidé les fédéraux américains à rédiger la demande de collaboration. Contrairement à EncroChat, où la Suède avait rejoint l'opération au bout d'un mois, elle joue cette fois un rôle central en tant que partenaire européenne du FBI. C'est d'ailleurs elle qui envoie les invitations à rejoindre l'opération.

Vera est fière d'elle et de sa police, qui a prouvé son efficacité par de nombreuses condamnations basées sur les informations obtenues sur EncroChat.

Anom sera une nouvelle opportunité de montrer ce dont les autorités suédoises sont capables. Elle repense à quel point c'était difficile de coopérer avec l'Espagne ou les Pays-Bas quand les saisies concernaient des dizaines de kilos de cocaïne. Ses confrères le prenaient par-dessus la jambe, eux qui traitaient le trafic de stups par tonnes transitant par cargos depuis l'Amérique du Sud. Ils n'arrivaient pas à comprendre que dix kilos de coke, pour les criminels suédois armés et meurtriers, c'était beaucoup et que cela posait bien plus de problèmes que dans d'autres pays européens.

Dès le départ, en septembre 2020, le FBI a été clair : l'opération *Anom* se terminera le 7 juin 2021. C'est le délai maximal qu'ils ont pu obtenir pour collecter des informations dans le pays où se trouvaient les serveurs d'Anom.

C'est déjà long pour maintenir le secret d'une opération internationale.

Fin mai, la tension monte à Europol. À son retour de vacances, Vera constate que les criminels s'inquiètent, certains soupçonnent même Anom d'être corrompu, et le démantèlement de Sky ECC n'arrange rien à l'affaire. Heureusement, les influenceurs de la pègre continuent de propager l'idée formelle qu'Anom reste la plateforme la plus sécurisée au monde.

Pour Vera, le pire scénario serait que les criminels cèdent à la panique et jettent leurs téléphones. Mieux vaut anticiper. Elle demande à tous ses agents suédois de rassembler leurs « kits d'information », à savoir tous les éléments nécessaires pour arrêter les utilisateurs d'Anom qui leur paraissent prioritaires. La liste compte une soixantaine de suspects.

Elle travaille jusque tard à Europol et passe ses soirées dans son petit appartement chichement meublé. Cette vie sans fioritures lui plaît, elle peut rencontrer des gens des quatre coins du monde, tous aussi passionnés qu'elle par leur travail. Toute La Haye étant à l'arrêt à cause de la pandémie, ses repas du soir sont frugaux, à peine un peu de poisson et de légumes réchauffés qu'elle engloutit devant *Say yes to the dress*[1], cette émission où les futures mariées cherchent la robe idéale.

Après de longs mois intenses, c'est le grand jour. Vera n'a pas fermé l'œil de la nuit et se réveille à 2 heures du matin, horaire auquel Anom est démantelé. Une heure plus tard, elle rejoint son équipe à Europol. Tout le monde est sur le pied de guerre. Quel soulagement de pouvoir enfin agir. Vera se sert un café et pose un Coca Zéro et un peu de tabac à chiquer près de son clavier. Pas le temps pour un vrai repas.

En Suède, ses collègues sont prêts à 4 heures du matin. Dans tout le pays, les policiers se préparent. De nombreux enquêteurs sont déployés dans des lieux-clés sans savoir encore pourquoi ni d'où proviennent leurs renseignements. Ils sont habitués à cette chape de mystère depuis l'affaire EncroChat.

L'équipe Foxtrot, dissoute après la série d'arrestations du printemps pour la traque du Renard, doit prendre son mal en patience ; on n'arrive toujours pas à atteindre la tête pensante du réseau, mais les choses bougent. On appelle des spécialistes venus des quatre coins du pays qui ne savent pas encore de quoi il s'agit.

Sur la liste de la NOA, parmi la soixantaine de noms à interpeller pour l'opération *Trojan Shield*, il y a Robin, l'ancien légionnaire.

---

1. N.d.T. : *J'ai dit oui à la robe* en France.

L'équipe Foxtrot le connaît bien depuis qu'elle a repéré son nom en début d'année, quand les enquêteurs de Denny ont arrêté plusieurs coursiers dans la zone industrielle de Bro pour la livraison de dix kilos d'amphétamines. Les chats d'Anom ont permis de savoir que le coursier envoyé pour récupérer le colis était dépêché par Robin.

Thorbjörn, de l'équipe Foxtrot, a été chargé par son collègue Niklas de diriger deux équipes pour une perquisition prévue dès que l'unité d'intervention aura arrêté Robin.

Thorbjörn anticipe l'attente dans le froid : il enfile un collant sous son pantalon avant de rejoindre une première équipe à Järfälla, à 3 h 30 du matin. Ils partent ensemble rejoindre la seconde équipe à Haninge. On attend.

À 6 heures, les policiers de l'unité d'intervention nationale s'approchent de la maison de Robin par l'arrière, où ils profitent d'un petit bois pour se cacher. Un premier groupe se dirige vers deux grandes baies vitrées au rez-de-chaussée, un second couvre les fenêtres de l'étage. En quelques secondes, on brise les vitres et fouille toutes les pièces. Il faut agir vite pour arrêter la cible et sécuriser le matériel informatique. Robin entend le bris de verre, il se précipite à l'étage, en caleçon, pour rejoindre sa compagne et leur fille de trois mois, mais se fait vite arrêter par la police. D'autres agents s'occupent de l'enfant et de la femme, qui reste étonnamment calme. Ce n'est pas la première fois que son compagnon est arrêté. Mais cette fois, c'est différent, il s'absentera plus longtemps. La justice le condamnera à sept ans de réclusion.

Dans la matinée, Vera reçoit de nombreuses informations qui lui permettront de faire un rapport complet à sa chef Linda H Staaf en vue de la conférence de presse prévue à La Haye le lendemain. Au total, l'opération suédoise aura conduit à l'arrestation de cent cinquante-cinq personnes, soit plus que les soixante-dix initialement visées, dont cinq en Espagne. Des armes, de l'argent, de la drogue et des bijoux ont été saisis en masse.

À l'étage d'Europol réservé à l'opération *Trojan Shield*, Vera a oublié son déjeuner et grignote les biscuits que lui ont apportés ses collègues.

Tout se déroule comme prévu, à quelques exceptions près. Plusieurs suspects ne se trouvaient pas chez eux au moment de l'arrestation, ou sont déjà partis à l'étranger. Parmi les fuyards, il y a le propriétaire du spa, du réseau de Bergsjön, qui a fait entrer 1,2 tonne de haschich dans des plaques de marbre. Il sera bientôt arrêté en Grèce après avoir été refoulé aux portes de la Turquie avec le passeport de son frère.

— Sans commentaire, je ne parlerai qu'en présence de mon avocat, déclarera-t-il quand on le confrontera aux chats d'Anom.

Pendant ce temps, Linda H Staaf rejoint l'équipe de la NOA qui supervise toutes les opérations. Parmi la salve de personnes arrêtées, certaines se démarquent. C'est le cas notamment du chef du gang Grodman, Kjell Johansson, âgé de 72 ans. Pendant des décennies, il a été l'un des criminels les plus connus de Suède.

À la fin des années 1980, une tentative de fuite l'a rendu célèbre : il est parti à la nage avec ses vingt kilos d'amphétamines sous le bras, en combinaison de plongée et tuba. Aujourd'hui, il retourne au poste pour soupçon de trafic de drogue en bande organisée, postant ses commandes via le darknet. Dans le même élan, on met la main sur un autre gros bonnet : Rikard, qui dirigeait le laboratoire d'amphétamines avec Rivkin.

Quand l'unité d'intervention débarque, Rikard est chez lui en famille pour les 6 ans de son fils.

En revanche, Maximilian Rivkin, le diffuseur d'Anom, parvient à échapper au FBI et à la police suédoise lors des opérations coordonnées. Ces derniers mois, en plus de ses activités criminelles, les enquêteurs ont suivi sa planification du meurtre d'un homme appelé « l'Arabe », au centre de Stockholm. Dans les messages,

Rivkin écrivait que l'Arabe lui devait six, voire sept millions de couronnes, et qu'il était temps d'en finir avec lui.

« À la mexicaine. »

Quand ses clients d'Anom se font arrêter, il part se réfugier en Turquie, qu'il décrivait dans les chats comme « le paradis des gangsters ».

Bien que l'opération dirigée par le FBI soit un succès, l'agence fédérale américaine ne peut rien faire contre les utilisateurs d'Anom aux États-Unis, même s'ils sont moins nombreux. Elle ne peut pas intercepter les communications de ses propres citoyens, c'est illégal. En revanche, Rivkin et les seize autres administrateurs d'Anom hors du sol américain sont activement recherchés.

L'après-midi même du démantèlement d'Anom, Linda H Staaf réserve un vol à destination de Schiphol, près d'Amsterdam, pour se rendre à La Haye où se tiendra une conférence de presse capitale. Elle annoncera au monde entier qu'une opération d'envergure a permis l'interpellation de plus de huit cents criminels potentiels.

Elle a préparé son discours, mais sa plus grande inquiétude est d'être testée positive au Covid à la dernière minute. Si jamais elle en présentait les symptômes, elle manquerait l'occasion de mettre en lumière l'une des plus grandes opérations jamais réalisées par la police suédoise. Pour ne prendre aucun risque, elle passe deux tests Covid le même jour, dont un juste avant de prendre l'avion. Les résultats étant négatifs, elle peut enfin souffler et embarque. À 10 heures le lendemain matin, elle retire son masque et monte sur scène.

— Bonjour à tous ! Hier matin à l'aube, la police suédoise menait l'une des plus importantes opérations jamais réalisées, annonce la chef des renseignements.

Devant un parterre de journalistes de tous horizons, Linda H Staaf évoque toutes les arrestations en Suède et la façon dont les informations tirées des chats d'Anom ont permis à la police d'empêcher plus de dix meurtres sur le sol suédois. Elle ajoute que d'autres arrestations sont à venir et termine son discours par ces mots qui la rendront célèbre :

— Nous n'abandonnerons jamais.

PARTIE 6

CHASSE AU RENARD
SEPTEMBRE 2021 – DÉCEMBRE 2022

35

Après l'été 2021, une fois l'opération *Anom* terminée, le Renard revient sur le devant de la scène. Les violences s'intensifient, plus terribles que jamais.

En septembre, à Rotebro, une grenade traverse une fenêtre et atterrit dans un appartement où dorment une baby-sitter et deux enfants. Ils échappent de justesse à la mort quand la grenade explose à côté d'eux, projetant heureusement ses éclats vers le plafond. À peu près au même moment, des tirs retentissent à Upplands Väsby et Vallentuna, une grenade est jetée dans un hall d'entrée à Valsta et une voiture est mitraillée alors qu'elle transporte des enfants. La police apprend que quelqu'un s'apprêtait à tirer au lance-roquettes sur un appartement, mais le tireur a été pris pour cible depuis le logement en question avant d'avoir pu agir.

Tout cela, c'est parce que le Renard aurait perdu soixante kilos de stups. La violence ne se calmera que lorsque la dette sera remboursée. Il n'est pas en Suède à ce moment-là, mais on le soupçonne de transmettre ses instructions à ses complices depuis le Kurdistan irakien. Les enquêteurs qui constituaient l'équipe Foxtrot à présent dissoute restent aux aguets. C'est l'automne, Niklas et Thorbjörn sont à leur poste au commissariat de Järfälla. Avec deux collègues, ils n'abandonnent pas les recherches entamées au printemps pour traquer le Renard. Ils s'appuient sur les résultats de l'opération *Trojan Shield* conclue par l'arrestation de Robin, l'ancien légionnaire, par l'unité d'intervention nationale dans sa villa du sud de Stockholm.

Chaque jour, ils sont contrariés de constater de nouvelles violences potentiellement liées au Renard et à ses complices. À quoi bon s'attaquer à des pions alors que toutes les pistes mènent au Renard ? Niklas n'est pas le seul à se poser cette question.

Quand il apprend de ses collègues du Värmland qu'une conversation a été interceptée entre le Renard et un détenu de la prison de Kumla au sujet de projets pouvant mettre de nouvelles vies en danger, c'en est trop. L'enquêteur décide d'agir.

Le 6 octobre 2021, il réclame par mail « une réunion d'urgence » à son supérieur à Järfälla et aux plus hauts responsables de la région Nord. Plusieurs crimes récents peuvent être associés au Renard, explique-t-il. Il souhaite de nouvelles directives sur la meilleure façon de traiter les informations transmises par ses confrères du Värmland avant que d'autres vies ne soient sur la sellette.

Le retour du commandant de Järfälla est décevant. La réunion devra attendre la fin du week-end, quand il se sera entretenu avec les autres responsables.

Quatre jours plus tard, Niklas obtient une réponse : les unités de la région Nord étant déjà à flux tendu, il est impératif de limiter l'enquête à leur circonscription et aux victimes les plus vulnérables. En réalité, le chef attend encore les résultats des serveurs de Sky ECC. On doit lui transmettre 800 000 messages prélevés sur une centaine de comptes considérés comme étant liés d'une façon ou d'une autre au réseau du Renard après le démantèlement d'EncroChat.

Niklas et d'autres agents ne sont pas en faveur de la distinction entre les différents types de crime, ils préféreraient que des effectifs soient déployés pour cette enquête dans son ensemble, quels que soient les crimes visés.

Après la fin de l'été, la police nationale a nommé un coordinateur dans chaque région, chargé d'aider les forces de l'ordre à traiter les informations provenant des trois messageries chiffrées : EncroChat, Anom et Sky ECC. Dans la région Nord, ce sera Christoffer Bohman, agent de police fort d'une longue expérience des gangs et très respecté par ses pairs. Il s'aperçoit rapidement de la frustration des enquêteurs quand la NOA, au printemps, n'a pas jugé le Renard suffisamment dangereux pour maintenir Foxtrot.

Comme personne n'est en mesure de lui faire le bilan complet de la situation, il rassemble neuf analystes et enquêteurs de la cellule renseignements, dont Niklas, Jacob et Denny, pour faire le point.

— Si je comprends bien, un organisateur basé au Kurdistan tire les ficelles d'une grosse part de l'importation de stups à Stockholm et n'hésite pas à recourir à la violence contre quiconque se mettra en travers de son chemin, résume Christoffer Bohman.

Le 18 octobre 2021, il envoie lui aussi un mail aux chefs que Niklas a déjà tenté d'alerter, auquel il joint un plan d'action de cinq pages détaillant l'étendue des capacités du réseau du Renard et de ses alliés.

Le noyau de ce réseau criminel a des allures de clan familial kurde où l'on se consacre principalement au trafic de stups à grande échelle, depuis l'Espagne et les Pays-Bas vers la Suède et d'autres pays nordiques. Le réseau est dirigé par le Renard lui-même, qui opère depuis le Kurdistan avec le soutien de membres de sa famille et d'autres complices basés en Espagne et aux Pays-Bas, mais principalement à Stockholm et Uppsala. D'après les renseignements de la police, le réseau ferait entrer jusqu'à cent cinquante kilos de stups par semaine dans la région de Mälardalen.

La fortune personnelle du Renard est estimée à environ cent millions de couronnes ; une information obtenue sur une note retrouvée dans l'un des téléphones EncroChat du Renard, où il écrivait ses bonnes résolutions pour le Nouvel An 2020 :

« Mon objectif : atteindre les cent millions de couronnes. »

La police a déjà gelé un compte de cryptomonnaie qui lui est associé, mais le soupçonne d'en posséder beaucoup d'autres. Dans les chats cryptés, elle constate par ailleurs que le Renard a l'ambition de devenir le plus grand fournisseur de coke de toute l'Europe.

Dans son plan d'action, Bohman précise que le Renard veut prendre le contrôle du marché de la drogue à Stockholm et concrétiser cet objectif par des vols à main armée contre des dealers rivaux. Son réseau repose sur une distribution de rôles spécifiques : les uns sont chargés de gérer les transports légaux de palettes de marchandises dissimulant de la drogue tandis que les autres réceptionnent les colis ou les distribuent partout en Suède ; d'autres encore sont chargés du recouvrement, de la violence et de la collecte d'argent. Une vingtaine d'enquêtes associées à son réseau sont en cours.

À ce moment-là, le Renard se trouve toujours en Irak. Or, d'après les autorités suédoises, il n'a toujours pas la nationalité irakienne, puisqu'il est né en Iran alors que ses parents fuyaient vers la Suède. Ce qui veut dire qu'on peut l'extrader. D'ailleurs, ce projet serait dans les tuyaux au ministère des Affaires étrangères. Cependant, on sait aussi que le Renard a de bons contacts au sein de la politique irakienne d'où ses parents sont originaires, et cela complexifie la traque. Sur place, des sources racontent que le mode de vie du Renard agace certaines personnalités influentes de la ville.

En réponse à la NOA qui minimisait le danger que représente ce criminel, Bohman énumère dans son plan d'action les fusillades, les explosions et le trafic de stups potentiellement liés à son réseau et à ses complices basés à Bro et Märsta. Le message envoyé à la direction est clair : le Renard et son entourage sont capables de violences graves et ont déjà prouvé leur indifférence à l'égard des victimes collatérales, notamment des femmes et des enfants.

Dans ce rapport, il est précisé que le Renard a dressé une liste des rivaux qu'il compte éliminer. Les policiers courent eux aussi un risque. Si l'on ne fait rien, il pourrait atteindre son but et dominer le marché des stups à Stockholm ; les meurtres et les violences ne feraient alors qu'empirer. À long terme, il serait capable d'investir ses profits dans des structures légales, et là, il deviendrait difficile de l'arrêter.

D'autres informations peuvent alarmer les hauts dirigeants de la police. Il semblerait que le Renard ait des informateurs au sein de la police, des douanes et de la caisse d'assurance maladie ; or, si ses activités continuent de se développer, cela pourrait saper tout l'équilibre de l'État. Des allégations dont je n'ai pas pu vérifier les sources.

Bohman propose des mesures : on pourrait par exemple « susciter des soupçons » contre le Renard pour incitation au meurtre, ce qui augmenterait les chances de pouvoir l'extrader d'Irak. Il propose par ailleurs de rassembler toutes les enquêtes en cours sous la direction d'un procureur et d'une équipe d'enquêteurs attitrés pour la région Nord. Il s'agira de croiser toutes les informations obtenues afin de trouver les points de convergence. Une équipe de surveillance serait associée à l'enquête et devrait obtenir l'autorisation de mettre les criminels sur écoute pour une intervention réactive s'il devenait nécessaire de saisir des armes, des explosifs et d'autres biens. Enfin, il propose de rassembler différents services de police pour obtenir les résultats escomptés : un directeur d'enquête, un directeur de surveillance, un gestionnaire, des enquêteurs, des analystes, des analystes financiers, des agents de renseignement et un coordinateur des opérations pour faire le lien entre les parties. Ce qui ferait une équipe de douze personnes.

Quelques semaines plus tard, la récompense tant attendue : l'équipe Foxtrot est reconstituée, mais on est loin de l'échelle demandée. C'est Niklas, l'enquêteur impliqué depuis le début de la traque du Renard, et six autres personnes dont une collègue bientôt en congé maternité, qui seront chargés de mener les recherches sur le Renard et son réseau, d'après les informations communiquées par les renseignements.

Plusieurs agents s'estiment « lésés ». Cette affaire a révélé de graves dysfonctionnements au sein des forces de l'ordre, dont le fait que les hauts responsables privilégient « les opérations coup de poing et les raids » plutôt que les stratégies au long cours pour ébranler les chefs et les acteurs des réseaux criminels – une dénonciation que partage Christoffer Bohman. Fort d'une longue expérience tant dans le travail opérationnel que stratégique, il fait le constat que la police nationale concentre une grande partie de ses ressources sur la gestion des urgences alors qu'il faudrait « prévenir plutôt que guérir ». On ne donne pas assez souvent la priorité aux stratégies à long terme. Résultat, on se retrouve à éteindre les incendies, déplore-t-il, ainsi que plusieurs de ses collègues chevronnés.

Les quatre responsables ayant pris connaissance de l'alerte de Niklas et du plan d'action répondent qu'ils ont agi dans les temps et avec les ressources nécessaires, en se basant sur ce qu'ils évaluaient des risques à l'époque, or il fallait déterminer des priorités. Par ailleurs, leur champ d'action était limité, disent-ils, par le fait que le Renard se trouvait à l'étranger, ce qui rendait les poursuites difficiles. Anders Rissel, chef de la police de la région Nord, déclare que si c'était à refaire, il prendrait les « mêmes décisions aujourd'hui, alors que l'on dispose de plus d'informations qu'à l'époque ».

Lisa Granqvist, chef de section des crimes de grande ampleur, elle aussi dans la région Nord, assure que l'alerte a été entendue et que les pôles de compétence demandés ont été libres de travailler « en toute sécurité et en collaboration » avec des moyens dont ne bénéficiaient même pas les enquêtes pour meurtre.

Les dirigeants estiment qu'ils ont déployé de gros efforts pour tenter d'extrader le Renard vers la Suède, sans succès, et que cela dépassait les compétences de la police nationale. Granqvist se demande si cela aurait changé quelque chose que la police agisse différemment, par exemple en affectant plus de ressources.

— L'escalade de la violence aurait-elle été plus rapide ? Ou aurait-on réussi à l'empêcher complètement ? Est-ce que ça aurait vraiment changé quelque chose ? Et si cela avait entraîné d'autres types de problème ? Ce que je veux dire, c'est qu'on peut difficilement mesurer les effets de ce qui ne s'est pas produit à cause des priorités données à une autre affaire.

Quand l'équipe Foxtrot se reforme, le personnage central, à savoir le Renard, est de toute façon hors de portée. Il a même réussi à quitter le sol irakien à la suite des perquisitions menées à plusieurs adresses à la demande de la Suède. Il est en bonne passe de devenir ce dangereux individu pour lequel les agents de police aguerris ont sonné l'alerte.

36

Début mars 2022, un homme est retrouvé mort dans une voiture devant les locaux des Bandidos, à Haninge, au sud de Stockholm ; mais il n'a aucun lien avec le gang de bikers. Il se trouvait simplement trop près de leur quartier général.

À peine deux semaines plus tard, un nouveau projet de fusillade est prémédité contre les Bandidos. La police l'apprend en écoutant les messages laissés sur le répondeur d'un téléphone saisi, où une personne se faisant appeler « Animal », que l'on soupçonne d'être le Renard, donne ses instructions, notamment d'utiliser un « flic ». Mais le projet de meurtre est abandonné, des patrouilles tournent autour du QG du gang.

Une quinzaine de jours passent avant le meurtre suivant, commis sur un innocent.

Le 28 mars, un jour de printemps, un peu avant midi, un homme masqué fait irruption dans la salle de sport Delta, à Vasastan, au centre de la capitale. La salle est bondée, les gens profitent de leur pause déjeuner pour faire du sport. L'homme se dirige vers les machines utilisées par sa cible, un membre des Bandidos et coach personnel. Le coach pratique activement le bodybuilding et compte des dizaines de milliers de followers sur Instagram, où il partage aussi bien des vidéos d'entraînement que des photos de lui arborant les couleurs de son gang. Côté criminalité, ces derniers temps, il fait profil bas.

Au moment où le tireur s'apprête à ouvrir le feu, un client de la salle le surprend et tente de s'interposer. Il s'appelle Fredrik, il a 54 ans, il est père de trois enfants. Il est videur au Riche et n'a aucun lien avec le membre des Bandidos, si ce n'est qu'ils fréquentent la même salle de sport. Une bagarre éclate, l'homme masqué se retourne et tire sur Fredrik. Touché à la tête, l'innocent meurt sur le coup. Le Bandidos en a profité pour fuir avec les autres clients de la salle, et le tireur s'enfuit également.

Dans la journée, les médias s'emparent de l'affaire et racontent la fusillade qui a eu lieu au milieu de civils. Le drame fait encore gonfler le record tragique de ces trois premiers mois de l'année, où l'on compte déjà dix-huit fusillades meurtrières. De toute évidence, les règlements de comptes touchent des innocents qui n'ont aucun rapport avec les conflits. Il suffit de se trouver dans le même gymnase ou de passer devant un club de bikers.

Plus tard dans la soirée, je m'entretiens avec plusieurs sources policières sur la fusillade et je prends connaissance du conflit qui implique les Bandidos. C'est « ultra tendu », me dit-on. Je leur demande qui pourrait être derrière la fusillade du gymnase, car les Bandidos sont en conflit avec plusieurs groupes différents. En réalité, je cherche surtout à grappiller de nouveaux éléments pour mieux comprendre les affrontements que je connais déjà. En guise de réponse, je reçois par SMS un émoji qui me fait sursauter : une tête de renard.

« Le Renard ? Mais pourquoi ? » écris-je.

Son réseau est d'une complexité effarante, avec des personnes à tous les niveaux, et dont les strates ne communiquent pas nécessairement entre elles. Mais son nom, du moins son surnom, apparaît partout, y compris là où on ne l'attend pas.

Pour la fusillade de la salle Delta, un garçon de 16 ans est condamné à deux ans et onze mois de détention dans un établissement pour mineurs. Associé au réseau Upplands-Bro, il est incriminé pour avoir été missionné pour ce crime. Un numéro de téléphone turc correspondant à l'alias Animal, déjà associé au Renard, apparaît dans l'enquête.

Les deux meurtres qui visaient à l'origine les Bandidos seraient, d'après la police, liés au conflit qui oppose le club de bikers à trois réseaux criminels associés sur le marché de la drogue : le réseau du Renard, celui de Bro, au nord de Stockholm, et Zero, à Jordbro, au sud de la capitale.

Selon les autorités, le conflit aurait éclaté à la suite de deux descentes de police, une à Lidingö et la seconde à Älvsjö, en février 2022, pour une saisie de trois cents kilos de drogue. Par la suite, une jeune femme de 23 ans a également été arrêtée puis condamnée. On a constaté qu'elle recevait par l'application chiffrée Signal les instructions de l'alias Animal.

Dans la pègre, l'écart se creuse entre le Renard et les Bandidos après qu'un deal de drogue a « mal tourné ». Il n'y avait pas tant d'argent en jeu, quelques centaines de milliers de couronnes, mais les deux camps n'ont cessé de rejeter la faute l'un sur l'autre. Les meurtres commis devant le club de bikers et au Delta n'étaient alors qu'un avertissement, comme si le Renard et ses alliés réclamaient leur dû.

— Il fait tout ça pour montrer sa puissance, déclare une source impliquée dans le conflit.

Elle ajoute que, bien souvent, l'escalade de la violence s'explique par l'évolution de certaines personnes « auparavant opprimées qui ont désormais les couilles de se venger ». Sinon, c'est parfois dû à des jalousies, quand une fille « couche à droite ou à gauche ». Cette fois, un intermédiaire aurait réussi à trouver un accord. Après les deux incidents, l'entraîneur ciblé par la fusillade du Delta aurait décidé de quitter les Bandidos.

Depuis décembre 2022, le Renard est en détention par contumace, accusé d'avoir participé à la planification des meurtres de la mi-mars. Les deux incidents sont liés au même conflit, mais les preuves manquent pour l'inculper personnellement.

— Il peut se montrer vraiment méchant envers les méchants, ça, c'est sûr, déclare une source bien informée.

Avant même le meurtre de Vasastan, j'avais commencé à fouiller dans le passé du Renard. Il avait déjà fait l'objet d'articles de médias nationaux, notamment à la suite de l'inculpation de ses parents, mais je n'avais pas écrit une seule ligne ni réalisé un seul reportage sur lui, car je me concentrais alors sur les fusillades.

À ce stade, le Renard avait déjà été déclassé de la liste des priorités de la NOA.

Les autorités m'ont remis une belle pile de dossiers contenant une partie des jugements déjà prononcés en m'expliquant que le Renard y laissait sa trace partout. Cependant, noyé dans un océan de détails, je n'arrivais pas à tout retenir, d'autant plus que je ne pouvais pas enregistrer les appels, seulement prendre des notes sur mon téléphone.

Environ six mois plus tard, j'ai commencé à interviewer des policiers, des personnes impliquées et tous ceux qui pouvaient m'aider à reconstituer le puzzle. L'affaire m'obsédait, je voulais comprendre comment tout était lié. Peu à peu, tous ces gens, ces adresses, ces entrepôts, ces villes, ces bordereaux d'expédition et ces messages chiffrés se sont imbriqués pour former une immense toile avec, en son centre, le Renard.

C'est aussi à cette époque que j'ai compris qu'un groupe de personnes n'avait pas abandonné la traque, et cette équipe s'appelait Foxtrot.

Il s'agissait alors d'une poignée d'enquêteurs et d'analystes dont le bureau était rempli d'objets aux motifs de renard et de jouets symbolisant les différentes opérations qui avaient pour l'instant abouti à la condamnation d'une quarantaine de personnes. À ce stade, les enquêteurs avaient accès non seulement à EncroChat, mais aussi aux conversations d'Anom et de Sky ECC.

Toutes les informations obtenues par l'enquête classique de la police se voyaient complétées par celles tirées des trois plateformes chiffrées. Il restait à parcourir des millions de messages envoyés jusqu'à l'été 2021, quand l'opération *Anom* avait été rendue publique. Non seulement la cellule renseignements de la NOA disposait du contenu de ces messageries, mais les enquêteurs des polices locales avaient accès à la plateforme Acus Table, un logiciel capable de gérer de grosses quantités de données.

Un enquêteur m'explique comment il accède aux bases de données des trois messageries par ce logiciel. C'est une source intarissable de précieux renseignements. Sky ECC compte plus de trente-cinq millions de messages rien qu'en rapport avec la Suède, EncroChat en compte près de quatre millions et Anom près de deux millions. À l'heure où j'écris ces lignes, la police suédoise mettra encore « quelques années » avant de parcourir la totalité des messages de Sky ECC, si tant est qu'elle aille au bout. D'où le recours aux intelligences artificielles, notamment pour rechercher dans les chats et les fichiers audio des mots-clés en lien avec d'éventuels crimes.

L'application facilite la lecture des messages. D'un simple clic, on peut également savoir à quelles antennes wifi se sont connectés les téléphones lors des transactions et livraisons de stups. Les enquêteurs ont déjà accumulé tellement de preuves de crimes pour trafic de stups associées au Renard qu'il n'en faudra pas plus pour lui valoir la peine maximale.

— Ce qu'on cherche, ce sont des crimes violents, des explosions, des meurtres et des tentatives d'assassinat, explique l'un d'eux.

Les deux meurtres de mars et avril 2022 finissent par convaincre les autorités de mobiliser de nouvelles ressources pour traquer le Renard. On commence par délocaliser l'unité installée dans la salle de conférences de Solna pour rejoindre l'unité régionale à Kungsholmen, où se trouve également la NOA. Puis d'autres collègues se greffent au groupe.

Ils retrouvent par ailleurs leur ancien chef, Jacob. L'intéressé évoluera d'ailleurs de façon étonnante.

37

Quand le Renard a quitté le pays pour la dernière fois en avril 2020, c'était, d'après plusieurs sources, pour partir vivre dans la ville natale de ses parents, Sulaymaniyya, en Irak. D'où la pression qu'a exercée à plusieurs reprises la police suédoise sur les autorités irakiennes.

Une pression qui se ressent dans les hautes instances politiques. Lors d'un voyage en Irak, l'ancienne ministre des Affaires étrangères sociale-démocrate Ann Linde aurait abordé le sujet de la traque du Renard et déclaré qu'elle souhaitait son extradition en Suède. Il est rare pour un ministre d'évoquer un individu de cette façon, ces sujets étant généralement confiés aux ambassadeurs. Le fait qu'elle l'ait cité montre bien qu'elle prenait l'affaire très au sérieux, m'explique une source. Quand je contacte Ann Linde à ce sujet, elle me répond n'avoir rien à déclarer.

La police régionale finit par effectuer une descente à plusieurs adresses, notamment là où le Renard aurait vécu. Plusieurs sources affirment que la famille disposait d'un grand appartement dans un immeuble de trente-deux étages à Dania City, dans les beaux quartiers de Sulaymaniyya. Cependant, à ces adresses, on ne trouve personne.

Quelques semaines plus tard, l'équipe Foxtrot reçoit enfin un colis très attendu affranchi avec des timbres irakiens. L'enquêteur Thorbjörn est impatient de l'ouvrir. Il enfile une paire de gants bleus et un masque, puis étale deux douzaines de téléphones portables et presque autant de routeurs sans fil sur une table protégée par du papier kraft.

— Un cheveu !

C'est ce que découvre Thorbjörn. Le reste du matériel est envoyé aux techniciens spécialisés en cybercriminalité, dont tout le monde s'accorde à dire qu'ils sont trop peu nombreux au sein de la police pour trouver des preuves et des indices inédits sur la cachette du Renard, mais ils n'auront pas à chercher longtemps : le Renard finira par sortir tout seul de sa tanière.

Pour Ali, agent d'entretien des espaces verts, la journée du 14 avril 2022 commence comme un jour ordinaire. Il travaille à ce moment-là dans une aire de jeux devant une grande villa avec piscine à İçmeler, un quartier aisé dans la station balnéaire de Marmaris, dans le sud-ouest de la Turquie.

Alors qu'il balaie les aiguilles de pin et les palmes mortes avec son souffleur, il aperçoit un petit sac Philipp Plein noir sur un banc, où s'assoient généralement les parents pour surveiller leurs enfants qui jouent sur le toboggan. Derrière les bancs, deux grandes maisons ont été construites récemment avec une piscine au milieu, cachée derrière un mur. Le propriétaire de la maison est rarement chez lui, d'où l'installation d'une multitude de caméras de surveillance sur sa propriété.

Ali suppose que quelqu'un a oublié le sac. Il l'ouvre pour voir s'il peut trouver un indice sur l'identité du propriétaire. En découvrant le contenu, il se met à trembler, referme vivement le sac et balaie les environs d'un regard affolé.

Il appelle son responsable qui le rejoint rapidement sur les lieux en scooter. Le sac contient des liasses de billets bien rangés, un total de douze mille quatre cents dollars américains en billets de cent. Il y a également deux mille quatre cents lires turques et trois cartes de crédit, ainsi qu'un reçu.

Les employés municipaux ont l'habitude de trouver des vêtements, des téléphones et autres sacs oubliés sur la plage ou dans les parcs, souvent par des touristes. Ils finissent généralement par être rendus à leurs propriétaires par la commune ou la police locale, mais ils n'étaient jamais tombés sur ce genre de trouvaille.

Dans le sac, ils découvrent aussi des indices sur l'éventuel propriétaire, dont une carte bancaire au nom de Miran Othaman. Certainement un touriste, se disent les agents d'entretien.

Les médias nationaux turcs qui rapporteront plus tard l'incident évoqueront l'analyse par la police des vidéos de surveillance du parc, ce qui permettra l'identification de l'individu qui a laissé le sac. Il s'agit effectivement de Miran Othaman, un Irakien. La police le contacte pour lui rendre son sac. Il se rend au poste et se présente comme un homme d'affaires.

Il souhaite récompenser Ali de quatre cents dollars pour avoir rapporté le sac et demande son numéro aux forces de l'ordre, mais c'est celui du chef Hüseyin qu'on lui transmet.

— J'ai reçu un appel et lui ai donné mon adresse. Peu après, quatre hommes sont arrivés dans une Audi noire et m'ont remis quatre cents dollars, raconte l'employeur de l'agent d'entretien.

Les hommes parlent anglais, il leur demande s'il peut se prendre en selfie avec eux.

— Non, nous n'aimons pas les photos, lui répond-on.

Le soir même, la police locale entame une enquête sur l'homme venu récupérer son sac. D'après les médias, l'entretien avec cet homme aurait mis la puce à l'oreille des policiers. On examine de plus près ses papiers d'identité, et on s'aperçoit que Miran Othaman a un autre nom. C'est un citoyen suédois d'origine irakienne, soupçonné de trafic de drogue à grande échelle en Suède et recherché par Interpol.

C'est le Renard.

Et il s'est rendu de son plein gré au poste de police.

Les forces de l'ordre décident alors de faire une perquisition à son domicile, dans la région d'İçmeler. La découverte de deux pistolets et de munitions renforce les soupçons à son égard et conduit à son arrestation.

En interrogatoire, il déclare avoir oublié le sac sur un banc du parc où il se reposait d'une longue promenade sur la plage. Plusieurs médias diffusent une vidéo de lui descendant un escalier, portant un masque hygiénique, des baskets blanches et un jogging noir avec des liserés rouges aux épaules. Deux policiers l'encadrent. Il est menotté.

Dans les médias, le maire et les autorités saluent Ali le jardinier pour avoir contribué à la capture d'un « baron de la drogue » recherché à l'échelle internationale.

En Suède, des liens vers des articles de presse turcs circulent au sein de l'équipe Foxtrot. On s'échange des smileys heureux, le Renard a enfin été capturé. Quand je parcours ces rubriques, j'imagine que la traque est terminée et je me demande ce qui va lui arriver.

Le Renard est déjà condamné par contumace en Suède à de la détention provisoire pour trafic de drogue et contrebande à grande échelle. Selon la police, il s'agirait d'une tonne de différents stupéfiants, principalement du cannabis, mais aussi des amphétamines, de la cocaïne et des dizaines de milliers de comprimés d'ecstasy et de MDMA.

Le substitut du procureur Henrik Söderman reçoit l'aide de l'équipe Foxtrot pour dresser l'interminable liste de charges qui pèsent sur le Renard, puis il s'empresse de transférer les documents à la Turquie via le ministère des Affaires étrangères, dans l'espoir qu'il soit extradé. Cependant, Henrik et toute l'équipe Foxtrot ne se font pas d'illusions.

À l'échelle politique internationale, l'arrestation du Renard tombe mal, ce qui est loin d'augmenter les chances que la Turquie extrade quiconque vers la Suède. En mai 2022, le gouvernement suédois, largement soutenu par le Parlement, annonce sa demande d'adhésion à l'OTAN.

38

— Je veux bien vous parler. On nous a condamnés à tort, déclare la mère du Renard le jour où elle m'appelle avec un numéro masqué, peu après que l'arrestation de son fils a fait la une des journaux, en Suède comme en Turquie.

Je lui avais écrit une lettre lui expliquant que j'aimerais beaucoup discuter avec elle du crime qu'on lui reproche. À ce moment-là, son dossier passait en audience à la cour d'appel, où elle a plaidé non coupable. Elle accepte ainsi de me rencontrer pour donner une autre image de leur famille que celle dépeinte par la justice.

Quelques semaines plus tard, nous nous retrouvons au *Ikea* d'Uppsala. Elle est dehors sur le parking et me fait signe. Nous commandons un café et prenons place dans un coin du restaurant où des parents fatigués mangent leurs boulettes de viande en sauce, purée de pommes de terre et confiture entre deux réflexions autour des plans de leur future cuisine.

— Je ne suis pas parfaite, mais je suis quelqu'un de bien.

C'est ainsi que la mère entame notre conversation. Peu à peu, j'apprends des bribes de son histoire, mais aussi de celle de sa famille ; le puzzle prend forme et je commence à comprendre comment son fils en est arrivé à devenir l'un des plus gros trafiquants de drogue de Suède. Elle est élégante avec son pull en laine ajusté, son jean et son maquillage discret. C'est une femme aimable et charmante, digne du portrait qu'on m'en a fait.

— Je ne sais pas ce que fait mon fils. Et vous, votre mère sait que vous prenez le café avec moi aujourd'hui ? s'amuse-t-elle.

— Non, elle ne le sait pas.

Elle a du mal à croire tout ce qu'on raconte sur lui.

— C'est un très bon père. Il change les couches, fait les courses pour ses enfants et passe du temps avec eux. Quand je suis là, il est plus détendu.

Elle insiste sur le fait qu'elle a bon cœur, me raconte qu'elle distribue souvent des repas aux sans-abri, parce qu'elle aussi a connu ça. Elle essaie de laver son image souillée par les enquêteurs qui en ont après son fils et disent d'elle qu'elle est charmante mais manipulatrice. Elle explique que, malgré ce qu'on raconte, elle a de bons amis dans la police.

— Regardez, dit-elle en me montrant son compte Messenger où elle a échangé avec un ami qui se dit policier.

Au détour de notre conversation, elle me pose également des questions.

— Vous êtes musulman ?

— Dans la mesure où je suis né au Kosovo dans une famille musulmane, oui, mais je ne suis pas particulièrement religieux. Au Kosovo, beaucoup de gens sont laïcs.

Elle me raconte que l'islam en tant que religion ne l'enchante pas plus que les hommes qui décident ce que les femmes doivent faire ou porter. Elle ne veut pas qu'un homme lui dicte sa vie. Elle a grandi dans une famille musulmane mais arbore fièrement une croix catholique autour du cou.

— J'aime Dieu. J'aime Jésus ! dit-elle.

Elle a quitté l'islam et se moque de savoir ce qu'en pense sa famille en Irak, où elle retourne aussi souvent que possible. Elle y a encore une sœur malade et, ces dernières années, son fils était là-bas avec sa femme et leurs trois enfants.

La mère du Renard discute sans retenue de sa vie de jeune combattante peshmerga et raconte combien la vie a toujours été un combat. D'abord le régime de Saddam Hussein, puis l'adaptation à la Suède, son divorce, l'endettement, la vie dans la rue. Elle a tout fait pour subvenir à ses besoins et à ceux de son fils. Depuis quelques années, elle vend le *Situation Stockholm*, le journal des sans-abri.

C'est l'une des meilleures vendeuses avec ses quelques milliers d'exemplaires écoulés. Cela l'aide à boucler ses fins de mois en plus des aides sociales. Elle dit que ça rapporte bien, entre soixante mille et quatre-vingt mille couronnes par mois, c'est comme cela qu'elle a économisé tout le liquide que la police a saisi dans son appartement. Ce sont les bénéfices de ses ventes de journaux, pour couvrir ses dettes de plus de quatre cent mille couronnes à l'État. Elle ne voulait pas déposer l'argent à la banque parce qu'elle ne lui fait pas confiance, d'où les cachettes un peu partout, notamment dans les chaussettes, pour que les éventuels cambrioleurs ne lui volent pas ses économies.

En revanche, l'argent liquide et les Rolex découverts chez Hasse sont le fruit d'activités criminelles. D'après la Cour, il n'y a aucun doute à ce sujet. La mère du Renard aurait joué un rôle central et précieux, notamment par l'utilisation d'un EncroPhone.

Mais elle soutient qu'elle est innocente.

Quand je l'interroge sur toutes les charges retenues contre son fils, sur toutes les condamnations que le procureur a brandies comme des trophées, elle grimace d'un air gêné.

— Un trafiquant de drogue ? Que voulez-vous que je vous dise ? Mon fils n'est pas aussi dangereux qu'on le dit.

Puis elle reprend avec prudence :

— Je ne sais pas tout de lui.

Elle rappelle que c'est un excellent père pour ses trois enfants. Elle aime ses petits-enfants et se fait beaucoup de souci pour eux.

— Tout ça, je le vis très mal, vous vous en doutez. Je pleure presque tous les jours.

Nous convenons d'une prochaine rencontre pour reparler de toute cette affaire. La prochaine fois, elle veut venir avec son ami Hasse, qui a également plaidé non coupable car il n'avait rien à voir avec les affaires du Renard.

Quelques semaines plus tard, Hasse me fait visiter son appartement à Kista, perquisitionné par la police lors de la traque du

Renard. Nous sommes seuls, la mère du Renard n'est pas venue. Il porte un polo bleu sur une chemise assortie. La maison est propre, tout paraît rangé mais la fouille a laissé quelques traces, notamment au sol quand les policiers ont tiré la bibliothèque ; mais ce qui énerve le plus Hasse, c'est d'être catalogué comme un criminel. Il a été condamné en première instance pour blanchiment d'argent, à cause des sommes qu'il cachait pour la mère du Renard. En revanche, la Cour lui a donné raison : il ignorait la présence des Rolex et du bijou en or sur le balcon.

Bilan des comptes : il écopera d'une peine avec sursis et n'ira pas en prison, mais le fait d'être associé à la pègre est une atteinte à sa dignité. Ce n'est pas ainsi qu'il imaginait sa retraite. Lui qui a toujours tout fait pour agir avec justice.

— C'est dégueulasse, grommelle-t-il.

Nous entrons dans son bureau, où il range méticuleusement toute la comptabilité du kiosque à glaces depuis 2014. Il s'implique dans l'entreprise depuis le début. Sur son ordinateur, il me montre un grand tableur où sont répertoriées ses dépenses personnelles depuis plusieurs années. Tout est soigneusement consigné. En quelques clics, il peut consulter ses dépenses annuelles en vin, en bananes, en lait ou en sel. Visiblement, c'est un homme de contrôle.

Comment a-t-il pu se retrouver embringué dans un vaste trafic de stups ? Il me répond que « le soi-disant renard kurde » est très loin du baron de la drogue que décrivent les médias, la police ou le parquet.

— Dans les faits, c'est un criminel à trois sous. Il a des chaînes en or et de belles voitures, mais c'est tout.

Il dégage une assurance étonnante. Malgré toutes les charges qui pèsent sur lui, notamment pour complicité avec le Renard, il est surprenant de l'entendre le défendre de cette façon. Lors de toutes nos rencontres, il est systématiquement de son côté. J'en connais d'autres qui, à sa place, lui en auraient voulu, au contraire, pour les avoir entraînés dans ses magouilles.

Hasse me parle de ses études d'ingénieur, puis de sa carrière commerciale. Financièrement, il s'en sort plutôt bien. Il n'a aucun emprunt sur le dos et ne manque pas d'argent. Il ajoute que tout ce qui a trait à la criminalité le rebute. À ses yeux, le pays file un mauvais coton, c'est pourquoi il soutient le parti des Démocrates de Suède. Il aimerait qu'on expulse tous les immigrants des milieux criminels, parce qu'ils nuisent à ceux qui respectent la loi. Pour lui, c'est « très désagréable » d'être associé à un immigrant accusé de trafic de stups.

Les chemins de Hasse et du Renard se croisent pour la première fois au milieu des années 2000. Hasse rencontre la mère de l'intéressé à la salle de sport de Kista, où elle donne des cours de spinning, et entre eux se développe une relation amoureuse. À cette époque, le Renard commence à tremper dans des affaires illégales de plus en plus sérieuses. En 2010, il est condamné à huit ans de réclusion par la cour d'appel pour trafic de drogue. C'est là que Hasse devient son agent de probation et l'encourage à quitter la voie criminelle. Alors que le fils est en prison, Hasse aide la mère à lancer le kiosque à glaces où le Renard est censé travailler dès sa sortie de prison.

Pour Hasse, le Renard est victime d'une erreur judiciaire. Il ne nie pas que le jeune traîne dans des milieux douteux, mais ce n'est qu'un petit dealer qui blanchit parfois de l'argent, il ne s'adonnerait jamais à la violence, pas même pour de la drogue. C'est un naïf qui cherche constamment les ennuis, surtout par ses mauvaises fréquentations, le défend-il encore. Il est tellement convaincu de l'innocence du Renard qu'il s'est lancé dans une bataille juridique pour lui rendre justice. Il a passé « au moins cinq cents heures » à rédiger une demande en révision.

Il me montre le document sur son ordinateur. Je l'écoute pendant une demi-heure. Emballé, il me raconte qu'il tient une piste qu'il compte mener jusqu'au bout.

Sans l'erreur judiciaire, la vie du Renard aurait pu prendre un autre tournant. Puis, soudain, il me suggère un titre pour mon livre :

« Comment fabriquer un criminel. »

Une fois la décision de la Cour de justice rendue en septembre 2022, Hasse me recontacte. Il est furieux, le verdict le reconnaît coupable de blanchiment d'argent. Pour la mère du Renard, la peine sera plus lourde : un an et demi d'emprisonnement.

Ce qui enrage Hasse, c'est que la Cour n'ait rien écouté de ses explications et que son avocat n'ait pas fait son boulot. Ce qu'il n'a pas obtenu au tribunal, il compte l'obtenir par les médias. Il me remercie pour l'intérêt que je porte à cette affaire et souligne que son récit ne sera pas forcément celui que j'attends.

— Le protagoniste de cette histoire est peut-être plus innocent qu'on le croit, dit-il.

— Vous parlez du Renard ?

— Oui.

— J'aimerais beaucoup le rencontrer.

— Pas de souci, je vais vous aider.

— Comment ?

— Je m'en occupe. Ce petit est trop lâche. Il fera ce que je lui dis.

— Vous êtes sûr ?

— Certain.

Puis il ajoute que le Renard n'est plus en détention en Turquie, information que j'avais déjà entendue sans arriver à la vérifier. Le parquet et les agents de la NOA ignorent s'il est toujours détenu ou non. Des rumeurs circulent ; l'une d'elles prétend qu'il aurait graissé quelques pattes pour sortir de prison. Sa mère aurait réussi à lui rendre visite. Elle serait parvenue à contacter des responsables à qui elle aurait dit « tout ce qu'il en est », à la suite de quoi son fils aurait été relâché.

Au vu des accusations portées contre lui, je me demande comment c'est possible.

— Ces pays sont corrompus, me disent certains.

D'autres affirment qu'il aurait payé « des millions » pour sortir de prison. On raconte aussi qu'il aurait déménagé dans un immeuble à Istanbul où il aurait retrouvé des amis.

J'ai envoyé certains de mes contacts en Turquie enquêter là-dessus. Les autorités turques ne veulent rien révéler de l'affaire, pas plus que les médias locaux qui avaient pourtant couvert son arrestation. Aucun journaliste n'a suivi l'affaire jusqu'au bout. Pourtant, l'arrestation de ce présumé narcotrafiquant dans une station balnéaire turque avait fait couler beaucoup d'encre.

Hasse étant critique à l'égard du système judiciaire suédois, qu'il accuse d'avoir commis une grave erreur, il n'a plus confiance dans les tribunaux, la police ou le parquet. C'est pourquoi il refuse de gober le portrait servi par la presse. Cependant, il veut bien croire que le Renard se présente lui-même comme un « supergangster ». Il revient sur la période où la compagne du Renard lui avait demandé un peu d'argent quand ils devaient quitter la Suède au printemps 2020. Il s'agissait de vingt mille couronnes. Si c'était vraiment un narcotrafiquant, est-ce qu'il s'abaisserait à réclamer des sommes aussi dérisoires ? Et sa mère serait-elle encore obligée de vendre le *Situation Stockholm* ? Hasse en veut au jeune, non seulement pour l'avoir mis dans cette situation, mais aussi pour ce qu'il a fait à sa propre mère, à laquelle Hasse tient encore beaucoup. Si j'arrive un jour à contacter le Renard, il aimerait que je lui transmette ce message :

— Dites-lui ça, que c'est un criminel à trois sous.

39

Le 28 septembre 2022, je reçois un message par Signal. C'est un alias que je ne connais pas.

« Salut », m'écrit-on.

Le numéro vient de Turquie. Ces derniers mois, j'ai conduit des entretiens avec des proches de l'entourage de nombreux criminels, des gangsters, des avocats, des procureurs et des policiers. J'ai tendu des perches à autant de contacts que possible en leur expliquant que je souhaitais rencontrer des personnes recherchées cachées en Turquie. Les rumeurs selon lesquelles le Renard aurait été libéré circulent toujours à ce moment-là, mais même la police suédoise n'arrive pas à le vérifier, ce qui, à mon sens, en dit long sur les rapports glaciaux qu'entretiennent les deux pays.

« Salut ! Qui est-ce ? » demandé-je.

La réponse ne tarde pas.

« Tu voulais poser des questions. Pose-les là, dans cette discussion, et je les transmettrai. T'auras toutes les réponses que tu veux. Par courrier. »

Je ne vois qu'une personne que cela peut concerner. Je demande si le Renard est en liberté et précise que j'aimerais le rencontrer directement au lieu de passer par un intermédiaire.

« Il ne rencontrera jamais personne. Je ne peux pas te dire s'il est sorti ou non. Mais t'auras les réponses à tes questions. »

À ce stade, je n'ai pas la moindre idée de la façon dont le messager a eu mon numéro ni s'il est vraiment en contact avec le Renard. J'insiste alors sur l'importance d'un contact en direct.

« Mec, le lien est direct », écrit la personne.

Il ajoute que c'est ma seule option, que même lui ne rencontre pas le Renard en personne. Il ne communique que par des intermédiaires.

Je ne lâche pas le morceau et insiste pour le rencontrer. S'il me parlait directement, il aurait l'opportunité de corriger son image et de répondre à toutes les accusations portées contre lui. À sa place, je n'aimerais pas qu'on parle en mon nom. Je tiens à être juste et précis, expliqué-je, et suggère une autre option pour ne pas me fermer toutes les portes :

« Est-ce qu'on peut au moins s'appeler sur FaceTime ? »

Trois minutes plus tard, voici sa réponse :

« Je vais lui demander, mais ça m'étonnerait qu'il accepte. Je reviens vers toi dans deux jours. »

J'attends près d'un mois avant de finalement reprendre contact avec l'intermédiaire. Cette fois, je l'appelle directement. Tard un soir d'automne, je compose le numéro dans l'espoir de pouvoir discuter de vive voix, sans passer par des messages mystérieux et sans devoir attendre des semaines sans nouvelles. Au bout de quelques sonneries, une voix d'homme décroche. Il parle parfaitement suédois et dit se trouver à Dubaï, mais se rendra bientôt en Turquie. J'insiste pour parler directement au Renard. Si le livre était publié, le Renard aurait tout intérêt à ce que les faits soient rapportés avec fidélité.

— Je le connais bien. Ce n'est pas celui dont les gens parlent, me dit-il.

— Ça dépend qui sont ces gens.

— Ce n'est pas un monstre.

— Qu'est-ce que tu veux dire par là ? m'enquis-je.

— J'aimerais bien qu'il discute avec toi. Si c'est impossible, il pourrait te répondre par un autre biais.

La semaine où mon intermédiaire part en Turquie, je prévois de m'y rendre également. J'aimerais faire un reportage sur les personnes recherchées en Suède et réfugiées là-bas, lui dis-je. Et j'ajoute :

— Je veux rencontrer le Renard. Je ne veux pas passer par des intermédiaires.

40

Peu après un changement de gouvernement à l'automne 2022, une délégation du ministère de la Justice se rend à Ankara, capitale turque, avec des confrères finlandais. Avant la rencontre, le ministre de la Justice turc, Bekir Bozdağ, déclare dans la presse turque qu'il s'attend à des demandes d'extradition pour des membres du PKK (une organisation politique armée kurde) et du mouvement Gülen (une organisation religieuse et sociale kurde).

Cette rencontre n'apportera pas grand-chose, mais le dialogue est ouvert entre la Turquie et le ministère de la Justice, qui espère obtenir l'extradition d'importants criminels depuis la Turquie vers la Suède. D'après mes informateurs, plusieurs d'entre eux ne seraient pas citoyens turcs, du moins pas encore. Le Renard, Kurde irakien, figure bien entendu sur la liste. Le vaste réseau de trafic de stups auquel il est lié fait de lui un pion central de l'échiquier politique. Selon plusieurs sources issues du gouvernement suédois, on aurait l'espoir de le ramener en Suède.

Quand je me rends en Turquie quelques semaines plus tard, les individus que j'espère rencontrer pour mon reportage figurent justement sur cette liste. Outre le Renard, il y a Maximilian Rivkin, l'influenceur de Malmö qui recommande les téléphones Anom. Il serait parti vivre dans un petit village de Serbie depuis quelques années, mais la police le soupçonne de se trouver en Turquie à l'heure actuelle.

Le point commun entre le Renard et Rivkin, c'est qu'ils ne sont pas citoyens turcs et n'ont aucun lien avec ce pays. Par conséquent, ils n'ont aucune protection claire en cas d'extradition.

Le troisième nom sur la liste, Orhan, sera le plus compliqué à joindre. Il s'agit d'un jeune homme de la commune de Botkyrka, à Stockholm, qui – avec Maykil Yokhanna, la cible que le réseau de Vårby a tenté d'assassiner, et deux autres personnes – est soupçonné du meurtre de la petite Adriana. Une histoire tragique qui prouve que les violences des gangs peuvent toucher des innocents.

Une nuit tiède du début du mois d'août 2020, Adriana, 12 ans, quitte le domicile de son père à Norsborg avec le chien de la famille. Elle rejoint des amis et ils se rendent ensemble dans un *McDonald's* ouvert jusqu'au petit matin. Deux types vêtus de gilets pare-balles se tiennent dehors, près d'un parking longeant l'autoroute. Ils font partie d'un groupe dissous depuis peu à cause d'un conflit en interne, qui se faisait parfois appeler le « gang des Turcs » et comptait Orhan dans ses rangs. Si les deux individus postés près du *McDo* se sont ralliés au réseau de Vårby, leurs anciens compagnons et désormais rivaux ont rejoint Maykil Yokhanna. La scission des Turcs a marqué le début d'une série d'incidents violents, dont plusieurs fusillades.

Juste avant l'arrivée d'Adriana, des membres du noyau dur du réseau de Vårby sont à la station-service près du *McDo*.

Une Audi blanche approche de la station et opère un demi-tour en apercevant les deux types en gilets pare-balles qui ont rejoint Vårby. Certes, ce ne sont pas les adversaires les plus dangereux du camp rival, mais ils constituent néanmoins des cibles intéressantes.

Une salve de balles jaillit alors de l'Audi, tirée par deux armes, dont une kalachnikov.

Après une vague de panique générale, les deux cibles reprennent leurs esprits ; elles ont survécu. La petite Adriana, en revanche, gît au sol. Elle était au mauvais endroit au mauvais moment. L'un des deux gars essaie d'arrêter l'hémorragie, il est encore là quand la police et le père d'Adriana arrivent sur les lieux.

Deux jours plus tard, il passe un appel masqué au 112 pour dénoncer Orhan, ce qui conduit la police à suspecter la bande des Turcs.

Alors que l'enquête suit son cours, les deux hommes pris pour cible échafaudent aussitôt leur vengeance en commençant par chercher un *goare* qui leurrera les Turcs et les entraînera dans un piège. Quelqu'un propose un million de couronnes, voire plus, pour qui saurait où les Turcs se cachent.

« Dites-nous où ils sont et vous aurez tout ce que vous voudrez. »

Ils finissent par tomber sur un groupe se faisant appeler les « Mecs sans filtre », fidèle au réseau de Shottaz dans le conflit médiatisé de Järva contre la Patrouille de la Mort.

Un peu plus d'un mois après le meurtre d'Adriana, les Mecs sans filtre aident à tendre un piège contre les Turcs. Une trentaine de coups de feu résonnent au centre commercial de Vällingby vers 23 heures. Orhan est touché au bras, mais la plupart des balles ont endommagé les bâtiments voisins, où se trouvaient notamment des appartements. C'est un miracle qu'il n'y ait pas eu d'autre victime.

Orhan, blessé, fuit en Turquie, à Kulu, la ville natale de ses parents. Pendant qu'il se cache là-bas, il est recherché à l'international pour le meurtre d'Adriana. Un an après le drame du *McDo*, quand les enquêteurs ont accès aux téléphones Sky ECC des personnes mises en examen, les soupçons se portent cette fois-ci sur Maykil Yokhanna et deux autres personnes.

Grâce aux journalistes locaux, j'apprends que le Renard, Rivkin et Orhan sont tous en Turquie et n'en sont pas repartis. Mais c'est là que s'arrête la piste de Rivkin.

— Je n'ai rien entendu sur lui. Il est toujours là, au moins ? Si ça se trouve, il est parti en Iran ou à Dubaï.

L'homme que j'interroge, assis en face de moi, est une autre figure de la pègre suédoise réfugiée en Turquie. Il accepte de me parler à condition de garder l'anonymat. Nous sommes installés dans un restaurant près des quartiers touristiques. Sa réputation dans la rue comme dans les fichiers de la police est celle d'un homme dangereux. Cependant, à l'instar de nombreux criminels que j'ai rencontrés, il est amical et éloquent. Ses parents ont fait ce qu'ils ont pu, mais cela ne l'a pas empêché de suivre cette voie. En Turquie, il dit se consacrer principalement à des activités légales. Il veut rester discret, ne pas attirer l'attention de la police et des services de sécurité de l'État turc.

— Il ne faut pas croire, la Turquie n'est pas un refuge. Ici, la police contrôle tout. Si on vous chope avec un AK-47, on vous accuse de terrorisme à cause des rapports qu'entretient le pays avec le PKK.

De nombreux criminels connus viennent en Turquie. Cette évasion en masse a fini par valoir au pays le surnom de « la nouvelle Espagne » parmi les autorités suédoises.

Quand l'Espagne a finalement déployé d'importantes forces policières contre les criminels suédois sur son sol, de nombreuses têtes pensantes ont été renvoyées chez elle, en particulier après le piratage des messageries chiffrées. D'où l'arrivée en masse de ces barons en Turquie, dans des villes comme Istanbul, Bodrum et Izmir.

— Tous ceux qui ont échappé aux rafles à la suite du démantèlement des téléphones chiffrés, ils sont en Turquie, me raconte une autre source.

Sur les quatre-vingt-cinq millions d'habitants de la Turquie, je m'intéresse donc à deux personnes recherchées : le Renard et Orhan, soupçonné du meurtre d'Adriana. J'ai rayé Maximilian Rivkin de ma liste, il a laissé trop peu de traces derrière lui ; mais sachant que des criminels l'accusent de les avoir poussés à utiliser Anom, j'aurais bien aimé entendre ses arguments de défense. On entend la colère dans leur discours, quand ils se moquent de lui par exemple pour son poids. Certains condamnés sont convaincus qu'il a collaboré avec les flics, et le fait qu'il soit recherché autant par le FBI que par Europol en fait sourire plus d'un. La NOA et le FBI, eux, nient toute collaboration avec lui. Ils parlent plutôt d'un

« imbécile utile », pour reprendre les termes des policiers suédois, bien contents qu'il ait cherché à se faire de l'argent en convainquant toute la pègre d'utiliser Anom, dont il certifiait la sécurité des données.

Pour traquer mes deux fugitifs, je commence mes recherches dans les lieux où ils se sont rendus.

Je me rends à Marmaris avec mon collègue photographe pour la chaîne suédoise SVT. Ici, on est en basse saison, il y a quelques touristes britanniques dispersés dans l'enfilade de beach clubs où les chansons disco des années 1990 rivalisent de volume.

Installés dans l'un des bars, nous buvons un verre pendant qu'une Anglaise danse lascivement avec le barman. C'est dans ce quartier que le Renard a été filmé les menottes aux poignets. J'ai bien l'intention de savoir où en est cette affaire et s'il y aura des poursuites, mais en tant que journaliste, mes connaissances ne s'étendent pas au système judiciaire turc.

Nous reprenons le chemin de l'hôtel pendant que les Britanniques chantent sur la musique disco.

Plusieurs journalistes locaux m'aident à vérifier mes informations auprès de sources officielles. J'apprends notamment que le Renard est entré en Turquie avec une pièce d'identité irakienne, mais il serait parvenu ensuite à obtenir officiellement la nationalité turque.

Cela me paraît surprenant, mais « en Turquie, tout est possible », me confirment mes sources. La rumeur était arrivée aux oreilles de la police suédoise, mais il était difficile de la vérifier. En Suède, pour vérifier la nationalité d'un individu, il suffit de passer un coup de fil aux impôts. Le fait que le Renard soit devenu citoyen turc est un coup dur pour Jacob, Niklas, Denny et les autres enquêteurs de l'équipe Foxtrot.

— Quand la personne devient citoyenne turque, on peut tirer un trait sur l'extradition, me confirme toutes mes sources, qui souhaitent conserver leur anonymat.

Pour la justice suédoise, il reste une option : faire juger l'affaire en Turquie. C'est ce qu'elle était parvenue à obtenir après des années de pression sur l'ancien chef des Original Gangsters, Denho Acar, qui fut l'un des premiers criminels notoires de Göteborg à fuir en Turquie, où il était devenu citoyen pour échapper aux poursuites en Suède.

Une affaire conclue par un acquittement en 2018. À la suite de cela, il voulait revenir en Suède, mais son permis de séjour a été révoqué et le service des migrations a refusé de lui en accorder un nouveau.

Le célèbre journaliste et auteur turc spécialiste de la criminalité Timur Soykan a longtemps enquêté sur les bandes organisées en Turquie. Il a signalé des actes de corruption à différents niveaux de l'État et dénoncé les mafias qui sévissaient dans le pays.

Quand je lui demande si l'on peut vraiment devenir citoyen quand on est soupçonné de crime et visé par une demande d'arrestation d'Interpol, Timur Soykan me répond :

— En ce moment, oui, c'est possible en Turquie.

Il y a plusieurs explications à cela. D'abord, les registres ne sont plus à jour depuis que des millions de gens ont fui la guerre civile syrienne puis l'État islamique. Ensuite, on peut acheter sa citoyenneté, par exemple par l'acquisition d'un appartement d'une valeur d'au moins quatre cent mille dollars. Avant l'été 2022, le minimum était de deux cent cinquante mille dollars. Pour relancer l'économie du pays, l'État a également mis en place une « amnistie des riches » : ceux qui apportent des capitaux étrangers, de l'or et autres fonds au pays n'ont pas besoin de déclarer la provenance de l'argent, m'explique Soykan.

Ceux qui achètent généralement ces logements de luxe sont des Russes, des Iraniens et des Irakiens, dont beaucoup cherchent à se faire naturaliser pour avoir un plan de repli s'ils doivent quitter leur pays, me raconte un agent immobilier turc.

— Ce qui fait de la Turquie un paradis pour ceux qui veulent blanchir leur argent, conclut Timur Soykan.

Ce système propice au blanchiment des activités criminelles est critiqué par les journalistes d'investigation comme Timur, mais aussi par les partis de l'opposition. Ils voient d'un mauvais œil que les criminels obtiennent la citoyenneté par le capital et esquivent ainsi l'extradition.

Je demande à Timur si la Turquie est devenue le refuge des criminels.

— Oui, complètement, répond-il sans hésiter.

Une chose qu'Ibrahim Kalin, porte-parole du président turc Recep Tayyip Erdoğan, nie catégoriquement lors de notre entrevue. Quand je lui demande pourquoi on ne prend aucune mesure contre les criminels suédois qui ont fui en Turquie et pourquoi le pays devient la nouvelle plaque tournante de la cocaïne, il m'accuse de servir les intérêts du PKK et du mouvement Gülen, puis il met fin à l'entretien.

L'intérêt des organisations criminelles pour la cocaïne s'observe également par une augmentation des saisies de cette substance dans les ports turcs, livrée directement par les cartels sud-américains. Pour Timur Soykan, c'est le résultat de plusieurs opérations policières fructueuses en Europe, où l'accès aux messageries chiffrées a permis l'arrestation et la condamnation de nombreux criminels de haut rang, mais ce vaste coup de filet ne se répercute pas sur la quantité de cocaïne introduite dans les ports. L'année passée, les saisies ont encore battu des records.

Un jet privé a été arrêté au Brésil alors qu'il s'apprêtait à décoller avec 1,3 tonne de cocaïne répartie dans des valises à destination de Bruxelles. L'avion avait été précédemment emprunté par des fonctionnaires de l'État turc et aurait notamment transporté, d'après les médias, le président Recep Tayyip Erdoğan pour le mettre en sécurité lors du coup d'État militaire de 2016.

Une fois la cocaïne arrivée en Turquie, elle est acheminée en minibus vers l'Europe, mais aussi dans les États du Golfe, où le prix au gramme peut être bien plus élevé que sur le marché suédois.

Ce qui rend le cas du Renard particulièrement curieux, c'est qu'il ait été relâché malgré les lourdes charges qui pesaient sur lui. Au moment de son arrestation, il n'était pas accusé de crimes sur le sol turc, mais il était tout de même activement recherché par Interpol, la plus grande organisation policière internationale. La Turquie en étant membre, elle a fait l'objet de critiques de la part d'associations de défense des droits de l'Homme, qui l'accusaient d'abuser de la liste rouge d'Interpol en y inscrivant des critiques de son pouvoir et autres opposants politiques – ce qui a notamment conduit à l'arrestation de journalistes dans les aéroports de pays européens.

La Suède et la plupart des autres pays mettent sur cette liste rouge des personnes recherchées pour des crimes graves. Si un individu figurant sur la liste atterrit dans un aéroport, passe un contrôle frontalier ou fait l'objet d'un simple contrôle de routine dans l'un des 195 pays membres d'Interpol, il doit être immédiatement arrêté ; s'engage alors une procédure d'extradition. Mais mes contacts au sein de la fonction publique suédoise chargés de travailler sur la question admettent que, concernant la Turquie, c'est un peu plus compliqué que cela. Ils me rapportent que même les noms figurant sur la liste rouge parviennent facilement à entrer dans le pays, où on les laisse ensuite se déplacer librement. La procédure juridique est longue pour pousser les autorités turques à agir contre une personne recherchée.

L'individu a donc largement le temps de quitter le pays, de trouver de faux papiers d'identité ou d'obtenir la citoyenneté turque. Et le plus souvent, le pays « ne fait rien du tout » quand des suspects de meurtres et narcotrafiquants recherchés sont sur son sol, rapportent plusieurs sources officielles suédoises.

Quant à la façon dont le Renard a obtenu la nationalité turque et si cette information est vraie, lui seul le sait. J'espère lui transmettre mes questions par le biais d'amis ou de proches. Cependant, une fois sur place, j'obtiens seulement les noms de trois avocats qui le représentent à Istanbul. L'un d'eux me répond qu'il promet de revenir vers moi après en avoir parlé à son client.

Plus j'appelle, plus la tension monte chez mes fixeurs – des journalistes locaux avec leurs propres carnets de contacts.

— Il doit avoir de très bons contacts dans le milieu judiciaire et un sacré paquet d'argent, dit l'un d'eux.

Personne n'a envie d'être impliqué dans l'affaire, mais l'un me dit que si j'ai besoin d'aide pour autre chose, je suis le bienvenu :

— Si vous voulez dresser une carte des oligarques russes qui opèrent ici, n'hésitez pas à me contacter.

Nous poursuivons notre voyage vers le nord, en direction d'une autre station touristique : Bodrum. Le long de la série de restaurants qui bordent la mer Égée, au nord de l'île grecque de Kos, la clientèle est principalement turque à cette période de l'année, mais on trouve quelques Russes en vacances ou venus échapper à l'appel au front contre l'Ukraine. Le meurtrier présumé d'Adriana, Orhan, serait venu à Bodrum quelques semaines plus tôt. Quand je montre sa photo à quelqu'un qui travaille depuis plus de dix ans dans les restaurants du coin, il me dit que ce visage lui est familier.

— Je l'ai vu il y a quelques mois. Je suis très physionomiste, affirme-t-il.

Nous n'en saurons pas plus, si ce n'est que la drogue circule beaucoup ici, comme dans toutes les zones touristiques. Nous nous rendons alors dans la ville natale du suspect, au sein de la communauté suédoise de Kulu, au centre du pays, dans l'espoir de pouvoir le contacter. Ici, de nombreux habitants ont vécu ou ont de la famille en Suède. Nous nous rendons directement au parc Olof-Palme et traversons deux imposants portails en fer donnant sur un jardin arboré, orné de statues et d'une terrasse de café.

En terrasse, nous rencontrons plusieurs membres politiques du parti de la Justice et du Développement (AKP). Ils font preuve d'une grande hospitalité et nous aident à entrer en contact avec l'un des rares parents d'Orhan qui vivent encore à Kulu. Les autres sont en Suède, principalement autour de Botkyrka. L'un des hommes appelle directement la personne et demande si elle accepte de nous parler.

— Non, répond-elle.

Je leur montre une photo d'Adriana, 12 ans, et explique qu'on accuse Orhan de l'avoir tuée. Troublés, ils secouent la tête.

— Le procès est en cours. S'il s'était trouvé en Suède, on l'aurait jugé là-bas et il aurait peut-être été acquitté.

Un peu plus tard, un homme vient à notre rencontre. Il a vécu en Suède avant d'être expulsé à la suite d'une condamnation pénale. Dans un suédois approximatif, il nous explique qu'Orhan et plusieurs de ses amis étaient encore à Kulu il y a quelques mois seulement.

— Mais pour la gamine, il est innocent. Ce n'est pas un assassin, affirme-t-il.

— Où est-il, d'après vous ?

— À Istanbul. Ils ont monté un petit groupe là-bas.

De retour de Turquie, je suis frustré de ne pas avoir flairé de meilleure piste menant au Renard, à Rivkin ou au meurtrier présumé d'Adriana. Je rentre chez moi avec le sentiment de comprendre la frustration que doivent ressentir les policiers et les acteurs de la justice quand ils constatent que les individus qu'ils ont traqués pendant des mois peuvent se balader librement en Turquie. C'est comme si les criminels pouvaient acheter leur « carte d'évasion de prison » sous le nez d'une police impuissante.

41

Je suis rentré en Suède depuis quelques heures seulement quand on m'appelle via Signal. C'est encore l'intermédiaire du Renard. Il faut qu'il m'appelle maintenant, alors que je viens de rejoindre un ami dans mon bar de quartier. Cette fois, le Renard est avec lui, m'informe-t-il, et il lui passe le téléphone. Quelques secondes passent, puis une voix s'adresse à moi dans un suédois impeccable.

— T'as appelé tout le monde pour me parler, commence-t-il.

J'ai le cerveau en ébullition. Je m'écarte du bruit de la salle du bar et décide de ne donner aucune info tant que je n'ai pas l'assurance d'avoir la bonne personne au bout du fil.

— Tu as décroché une mention « Très bien » au bac ? lui demandé-je.

— Oui. En option commerce, répond-il sans hésiter.

C'est juste. Outre les sept matières dans lesquelles il a échoué, il a eu onze « Bien » et le reste était « Passable ». Une seule mention « Très bien ». Nous évoquons l'éventualité d'une rencontre pour mon livre. Il ne veut pas d'interview filmée, me dit-il, mais il y a une chose qu'il tient à éclaircir : ceux qui lui reprochent d'être impliqué dans le meurtre de son cousin Shad ont tort. Je lui réponds que je me base uniquement sur des accusations existantes et je fais référence à un rapport rendu public dans l'enquête sur deux avocats, le Roi et le Prince, qui auraient fourni à leurs clients des informations secrètes par le biais d'EncroChat.

Le Renard semble gêné, puis précise qu'il n'a rien à voir avec le meurtre de son cousin, que ce sont des « conneries ». C'est vrai, certains dans la famille pensent qu'il est coupable, mais il me conseille de contacter plutôt le frère de Shad, en prison, pour entendre sa version des faits.

Ce que je fais. Le frère purge une peine de réclusion criminelle à perpétuité pour un double meurtre à Kista remontant à 2017. Il est détenu dans le quartier Fenix de la prison de Kumla. Il me répond que, en raison des restrictions sévères de sa détention, il ne sait pas grand-chose des accusations portées contre le Renard et préfère prendre connaissance de toute l'enquête avant de se prononcer.

Par ailleurs, le Renard m'explique qu'il a changé de nom en Irak et que c'est avec son nouveau passeport qu'il a été arrêté à Marmaris. Il me confirme qu'il est libre mais ne donne pas plus de détails quant à savoir s'il fait toujours l'objet d'une enquête ou non.

— Comment a-t-on pu te libérer alors que tu es recherché à l'international ?

— Je suis citoyen turc, maintenant, répond-il comme si c'était une évidence. Quand t'investis ici, tu décroches la nationalité.

Sa réponse ne me surprend pas vraiment. Pourtant, cela me fait quelque chose d'avoir enfin la confirmation que personne n'arrivait à avoir. Il précise qu'il a entamé les démarches de naturalisation avant d'être arrêté.

Je lui demande s'il a acheté un appartement, mais il refuse de révéler quel a été son investissement et se contente de dire que tout le monde sait qu'on peut décrocher la nationalité turque de cette façon et qu'ensuite, en tant que citoyen, on ne sera pas extradé.

— Certains disent que tu as corrompu de hauts fonctionnaires pour sortir de prison.

— C'est faux, me répond-il.

Quand je me dis curieux d'entendre des rumeurs qui évoquent la rapidité fulgurante avec laquelle il aurait bâti son empire de la drogue, il ne nie pas l'information mais ne la confirme pas non plus. En revanche, il ne valide pas avoir utilisé les alias Foxkurdish et Foxplanet sur EncroChat.

— Je nie toutes ces accusations. Je suis un fi-fils à sa maman.

— Les tribunaux ont condamné plusieurs personnes en partant du principe que tu étais coupable de tout ce qu'on t'accuse d'avoir orchestré. N'aurais-tu pas tout intérêt à te présenter devant la Cour en Suède pour te défendre et tenter d'obtenir l'acquittement ?

— Non. De toute façon, j'ai déjà été jugé.

Difficile d'aller plus loin par téléphone. Il me dit qu'il réfléchira à ma proposition de nous rencontrer pour poursuivre la discussion. Je le prie de me tenir informé le plus tôt possible de ses disponibilités pour que je puisse réserver mon voyage en Turquie. Quand on raccroche, je me rends compte de toutes les questions restées sans réponse. Je regrette de ne pas avoir eu mon ordinateur sous la main.

Le fait que le Renard vive en homme libre remue le couteau dans la plaie pour ses parents éloignés qui habitent à Järva. Les proches de son cousin Shad connaissent les rumeurs prétendant qu'il aurait « graissé des pattes » pour sortir de prison. Leur rage envers lui et sa mère bouillonne encore. Ils sont exclus d'une partie de la famille.

Mais pas le père du Renard. On ne l'estime pas « aussi responsable » du chemin emprunté par son fils. On me rapporte qu'il entretient des liens étroits avec les parents de Shad. Presque tous les jours, il se rend dans l'agence de voyages dirigée par le père de Shad, à Husby. Il y est comme chez lui, il se prépare un thé dans la petite cuisine des bureaux puis va s'asseoir à côté de son beau-frère. Derrière le bureau trônent deux grands portraits du fils assassiné.

Pendant que son beau-frère aide les clients à réserver leurs voyages, le père du Renard pique les gâteaux sucrés préparés par la mère de Shad, rangés dans le tiroir du bureau. Il boit son thé avec ses biscuits sans montrer la moindre pointe de culpabilité pour tous les reproches que la famille de Shad fait à son fils.

Quand je demande à un proche du garçon assassiné si la famille a l'intention de se venger, il me répond que personne n'a envie de ça, même si d'autres affirment le contraire.

— Moi, je ne suis pas comme ça, dit-il. Je veux qu'il soit condamné et qu'il pourrisse en prison pour ce qu'il a fait à Shad. La mort, ce serait trop facile, trop rapide. Je veux qu'il souffre.

42

Aux quatre coins de la Suède, des pistes remontent jusqu'au Renard ; plusieurs de ses complices sont arrêtés et les soupçons de la police se confirment grâce aux écoutes téléphoniques : il continue de faire importer des stups.

L'un de ses amis détenu à Kumla depuis 2018 l'aide à développer sa clientèle. Comme il a l'autorisation d'appeler uniquement sa petite amie, celle-ci lui permet de parler directement au Renard en posant deux téléphones l'un à côté de l'autre.

Mais la nouvelle clientèle pose rapidement un problème. Dans la capitale, la police a saisi une grosse quantité de stups. Et maintenant, celui qu'on entend sur écoute – et que la police soupçonne d'être le Renard – exige plus d'un million de couronnes en dédommagement.

— C'est toi qui m'as présenté à ces connards, dit le Renard à son ami détenu à Kumla.

Il ne veut pas d'excuses, seulement récupérer son argent, et réclame l'adresse de tous ses proches. Son ami essaie de la calmer, mais il fulmine :

— Ils emprunteront à leurs parents, à leurs frères et sœurs s'il le faut, mais ils paieront !

Par l'intermédiaire du détenu, le Renard trouve également des clients à Östersund, où la police a remarqué une augmentation des quantités de drogue présentes en ville. À force de surveillance, on découvre un cartel d'envergure, avec des dealers et des coursiers qui récupèrent la marchandise à Göteborg et Stockholm.

Le nom du Renard apparaît également dans une affaire impliquant des adolescents dans le sud de la capitale à l'hiver 2022. Les jeunes sont soupçonnés de détention illégale d'armes à feu, de vandalisme et de harcèlement, et quand la police s'intéresse à leurs moyens de communication, elle découvre qu'ils dealent pour le réseau du Renard.

Et ce ne sont que des exemples parmi tant d'autres.

Aucune preuve ne l'incrimine directement. D'après les enquêteurs, les communications montrent non seulement qu'il occupe un rôle bien plus important qu'on ne le pensait, mais aussi que le marché est plus vaste qu'on pourrait le croire.

Et on le sait : qui dit plus de drogue dit plus de violence.

Au matin de Noël 2022, un jeune homme est abattu alors qu'il sort de l'appartement de ses parents, à Rinkeby. Il s'appelle Dumle et s'est fait connaître par une interview controversée parue dans l'*Expressen*. D'après les renseignements de la police, il serait proche du cercle de la Patrouille de la Mort, bien que certains affirment qu'il n'avait rien à voir avec le conflit de Järva. Dumle était soupçonné de complicité du meurtre d'Einár, également abattu devant son domicile en octobre 2021, dont il aurait été le leurre pour l'attirer dans un guet-apens, mais les preuves manquaient pour justifier une arrestation.

Les jours suivants, une vague de violence s'abat sur la capitale ; un autre meurtre survient à Vällingby. S'ensuit un attentat à la bombe à l'adresse de l'artiste 1.Cuz, après que celui-ci a posté une vidéo sur les réseaux que l'on aurait interprétée comme une provocation à l'égard d'Einár.

Dans la banlieue sud de Stockholm, des explosions visent un jeune homme surnommé Scar, et d'autres visent le rappeur Haval. Scar figure dans l'enquête sur le meurtre d'Einár, tandis que le rappeur Haval a été jugé pour avoir participé à l'enlèvement d'Einár. Les violences se poursuivent, deux adolescents, de 15 et 16 ans, sont arrêtés pour avoir tiré une pluie de balles sur la porte du domicile d'un homme qui n'avait aucun lien avec cette guerre de gangs.

Les attaques se poursuivent, si nombreuses que nous autres observateurs en perdons le compte. Et on ignore encore que ce n'est que le début.

PARTIE 7

QUAND PERSONNE N'ÉCOUTE
JANVIER 2023 – MARS 2023

43

Parmi tous les membres du système judiciaire que j'ai interrogés, ils étaient nombreux à croire que les opérations fructueuses sur EncroChat, Anom et Sky ECC inverseraient la tendance. À l'heure où j'écris, plus de quatre cents personnes ont accumulé plus de deux mille trois cents ans de prison grâce aux preuves tirées des conversations chiffrées. Dans les pays voisins, il semblerait qu'elles aient également permis de nombreuses condamnations. Par exemple, la Cour suprême allemande, la Bundesgerichtshof, n'a vu aucun inconvénient à utiliser les messages d'EncroChat comme preuves lors des procès ; mais cette exploitation des discussions cryptées provoque encore clairement des litiges à l'échelle juridique.

Pendant ce temps, rien n'a changé dans la rue. Paradoxalement, le succès des opérations policières a même provoqué l'inverse de ce que l'on attendait.

Quand les criminels de haut rang ont été arrêtés, un vide s'est formé à la tête des différents réseaux. L'ambiance a tourné à la conquête de l'Ouest ; les jeunes criminels, sur le mode Far West, se sont mis à « courir comme des poulets sans tête », pour reprendre l'expression de l'une des sœurs de Sascha. Cette nouvelle génération est armée et prête à user de violence, mais ce que ses aînés avaient, contrairement à elle, c'était la réflexion et l'expérience des armes à feu.

Ces nouvelles vagues de violence surviennent souvent en parallèle d'un repli des entreprises et des services publics qui désertent les zones touchées par les guerres de gangs. Là où la criminalité organisée est la plus visible, on se retrouve généralement avec des familles où les mères élèvent seules sept ou huit enfants, dont les pères sont souvent absents. Quand on allie le chômage à la barrière de la langue et qu'on ajoute là-dessus un contexte d'échec scolaire, la population est poussée vers un état de marginalisation à long terme.

On ne peut pas « briser » ou « écraser » les gangs, car les alliances se font aussi vite qu'elles se défont. Des rivaux peuvent facilement devenir « frères » du jour au lendemain. C'est la conclusion à laquelle est arrivé Magnus Sjöberg après avoir travaillé plusieurs années au conseil tactique de l'unité opérationnelle de la police suédoise, la NOA, où il s'intéresse à la violence des gangs, au terrorisme et à l'extrémisme.

Ce qu'il veut, c'est réduire à néant le champ d'action des criminels pour les empêcher d'agir. Ce qui leur permet d'alimenter une violence permanente, c'est la structure sociale de leurs réseaux. Ensemble, ils nourrissent une idéologie qui renforce autant l'individu que le groupe. La violence devient contagieuse car chaque attaque entraîne du ressentiment et gonfle le désir de vengeance. Pour chaque rival arrêté par la police, d'autres se précipitent pour prendre sa place.

Magnus Sjöberg en convient : les renseignements auxquels les criminels ont eu accès suite au décryptage d'EncroChat ont permis l'émergence de nouveaux conflits et entraîné une réaction en chaîne de vengeance. Prenons l'exemple d'Atte, 41 ans, à Helsingborg. D'après sa famille, son assassinat était le fruit de représailles une semaine après que les messages d'EncroChat concernant son frère ont été rendus publics. Le frère en question aurait été condamné pour tentative de meurtre sur un ancien collègue. Lors de son interrogatoire, le prévenu a pourtant alerté sur le fait que ces accusations mettraient sa famille en danger, mais d'après la police et le procureur, les menaces n'auraient pas été prises au sérieux. Une plainte a été déposée et le médiateur de la justice saisi, sans résultat.

Les enquêteurs impliqués dans la traque estiment que le vide laissé par toutes ces arrestations a ouvert le marché à des individus comme le Renard, qui y voyaient l'opportunité de gagner une plus grande part du marché et, pourquoi pas, à terme, d'ébranler les institutions publiques en s'y infiltrant.

Aurait-on pu l'éviter ? Pour Magnus Sjöberg, dès lors qu'on a eu accès aux conversations chiffrées, on aurait pu anticiper les effets d'arrestations en masse dans les zones sensibles. Il estime qu'on aurait pu mettre en place, « sans révéler ce qui se passait », un plan à mettre en œuvre dans les heures qui suivaient les descentes. On aurait pu avertir les municipalités, les écoles et autres acteurs locaux pour les préparer.

— Mais c'est facile de dire ça après coup, dit le chef de la NOA.

Il reste toutefois optimiste ; selon lui, on peut encore inverser la tendance et calmer les violences, mais pour cela, il faut envisager une « réorganisation totale » de la société qui doit se structurer et prendre la responsabilité d'une lutte commune contre la criminalité organisée. La police aurait le rôle de maintenir la sécurité pour que tout le monde puisse mener son travail à long terme.

Sjöberg estime que plusieurs facteurs ont mené à cette situation : la libre circulation au sein de l'espace Schengen, la facilité du passage de la drogue par le pont de l'Øresund et l'attitude des consommateurs à l'égard de la drogue. Ensuite, il y a une chose qu'il estime propre à la Suède : la protection de la vie privée, grâce à toutes les barrières de confidentialité entre les différentes autorités. Il faudrait tout refondre pour faciliter l'échange d'informations entre les pôles éducation, médical, psychiatrie, services sociaux et police, mais il faudrait également oser aborder le sujet des populations vulnérables, où le risque est plus grand pour les enfants de tomber dans la délinquance, sans contribuer à leur stigmatisation ni être accusé de racisme.

— Ce n'est pas en contournant le sujet qu'on assumera notre responsabilité. Cessons d'être lâches et arrogants, déclare Magnus Sjöberg.

Le problème est d'autant plus complexe qu'il faudra travailler à long terme sur des notions comme l'honneur, le statut et la susceptibilité. Le sujet commence à être abordé dans des écoles primaires de Järva, où l'on apprend aux enfants de 10 ans à résoudre les conflits, aussi bien à l'école qu'à la maison.

Peter, qui a survécu à neuf coups de feu dont il a été la cible à Viksjö, affirme que, pour ces populations, la violence observée chez les aînés est très présente à la maison et dans le quartier. Ce n'était pas forcément le cas au sein de sa famille à lui, mais l'absence des parents contribue souvent à ce que les jeunes finissent dans la rue.

Malgré les records de fusillades mortelles et les luttes de pouvoir permanentes entraînées par les révélations publiques des chats cryptés, Magnus Sjöberg estime qu'il fallait agir. Trop de gens croyaient ou espéraient que ce serait la solution pour régler la criminalité croissante.

— Personne ne pouvait deviner les forces qui allaient s'installer dans le vide laissé par le retrait des anciennes hiérarchies en place.

44

À la suite de toutes les opérations menées contre les utilisateurs des messageries chiffrées, beaucoup de choses ont changé. À l'automne 2020, la police disposait de suffisamment de preuves contre Danni, à Malmö, qui était impliqué dans un projet de vengeance mortelle contre le Boxeur et qui avait ensuite croisé son rival Salle à l'hôtel d'Ängelholm. Quand la police a interrogé Salle, ami du Boxeur, il est resté peu loquace, déclarant simplement qu'il menait une vie de famille. Étant au chômage, il s'est dit soutenu financièrement par ses proches et n'a pas voulu commenter les projets de meurtre fomentés contre lui, se contentant de dire qu'il n'avait pas peur de « ces salopes ». Quand on l'a interrogé sur Danni, au cours du premier interrogatoire, il ne l'appelait pas par son nom mais par le surnom « le Rat ».

Finalement, quinze hommes ont été mis en examen dans le plus grand procès de gangs de l'histoire de Malmö, la plupart pour des projets d'assassinats visant des criminels rivaux. Début février 2022, alors que l'audience est en cours, on apprend que Salle a été abattu le vendredi soir précédent à Vesterbro, à Copenhague. Parmi les suspects, deux garçons de la région de Malmö que la police soupçonne d'avoir été recrutés par un autre criminel local.

Les condamnations de ce procès de gangs ont été portées en appel. La cour a rendu son verdict définitif deux jours avant Noël 2022. Danni et Kitekiller, l'individu chargé de placer le mouchard sous la voiture de Salle, ont été condamnés, ainsi que Haraketamal et Yougo pour tentative de meurtre à l'encontre de

Salle. L'individu associé au pseudo Kitekiller a été condamné à sept ans de réclusion pour deux tentatives de meurtre et détention illégale d'arme à feu. Danni a écopé de deux ans de prison en plus de sa peine de cinq ans pour trafic de stupéfiants après l'affaire du ferry intercepté par les douanes de Rostock.

Trois hommes ont été acquittés, dont Niff, le compagnon de Karolin Hakim, l'interne en médecine assassinée dans la rue. Il était mis en examen pour complot de meurtre et soupçonné de vouloir venger sa compagne. Le tribunal et la cour d'appel l'ont acquitté bien qu'il ait reconnu avoir utilisé l'alias Stiffherb sur EncroChat. Il disait chercher à obtenir des informations sur l'assassin de Karolin pour savoir de qui il devait se méfier. Selon ses dires, il ne cherchait pas à se venger, mais il a dû en donner l'impression puisque c'est certainement ce qu'on attendait de lui.

Concernant les responsables du meurtre de Karolin Hakin, les preuves sont solides et l'enquête progresse. On dispose de « bonnes connaissances du déroulement des événements et des personnes impliquées » pour intenter un procès dans un avenir proche.

— EncroChat a confirmé plusieurs aspects que l'enquête avait précédemment révélés, explique un informateur.

Malgré le durcissement de certaines peines, la substitut du procureur de la RIO à Malmö, Helena Ljunggren, estime que les peines pour complot de meurtre restent encore trop faibles.

— Mais bon, commençons par réussir à les faire condamner, commente-t-elle.

Elle ajoute que les législateurs se rendront forcément compte qu'il ne sert à rien de laisser la police pirater des téléphones et des serveurs pour accéder à des complots meurtriers si, derrière, la loi ne suit pas pour condamner les coupables.

Dans le cas du projet de meurtre contre le Boxeur et ses alliés, la cour d'appel a statué : les messages laissaient clairement apparaître que Niff et deux complices souhaitaient la mort de leurs rivaux et qu'ils étaient prêts à agir dès que l'occasion se présenterait.

Toutefois, la cour ayant estimé qu'étant donné qu'on ne savait ni où ni quand les victimes seraient attaquées, il était impossible d'affirmer que les trois individus avaient la nette intention d'attenter à la vie de leurs ennemis.

Helena Ljunggren critique le fait que l'on refuse de considérer des renseignements aussi concrets comme des décisions nettes.

— Faut-il faire signer un accord aux criminels pour que leurs complots soient pris au sérieux ? Les législateurs ont ici assez de matière pour agir, déclare-t-elle au quotidien *Sydsvenskan* après l'annonce du verdict.

Quand je la contacte directement, elle maintient ses propos. Et c'est loin d'être la seule à partager ce point de vue. Plusieurs procureurs avec lesquels j'ai discuté soulèvent le même problème : la justice dans son état actuel est « dépassée », il faut punir plus durement la promotion, l'incitation et la tentative de crime, sans quoi on n'arrivera jamais à atteindre les chefs et commanditaires de meurtres. Tous s'accordent à dire que les lois et la jurisprudence actuelles ne suffisent pas.

Dans de nombreux autres pays de l'Union européenne, il existe une loi sur l'association criminelle, dont plusieurs procureurs estiment qu'elle comblerait cette « lacune » qui complexifie l'identification des leaders de gangs faisant « faire le sale boulot » à d'autres.

Au départ, celui qui se cachait derrière l'alias Sadking devait être poursuivi pour des crimes liés aux discussions, notamment avec Niff, au sujet du meurtre des alliés du Boxeur. Il sera extradé d'Espagne plus tard, après les poursuites engagées contre Danni et les autres. Au vu de l'arrêt de la cour d'appel concernant la promotion, l'incitation et la tentative de crime pour lesquelles Niff et Hamid ont été acquittés, le parquet a décidé d'abandonner les poursuites contre Sadking, considérant que c'était peine perdue.

À Málaga, où il a été extradé depuis Dubaï, le Boxeur, soupçonné de complicité de meurtre avec trois autres individus pour deux assassinats remontant à 2018, est resté en prison jusqu'au printemps 2023.

— Je suis innocent, soutient le Boxeur après la visite de son avocat Gonzalo Boye juste avant le procès.

L'avocat affirme qu'aucune preuve matérielle ne peut associer le Boxeur aux lieux des crimes et prétend que les deux meurtres peuvent être imputés à d'autres gangs.

— Au procès, on rappellera que toutes les accusations sont basées sur des hypothèses de la police, dit l'avocat.

L'un des amis du Boxeur affirme qu'il restait prudent sur EncroChat ; il ne pense pas que la police aura des preuves suffisamment solides. L'enquête menée en Espagne ne repose sur aucune information tirée des conversations chiffrées désormais accessibles, ajoute l'avocat. Il n'y est fait aucune mention de Ridouan Taghi, chef de mafia maroco-néerlandais surnommé l'Ange de la Mort, avec qui le Boxeur aurait collaboré.

Il précise que le Boxeur a eu le temps de partir à Dubaï quand ses amis ont été arrêtés. Là-bas, il était en contact avec son ancien avocat qui tentait de négocier avec les juges et les procureurs, proposant qu'il se rende, à condition d'être libéré sous caution. Sa demande a été rejetée.

Quelle que soit l'issue du procès, la police de Malmö affirme que le Boxeur a utilisé plusieurs téléphones EncroChat au cours de son séjour à Dubaï, ce qui constitue « une énorme base de données » précieuses pour les enquêteurs suédois. L'avocat espagnol du Boxeur affirme que les preuves ne proviennent pas de Suède, il n'y en a aucune qui relie directement son client aux deux meurtres dont il est question. Pour lui, cette affaire ne repose sur rien de solide. Il va jusqu'à dire que les preuves ont été truquées et qu'il est en mesure de le prouver.

Au cours de l'un des entretiens avec l'avocat, je demande bien entendu si le Boxeur souhaite s'exprimer sur le conflit à Malmö qui a coûté dix vies en Suède et en Angleterre.

— Il ne souhaite pas parler avant le procès, dit-il avant d'ajouter que son client n'a rien à voir avec ces meurtres.

Parmi ce dont on l'accuse, de nombreux événements ont eu lieu en Suède et à Londres alors qu'il était à Dubaï, loin des lieux des crimes. L'avocat rejette l'idée qu'il ait pu coordonner ces forfaits à distance.

— Si ça avait été le cas, on l'aurait déjà soupçonné à ce stade, après trois ans de détention, non ? Or on ne l'a jamais informé de tels soupçons, déclare l'avocat.

Des informateurs des polices de différents pays ne se disent pas surpris que l'avocat parle au nom de son client, mais ils s'inquiètent du fait qu'il puisse avoir raison, à savoir qu'il y ait des lacunes au sein de la police espagnole et qu'elle puisse rencontrer des difficultés à traiter ce type de criminalité. Cette complication s'explique par la présence de deux forces de police distinctes dans le pays qui se concurrencent et se mettent des bâtons dans les roues.

Un ami du Boxeur doute que les Espagnols disposent de preuves solides.

— À mon avis, il sera libéré. Je le sens.

Au départ, une réquisition d'emprisonnement à perpétuité a été prise, mais une partie des preuves numériques ont été rejetées par le tribunal. Or, par crainte que le Boxeur et trois autres accusés soient acquittés, le parquet a proposé un accord envisageable en Espagne : qu'ils reconnaissent les crimes en échange de peines considérablement amoindries. Dans le cas du Boxeur, cela voudrait dire qu'à la grande surprise de la police suédoise, il serait libéré fin avril 2023.

Mais juste avant sa libération, le Boxeur a appris qu'il resterait en détention préventive en raison d'un mandat d'arrêt européen. Il est jugé par contumace en Suède et soupçonné de graves délits liés à la drogue sur la base des preuves tirées d'EncroChat.

Au printemps 2023, une demande d'extradition d'Espagne est déposée pour qu'il soit jugé en Suède. Une fois de plus, les policiers suédois sont soulagés. En août, il est rapatrié en Suède et placé en détention provisoire à la Cour de Malmö en attendant son procès. Il niera toutes les accusations portées contre lui.

45

L'un de ceux qui seront finalement arrêtés grâce aux communications chiffrées, c'est Donvar. Quand il a compris qu'il était soupçonné de plusieurs délits graves liés à la drogue dont les soupçons ont été renforcés par EncroChat, il s'est dit « merde ». Comme beaucoup de ses amis, Donvar a été condamné à plusieurs années de prison pour ces délits. Il fait partie de ceux qui remettent en question le fait que les tribunaux suédois acceptent les messages d'EncroChat en guise de preuves.

Pour lui, le quotidien en détention est « une catastrophe », c'est une sorte de garde à vue où les cellules sont surpeuplées et les activités médiocres. Il a attendu plus de dix mois avant d'être enfin accepté dans la formation qu'il demandait pour occuper son temps de manière constructive. Vu la situation carcérale du pays, cela l'étonnerait beaucoup que les anciens détenus réussissent leur réinsertion ; à son avis, ils seront plutôt enclins à rejoindre la pègre. Parmi les gens qu'il connaît en prison, nombre d'entre eux ne peuvent pas recevoir la visite de leur partenaire, qui porterait soi-disant « la marque du gang » et serait un frein à la réinsertion.

— En quoi ça t'empêche de te réinsérer, de voir ta copine ? se demande Donvar.

Il se dit intelligent, il sait qu'il s'en sortira, mais il a conscience qu'il aura du mal à trouver du travail avec ce casier judiciaire où on l'accuse de trafic de drogue.

— Qui va m'embaucher, putain ? En fait, ma vie est foutue.

Sara a tenu la promesse qu'elle s'était faite de ne plus jamais dealer. Aujourd'hui, elle est mère de famille et travaille dans un service après-vente. Elle a laissé la criminalité derrière elle.

Je lui demande si elle regrette son choix. Elle me répond que non. Les clients continuent d'acheter de la drogue, avec ou sans elle. Elle essayait toujours de les traiter du mieux qu'elle le pouvait, de leur parler, mais elle en a vu sombrer dans l'addiction. L'un d'eux a été expulsé pour plusieurs mois de loyer impayés. Il avait acheté tellement de stups qu'il s'était mis sur la paille.

— Je m'en voulais. Je n'avais pas l'esprit ghetto, moi. Ça m'angoissait. J'avais l'impression que c'était ma faute s'il n'avait nulle part où aller. Pourtant, ce n'était pas à cause de moi qu'il avait choisi de gaspiller toute sa thune pour de la drogue.

Maja est toujours assistante sociale et travaille avec des jeunes en situation de dépendance ou impliqués dans des gangs. Elle n'a pas touché à la drogue depuis six mois et m'explique qu'elle a arrêté parce qu'elle « n'en pouvait plus de cette double morale ».

En prenant ses distances avec certaines fréquentations de l'époque, elle a pu s'éloigner du milieu et ne s'expose plus à la drogue. Quand ses amis buvaient de l'alcool, c'était généralement juste avant de passer à la drogue puis sortir faire la fête. Maja en a eu assez de ce « double jeu » en contradiction totale avec sa carrière professionnelle.

Elle se sent mieux maintenant.

Le fait d'avoir été diagnostiquée TDAH l'a certainement aidée. Elle prend un traitement qui l'empêche de rechercher perpétuellement l'excitation de la drogue.

— J'avais l'impression de ne pas être quelqu'un de bien quand je participais à tout ça. Maintenant, j'assume et je suis fière de mon travail.

46

— Salut, c'est toi le journaliste ?

La soirée est bien avancée dans cette intense période de travail à suivre les fusillades et les explosions qui secouent la capitale quand je reçois un message sur Signal.

Au bout d'un moment, j'appelle directement la personne qui me contacte. L'homme se présente comme le grand frère d'Orhan, qui est toujours recherché. Il veut discuter de mon voyage en Turquie.

C'est le début de l'année 2023 et le procès de Maykil et de deux autres personnes soupçonnées du meurtre d'Adriana est en cours. D'après la substitut du procureur Anna Svedin, des preuves tirées des messages chiffrés de Sky ECC auraient été déterminantes pour porter l'affaire en procès. Les avocats de la défense, eux, trouvent ces preuves trop « maigres » et soulignent qu'elles ont été basées sur des suppositions. Le quatrième suspect du meurtre, c'est Orhan, qui fait l'objet d'un mandat d'arrêt international pour meurtre et tentative de meurtre.

Le frère aîné d'Orhan m'informe qu'ils n'ont pas apprécié que je me rende dans la ville natale de leurs parents pour poser des questions. Certains proches à qui ils n'ont pas parlé depuis « quarante ans » se sont plaints. Il ne faut pas faire ça.

— T'as été gonflé de te pointer à Kulu, dit le frère.

On discute un moment, puis il affirme qu'Orhan est innocent. Quand je demande à l'entendre directement de la bouche de son petit frère, il me passe Orhan qui était derrière lui et écoutait la conversation.

— Je n'ai rien à voir avec le meurtre d'Adriana.

Dans ce cas, lui réponds-je, pourquoi ne rentre-t-il pas en Suède pour être jugé au lieu de se cacher en Turquie ? Ce serait le meilleur moyen de racheter sa réputation. Mais Orhan et son frère soutiennent que leurs amis ont été accusés sans la moindre preuve. Orhan ne veut pas gâcher deux ans en détention préventive en attendant l'acquittement, il préfère « vivre une vie de luxe en Turquie ».

— Je sais que je n'étais pas dans cette voiture. Je reste en Turquie le temps que les autres soient libérés, dit le jeune homme tout juste âgé de 25 ans.

Dans les chats de Sky ECC, l'un des deux jeunes visés par l'attaque dont a fait les frais Adriana a mentionné Orhan le lendemain de la fusillade et s'est mis à le chercher. Les deux jeunes hommes étaient convaincus qu'Orhan faisait partie des responsables, ils proposaient une récompense d'un million de couronnes à celui qui leur communiquerait des informations sur l'endroit où il se cachait. Ce qui a renforcé les soupçons qui pesaient sur Orhan, c'est que l'une des deux cibles, ancien ami d'Orhan, a appelé la police pour le désigner, lui et deux autres complices, comme les meurtriers d'Adriana. L'informateur a été identifié plus tard au cours de l'enquête. Les charges ont été retirées concernant les deux complices, mais Orhan reste suspect. Pour l'instant, il n'a pas été inculpé parce qu'il se cache.

S'il est parti en Turquie, affirme-t-il, ce n'est pas à cause du meurtre d'Adriana, mais pour fuir après qu'on a essayé de le tuer et qu'il a été blessé par balle. D'après le rapport d'enquête, il s'agirait d'un acte de vengeance des deux garçons pris pour cible le soir de la mort d'Adriana.

La mère d'Orhan et d'autres membres de la famille ont insisté pour qu'il quitte le pays après sa blessure au bras. Plusieurs personnes ont été condamnées à la prison pour tentative de meurtre. Son ancien ami devenu rival, survivant de l'attaque qui le visait devant le *McDonald's* et qui planifiait sa vengeance, a écopé de quinze ans et dix mois de prison. Orhan et ses amis ont perçu des dommages et intérêts pour la tentative de meurtre, et il dit respecter la décision du tribunal.

— S'ils doivent être condamnés, qu'ils le soient.

Concernant ce conflit qui l'oppose à ses anciens amis et qui a mené à la fusillade de cette soirée en août, il n'a pas grand-chose à dire. Il ne sait pas pourquoi « les gens s'allient ». Il y a des choses qu'il ne comprend pas lui-même, mais qu'il a apprises comme les autres, via les chats publiés dans les enquêtes.

— J'en sais pas plus que toi, me dit-il.

Il reconnaît avoir assisté au tournage très médiatisé du clip de rap « Blue Cheese », la veille du meurtre d'Adriana. Quand les enquêteurs ont eu accès aux rushes, ils ont constaté qu'Orhan et Maykil étaient tous les deux présents ; après cette découverte, en juillet 2021, alors qu'Orhan se trouvait en Turquie, il a été placé en détention préventive pour le meurtre d'Adriana. Un peu plus tard, d'autres preuves tirées de Sky ECC se sont ajoutées au reste.

Dans le clip de rap, on voit plusieurs armes à feu, notamment la kalachnikov utilisée le soir du meurtre d'Adriana. Maykil Yokhanna en figure de proue et deux autres individus ont été mis en examen pour de graves délits en lien avec les armes et le tournage du clip, et Orhan est également dans le viseur des autorités pour cette affaire.

Je lui demande ce que ça fait, d'être accusé d'avoir tué une enfant.

— Même le mec le plus cruel du monde aurait des remords. Mais qu'est-ce que j'y peux ? Je suis triste qu'Adriana soit morte, mais je n'ai rien à voir avec ça.

Dans la salle 11 du tribunal Attunda de Sollentuna, Susanne Yakes, mère d'Adriana, est assise aux côtés du père d'Adriana et écoute les charges énoncées contre les présumés coupables du meurtre de sa fille.

Elle jette un coup d'œil à Maykil et aux deux autres garçons soupçonnés. Maykil est assis au premier rang, au milieu, avec son avocat assis à sa gauche. Il porte des vêtements noirs et des chaussures noires Louis Vuitton. Ses longs cheveux sont noués en queue de cheval. À sa droite, plusieurs témoins dont deux amis d'Adriana, du même âge qu'elle, racontent leurs souvenirs de cette funeste soirée. Maykil passe le témoignage à regarder un écran devant lui. Il porte des lunettes à monture noire et se penche par moments vers ses avocats, sur sa gauche, pour échanger des commentaires.

Susanne a l'air tendue et sort quand les enfants interviennent, car elle n'arrive pas à entendre leur témoignage. Elle revient toutefois lorsque c'est le tour du père d'Adriana, qui évoque son arrivée sur les lieux dix minutes après le meurtre de sa fille. Il raconte qu'il a essayé de comprendre ce qu'il s'était passé, qu'il a dû emmener le chien qu'elle avait pris avec elle, puis les semaines suivantes sont floues. Quand il a repris ses esprits, deux ou trois proches de confiance lui ont donné les noms d'individus impliqués dans le meurtre. Orhan en faisait partie, on lui assurait qu'il conduisait l'Audi, et l'autre était un jeune sur qui les soupçons ont finalement été levés. Plus tard, il a appris que Maykil était également dans la voiture. Cependant, à la surprise du procureur, le père refuse de donner les noms de ses informateurs, car cela les mettrait en danger. Maykil et les autres accusés ont toujours nié avoir commis le crime.

« Je suis innocent et j'espère que le tribunal traitera mon cas avec justice », m'écrit Maykil Yokhanna par courrier, sans répondre à mes autres questions sur le conflit qui l'oppose au réseau de Vårby, sur sa relation avec Sascha ou sur tout autre sujet pouvant le concerner dans mon livre.

Fin avril 2023, Maykil et les deux autres accusés sont condamnés à la prison à perpétuité pour meurtre et tentative de meurtre visant sept autres personnes devant le fast-food. Les avocats de la défense ont annoncé qu'ils se pourvoiraient en cassation.

Susanne estime qu'il y a des limites que même les criminels ne peuvent pas franchir. Quand un enfant innocent est tué, on ne peut pas se cacher derrière une histoire de « lois de la rue ». Pour elle, les criminels baignent dans une fausse culture de l'honneur où les objets matériels ont plus de valeur que la vie elle-même. Plus de valeur que la vie de sa fille Adriana.

— Ils parlent tous d'honneur, mais où est-il, leur honneur ? Si c'est du respect qu'ils veulent, ce n'est pas comme ça qu'ils l'obtiendront. Ça ne fait pas d'eux des gangsters, mais des assassins d'enfants.

Et elle demande aux inculpés :

— Ça en valait la peine ? Vous avez obtenu le respect que vous vouliez ? Vous trouvez que vous le méritez ?

47

Début janvier 2023, un vendredi, je rencontre Jacob, revenu à la tête de l'équipe Foxtrot. Sous ses ordres, vingt et un enquêteurs et analystes répartis dans deux espaces de bureau poursuivent la traque du Renard.

Sur l'un des murs, un grand tableau blanc affiche les photos d'une trentaine d'individus associés au Renard d'une façon ou d'une autre. Certains purgent déjà leur peine, d'autres pourraient être les prochains sur la liste. En haut du tableau, une photo du Renard.

Bien qu'il ait obtenu la nationalité turque et que son extradition devienne improbable, il reste la possibilité de transférer le procès en Turquie. Ce sera compliqué, il faudra faire traduire un tas de documents, mais « le système judiciaire suédois ne baissera pas les bras », pense Jacob.

Les pistes menant au Renard émergent dans des enquêtes aux quatre coins du pays et dans la musique rap. Un groupe de rap de Jordbro, associé aux membres de son réseau, a sorti en 2022 un clip dans lequel des personnes masquées s'affichent avec des armes à feu et des sweats à capuche floqués de messages clairs. Parmi ces messages, il y a « Free Wizz », en référence à un individu condamné à la suite d'une saisie de plus de trois cents kilos de drogue à Lidingö. Dans la vidéo, on voit également un homme vêtu de noir brandissant une arme à feu en montrant son torse. Il est écrit « Free Fox » avec l'image d'un renard.

Le dernier plan de la vidéo montre deux individus en short, dont le visage est masqué par des émojis de têtes de renard. L'un des deux porte une épaisse chaîne en or avec un pendentif à l'effigie d'un renard aux couleurs du drapeau kurde.

Les cas de trafic de drogue associés au Renard sont tellement nombreux que « la coupe est déjà pleine » pour l'équipe Foxtrot. On a suffisamment de preuves pour le condamner à une peine maximale de quatorze ans de prison. D'après la police, le Renard a une cinquantaine de charges contre lui liées à la drogue. Ils poursuivent l'enquête en rassemblant les preuves des violences auxquelles il aurait participé.

L'agent Denny pense que l'affaire du Renard montre à quel point il est important de s'attaquer aux crimes liés à la drogue pour lutter contre les violences, mais bien qu'il ait participé à la saisie d'environ une tonne de stups supposée liée au Renard, il ne constate aucune diminution du trafic ni de la consommation.

— Je ne crois pas que les consommateurs aient conscience du rôle qu'ils jouent, dit-il. Quand ils achètent leur pochon à Stureplan, ils sont tout aussi impliqués dans le conflit sanglant que ceux qui empoignent les armes. C'est juste qu'ils ne s'en rendent pas compte.

Quand Jacob m'accorde un entretien, je lui demande combien de morceaux de l'éléphant il reste encore à engloutir. Il sourit, mais retrouve vite son sérieux en évoquant les meurtres commis dans le cadre du conflit avec les Bandidos et toutes les armes saisies. Ceux qui grimpent dans la hiérarchie doivent savoir défendre leur place.

Deux ans plus tôt, il avait tenté de convaincre ses collègues de la NOA de débloquer davantage de ressources pour la traque du Renard, mais on ne le jugeait pas assez dangereux à l'époque.

— On ne l'aurait pas forcément arrêté, mais on l'aurait peut-être freiné. Maintenant, on reprend tout depuis le début. Et malheureusement, sa soif de violence a dégénéré, soupire Jacob avant d'ajouter : on n'aurait jamais dû en arriver là.

Malgré cela, toute son équipe poursuit la traque, pas à pas.

— L'éléphant n'arrête pas de grossir. On n'a même pas commencé à le grignoter, du moins pas la partie concernant les crimes.

À peine deux jours après notre rencontre, des explosions et des fusillades surviennent à Stockholm et Uppsala. Le contexte se précise : il s'agirait d'une guerre de gangs. D'un côté, le réseau de Dalen et son chef, le Grec, ancien joueur de hockey de 24 ans. De l'autre, les soupçons se portent sur le Renard et ses alliés, accusés d'avoir commandité l'explosion d'un restaurant à Södermalm et plusieurs fusillades. Le conflit serait né lorsque le réseau du Grec s'est opposé au Renard, quand « sa drogue » a débarqué à Sundsvall, là où le marché était jusqu'à présent contrôlé par le Grec. Certaines sources expliquent que Sundsvall est une porte d'entrée pour faire transiter la marchandise vers le nord du pays, ainsi que pour exporter en Norvège et en Finlande, deux pays dans lesquels le Renard a des contacts bien établis. Par ailleurs, Sundsvall pâtit d'une forte réputation criminelle ; elle était le théâtre de conflits entre les Hells Angels et les Bandidos dans les années 1990.

Dans le courant du mois de mars 2023, Stockholm est touchée par une série d'attaques à l'explosif et de fusillades pour un nouveau conflit impliquant le réseau du Renard qui coûtent la vie à plusieurs personnes. Un homme d'une quarantaine d'années, qui aurait été confondu avec un autre, est abattu devant un restaurant de Solna, et un adolescent de 15 ans impliqué dans le conflit pour s'être érigé contre le Renard est tué d'une balle dans la tête dans un restaurant de sushis, à Skogås. Cet assassinat aurait été perpétré par trois adolescents, dont l'un aurait servi de leurre pour attirer le jeune dans le restaurant de Skogås, où un autre adolescent du même âge aurait ouvert le feu. Ces jeunes sont issus d'un milieu destructeur où on les a formés à la vengeance comme de véritables soldats. Cette lutte de pouvoir est d'autant plus sanglante que les deux camps s'en prennent aux proches du Renard et du Grec ; on s'attaque même à la famille et aux parents innocents.

Certains de mes contacts se demandent jusqu'où on va aller. Une fusillade entraîne une riposte, et ainsi de suite. Début mars 2023, l'émission *Efterlyst* publie la photo de deux jeunes hommes du sud de Stockholm recherchés pour une fusillade ayant eu lieu à Uppsala ciblant des proches du Renard.

Le même soir, on frappe à la porte des parents de l'un des fugitifs, à Tullinge, au sud de la capitale. Le père ouvre la porte et est abattu sur-le-champ.

— Pour les vrais criminels, ceux qui s'en prennent aux parents ne sont que des putes. C'est tabou, s'insurge un individu du milieu.

Pour lui, les commanditaires de ce genre de violences sont de « misérables lâches », ce sont des « petites souris » qui viennent se frotter aux « vrais gangsters ».

Quand j'interroge la communauté criminelle sur la façon dont on pourrait sortir de cette impasse, on me répond que le projecteur médiatique leur fait de la bonne pub. La violence, c'est bon pour les affaires. Tout le monde parle du réseau du Renard : résultat, les gens ont peur et paient dans les temps. Les pays voisins parlent du gang et l'effigie du renard est partout dans les clips musicaux ; il devient le logo qu'on imprime sur ses cargaisons de drogue à livrer. La violence est un moyen de dissuader les autres gangs de se venger, et s'ils se vengent, alors leurs proches sont visés. Si on s'en prend aux familles, c'est seulement pour que le rival ait trop à perdre en se rebiffant. C'est une sorte de sous-culture qui se radicalise à vitesse grand V, où la concurrence se bat par la violence. Même si les réseaux criminels rechignent à s'en prendre aux proches de leurs ennemis, ils franchissent le pas car leur gang devient leur nouvelle famille.

Mes sources au sein de la police comparent les actes de violence du Renard à une forme de terrorisme intérieur. À la suite du meurtre de Tullinge, certaines personnes réclament au gouvernement suédois qu'il convoque l'ambassadeur de Turquie pour lui demander des comptes : le Renard est désormais citoyen turc, or il est impliqué dans des meurtres et des actes terroristes sur le sol suédois.

— Le gouvernement doit braver l'OTAN et agir face à l'indulgence de la Turquie, dit un policier qui a passé énormément de temps à traquer le Renard.

Dans le milieu de la musique, en parallèle de la violence latente, on monte des stratégies pour se bâtir une image de marque, ce que la police surveille de près. Des rappeurs affichent des références à l'animal pour montrer clairement leur allégeance à son réseau. Alors que le conflit s'envenime, un rappeur connu d'Upplands-Bro publie des photos sur Instagram où l'on voit des individus couverts d'émojis de renard. Il publie par ailleurs un clip où il porte, entre autres, une épaisse chaîne en or avec un pendentif à l'effigie du goupil. Sur une autre photo, il brandit un pistolet argenté sur lequel le mot « FOX » est écrit avec des billets de cent dollars. Mi-mars, les proches du rappeur à Hässelby sont victimes d'une explosion liée à cette spirale de règlements de comptes.

Au printemps, malgré de nombreux articles et reportages consacrés au Renard et au conflit meurtrier qui a secoué Stockholm, une personne refuse encore d'y croire. C'est Hasse, l'ami de la mère de l'intéressé.

— Un mythe s'est créé autour de lui, dit Hasse. Mais je suis convaincu que c'est faux. J'aurais du mal à imaginer que je me trompe sur toute la ligne.

Cette avalanche de violences est bien sûr suivie par l'équipe Foxtrot et d'autres policiers engagés dans les nombreuses enquêtes parallèles. Ceux qui mènent cette traque depuis près de trois ans obtiennent le renfort de centaines de collègues appelés dans tout le pays pour enrayer l'expansion du réseau.

— J'ai dû leur dire mille fois : « Je vous l'avais dit ! » Et aujourd'hui, on en est là, s'agace Denny tard dans la soirée, quand je lui demande ce qu'il pense de l'évolution de la situation.

Je prends contact avec Christoffer Bohman, qui a suggéré un plan d'action et prenait en considération les avertissements de ses collègues sur le capital de violence du Renard dès l'automne 2021. D'après lui, cela n'a fait que trahir ces dernières années de dysfonctionnement au sein de la police.

— Si l'on n'anticipe pas les problèmes futurs dont on aperçoit déjà les contours et que l'on ne traite que les urgences, ces problèmes finiront par nous exploser à la figure, dit Bohman.

Par exemple, la police n'a pas réussi à anticiper le retard qu'induirait la numérisation des données, ce qui a rendu la tâche plus compliquée et a intensifié le débat sur le fait que les enquêtes n'ont pas suivi l'évolution des violences criminelles en temps réel. Pour Bohman, il en allait de même pour le Renard. Plusieurs collègues ont tenté de prévenir, à l'époque, qu'il deviendrait dangereux.

— Il faudrait une refonte complète de la direction et de notre structure interne, dit-il.

Mais cela se fera sans lui. Christoffer Bohman a atteint un point de non-retour, il prend conscience qu'il ne fera pas la différence. Il faudrait bien plus d'effectifs au sein de la police, mais les criminels sont tellement nombreux dans la pègre que cela devient impossible. Que faire de plus ? Il constate que pour chaque criminel arrêté, dix nouveaux surgissent pour prendre sa place. Et on voit même des enfants de 12 ans prétendre au poste.

— Si on n'agit pas maintenant, on ne sait pas ce que ça donnera demain, se désole-t-il.

C'est pourquoi il quitte la police et son poste de chef d'équipe dans la région de Sörmland, où il enquêtait sur les violences par armes à feu, notamment à Eskilstuna. Il rejoint à présent la fondation Skandia « Idées pour la vie ». Là, il travaillera de façon plus pérenne sur la question de la sécurité à l'échelle nationale.

— Ce que je fais dans la police, d'autres peuvent le faire aussi. Alors je passe volontiers le flambeau. On a besoin de moi ailleurs, maintenant.

Son collègue Niklas qui, avec Jacob et d'autres, a tenté à de nombreuses reprises de convaincre leurs chefs de mettre la priorité sur le Renard, a finalement réussi à redonner vie à l'équipe Foxtrot. Grâce à cela, une demi-douzaine de personnes ont été affectées au groupe pour se concentrer exclusivement sur le Renard. Aucun chef ne prenait au sérieux les inquiétudes de ce petit groupe de policiers, d'autres affaires passaient en priorité à l'époque, déplorent-ils.

La vague de violence induite par les affaires de ce narcotrafiquant était inévitable, c'était la suite logique sur laquelle ils donnaient l'alerte, en vain. Au lieu de cela, on les a pris pour des collègues agaçants qui n'arrivaient pas à tourner la page. Lors d'un dernier entretien avec Niklas, quand je lui demande ce qu'il pense de l'évolution des choses, il prend un moment pour réfléchir. Puis il déclare que si la police s'est mal organisée, c'est à cause d'une « culture du leadership » qui ne s'inquiète pas de ce genre de problème. Depuis la réorganisation controversée de la police, les crimes sont gérés par les commissariats de région, « sauf dans des cas exceptionnels où l'on peut mobiliser une expertise spécialisée ».

Plusieurs personnes interrogées insistent sur le fait que les chefs sont frileux, qu'ils n'osent pas prendre de décisions et qu'ils ne laissent que peu de place à la coordination des opérations. Le problème, c'est que les crimes associés au Renard ont été traités par différentes régions et zones de police qui ne savent pas toujours tirer mutuellement profit des résultats de leurs enquêtes. Pourtant, les renseignements obtenus par les uns pourraient aider les autres à renforcer leurs soupçons et à établir des conclusions.

Et puis, il y a toujours cet éternel débat sur le fait que la police devrait mettre l'accent sur la lutte contre la violence armée plutôt que sur la répression du trafic de drogue et des questions financières qui en découlent. Cela en dit long sur le manque de compétences techniques au sein de la police pour régler ces questions. Niklas pousse un soupir en rangeant ses affaires pour la prochaine réunion, puis ajoute en me regardant droit dans les yeux :

— Voilà ce qui arrive quand personne n'écoute.

48

Au printemps 2023, juste avant d'envoyer ce livre à l'impression, je reçois des nouvelles du procureur français Alexandre via Signal. Je suis chez moi à Stockholm, il est à son bureau à Lille. Nous revenons sur tout ce qu'il s'est passé depuis le début de l'affaire. Il me raconte que des milliers de personnes ont été condamnées en Europe à la suite de l'enquête qu'il a lancée sur EncroChat, puis sur Sky ECC. Il est satisfait, mais constate en même temps que les grands axes empruntés par la cocaïne depuis l'Amérique du Sud jusqu'à l'Europe n'ont pas été tant affectés que cela. Les itinéraires commerciaux passant par les grands ports du nord de l'Europe restent très empruntés. Pour le moment, il enquête sur le trafic de cocaïne vers les ports français le long de la Manche, où douze à treize tonnes de cocaïne ont été saisies par an au cours des deux dernières années, donc après EncroChat.

— Ça ne cesse d'augmenter, dit-il.

Il suffit de regarder ce qu'il se passe plus à l'est, vers les ports d'Anvers en Belgique et de Rotterdam aux Pays-Bas : les autorités de ces deux pays viennent d'annoncer que cent soixante tonnes de cocaïne – un record historique – ont été saisies dans ces deux ports, et ce rien qu'en 2022. La plus grosse cargaison faisait cent dix tonnes et a été interceptée à Anvers, considérée comme la porte d'entrée principale du trafic de stups vers l'Europe. Elle est à moins d'une heure du pouvoir politique bruxellois, où siège le Parlement européen.

Les deux pays promettent de collaborer de façon continue, ainsi que d'investir pour renforcer les effectifs des douanes et moderniser leur équipement dans cette « guerre contre la drogue ».

— Rien n'a changé. Et la guerre continue, affirme Alexandre.

Le trafic de cocaïne rapporterait plusieurs milliards de couronnes en Suède selon l'ONU, qui estime par ailleurs que sa production mondiale aurait atteint les 1 982 tonnes en 2020.

Un nouveau record malgré la pandémie.

La criminalité organisée met actuellement la Belgique et les Pays-Bas sous pression, et l'on considère que le risque d'infiltration dans la politique et d'autres institutions publiques est élevé. Le ministre belge de la Justice, Vincent Van Quickenborne, également vice-Premier ministre, est contraint d'être escorté par une équipe de sécurité vingt-quatre heures sur vingt-quatre depuis la révélation de projets d'enlèvement visant à se servir de lui pour l'échanger contre un détenu, d'après les médias belges. Il a comparé ce climat de crime organisé à l'État islamique, qui a frappé le pays par deux attentats en mars 2016, faisant trente-deux morts.

— Aujourd'hui, la criminalité organisée est le nouveau terrorisme. C'est très difficile de la combattre, a-t-il déclaré au média *Politico*.

Aux Pays-Bas, des politiciens tiennent le même discours et appellent à de plus fortes répressions contre la mafia qui « affaiblit [leur] système judiciaire démocratique ». Le président du syndicat de la police néerlandaise affirme depuis plusieurs années que le pays est la terre promise de la drogue, où une économie parallèle rivalise avec l'économie officielle, et où des entreprises légales sont récupérées par des criminels pour blanchir leur argent sale. On craint que cela ne fragilise la démocratie et l'économie, et qu'on voie se multiplier les cas de pressions, d'exploitations, les menaces et les meurtres.

Prenons l'exemple du procès dit Marengo, aux Pays-Bas, où le commanditaire présumé du Boxeur, Ridouan Taghi, est inculpé de six meurtres et de plusieurs tentatives d'assassinats. Au cours de ce grand procès de mafia, le frère du témoin-clé et son avocat ont été abattus. Plus tard, le journaliste spécialisé en criminalité Peter R. de Vries, qui avait soutenu le témoin-clé après le meurtre de son avocat, a également été assassiné.

En Suède, la cellule renseignements de la police estime la contrebande de drogue dix fois plus importante que ce qu'on pensait, soit environ cent cinquante tonnes importées chaque année.

— En Suède, la population n'a pas l'habitude des sommes d'argent colossales générées par la drogue et de l'effet que ça a sur les gens, dit un homme impliqué dans l'un des conflits les plus sanglants de cette décennie, et qui apparaît dans certains chats.

Quand je m'adresse aux policiers de toutes les régions de Suède, ils n'observent aucun changement au sein du trafic. L'évolution est plutôt à chercher du côté du niveau de violence, bien qu'à l'heure où j'écris ces lignes, la situation se soit légèrement calmée à Göteborg et à Malmö.

Mais la drogue continue d'affluer pour répondre à la demande. *Rien n'a changé.* Quand je demande à Alexandre s'il reste optimiste malgré le fait que les saisies sont en augmentation, il invoque la menace que cela représente pour les institutions publiques. Pour lui, « la démocratie est en danger ». C'est pourquoi « nous devons focaliser notre lutte contre le poison de la criminalité organisée ».

— Il faut rester optimiste, ambitieux et engagé. Et on s'occupera de ceux qui prendront la relève, affirme-t-il avant d'ajouter que l'opération menée en valait la peine, évidemment.

Des milliers de personnes ont été arrêtées et une centaine de meurtres ont été déjoués. Des tonnes de stups ont été saisies, ainsi que des centaines de millions d'euros gagnés par le deal. Par-dessus tout, une vaste masse de renseignements a été recueillie grâce à EncroChat, Sky ECC et Anom. Il appelle cela une « mine d'or ».

En même temps, la pègre est en ébullition en Suède, avec des auteurs et des victimes de fusillades de plus en plus jeunes. Les criminels plus âgés qualifient le climat de chaotique.

— Mes avocats plaisantent souvent en me disant que si on me libérait, je ramènerais la paix à Södertälje en l'espace de quelques heures, dit Berno Khouri, du réseau de Södertälje, sa ville natale secouée par sept fusillades mortelles en 2022.

Plusieurs chefs de gang écroués en Suède prétendent entretenir de bonnes relations avec le Renard. En même temps, certains considèrent que ses jours sont comptés. Après les victimes collatérales, les divisions en interne et les dettes induites par les grosses saisies policières, la réputation du Renard a pris un coup, il a perdu de son image de partenaire commercial fiable.

— À mon avis, il ne tiendra plus très longtemps. En fait, j'en suis même sûr, dit une ancienne figure de la pègre.

Un autre chef de gang, qui purge actuellement une longue peine, est sceptique quand il voit tous les innocents pénalisés.

— Quand j'étais dehors, on suivait des règles strictes. On n'aurait jamais osé mêler des innocents à nos conflits.

Lui-même est condamné pour avoir participé à des fusillades mortelles, et certains de ses amis ont perdu la vie dans ce contexte. Face à la situation actuelle, il se dit déçu par ses pairs. Mais à partir du printemps 2024, « une vingtaine d'amis » sortiront de prison, première vague de libérations à la suite des affaires liées aux messageries chiffrées. À ce moment-là, selon lui, il y aura du changement.

Mais quel genre de changement ? Toute la question est là.

À PROPOS

Les travaux de *Décrypté* ont réellement débuté à l'été 2020, quand le démantèlement d'EncroChat a été rendu public. J'ai alors commencé à rapporter les perquisitions, notamment contre le Boxeur, puis j'ai suivi le procès du réseau de Vårby et l'enlèvement d'Einár, pour lequel des membres de différents réseaux ont été condamnés à de lourdes peines en grande partie grâce aux preuves tirées d'EncroChat. Il paraissait évident que les criminels se croyaient à l'abri. Le leader Chihab Lamouri, qui se cachait alors en Espagne, n'hésitait pas à envoyer des selfies de lui dans les chats.

Ma première interview pour ce livre remonte à décembre 2021. C'était avec le procureur français Alexandre, alors en visite en Suède pour rencontrer des homologues suédois. À partir de là, j'ai lu des rapports d'enquête, des jugements, des milliers de pages en tout, et j'ai réalisé plus d'une centaine d'interviews avec des personnes dispersées dans tout le pays et à l'étranger.

Le plus difficile aura été d'obtenir un aperçu du travail qu'abattait la police autour des messageries chiffrées. Les enquêtes étaient confidentielles, seule une poignée de personnes pouvaient être tenues informées. J'ai donc passé des heures à interroger longuement différents acteurs de la justice, en particulier des policiers, mais aussi des procureurs et des avocats pour mieux comprendre mon sujet.

En ce qui concerne le travail de la NOA, personne n'avait de vue d'ensemble, il m'a fallu la créer à partir de mes interviews. J'ai dû franchir les nombreux niveaux des cellules renseignements avant d'atteindre enfin Putte et Cattis, deux agents qui ont travaillé sur les premières informations obtenues par EncroChat.

Pour mieux comprendre la complexité des réseaux, les nombreuses strates hiérarchiques et décrypter les innombrables indices tels que les bordereaux d'expédition ou la façon, par exemple, dont le chat Spex a permis à la police d'arrêter des complices du Renard ou de Rivkin, j'ai reçu l'aide précieuse de différentes personnes qui ont pris le temps de tout m'expliquer. J'ai également passé plus d'un an à rassembler les pièces du puzzle pour comprendre les motifs des uns et des autres en interrogeant et en correspondant avec une vingtaine d'individus, condamnés, recherchés ou impliqués d'une façon ou d'une autre. J'ai modifié certains noms et détails pour protéger plusieurs de mes sources. Nombre de ceux dont je parle n'ont pas répondu à mes tentatives de prise de contact ou ont refusé de coopérer.

J'ai eu la chance de recevoir le soutien de certains proches, notamment de Sascha, de la mère d'Adriana ou encore de l'entourage de Shayan Gaff, pour mettre des mots sur la tragédie qu'ils traversaient.

Ou plutôt devrais-je dire sur la tragédie que traverse toute la Suède.

Après la Seconde Guerre mondiale, les gens ont été choqués de découvrir que des personnes socialement correctes avaient pu commettre des crimes impardonnables, dont des meurtres et des tortures de civils. Plus tard, le psychologue Stanley Milgram s'est intéressé à ce phénomène et a réalisé des expériences à l'université de Yale, devenues célèbres. Il s'agissait notamment d'étudier la soumission à l'autorité de certains sujets et de leur propension à commettre des actes qu'ils n'auraient jamais commis en d'autres circonstances pour des questions éthiques. Dans son expérience la plus connue, il demande à ses sujets de faire subir des décharges électriques – qu'ils pensent réelles – à une personne installée dans la pièce voisine. L'ensemble des quarante participants – tous des hommes – ont administré, sous les encouragements d'une autorité incarnée par un scientifique, des décharges électriques potentiellement mortelles pour l'humain.

Quand on pense à ces expériences, on est moins surpris à l'idée que de nombreux individus aient été prêts à ôter la vie à d'autres, même sans rémunération, comme ce fut le cas pour la tentative de meurtre de Peter par un adolescent de 16 ans à Viksjö ou par le jeune de 17 ans qui a ouvert le feu devant la maison de Maykil à Västerås. Cependant, les recherches n'expliquent pas encore comment un adulte peut pousser un enfant au meurtre avec des injonctions du type : « Arrête de te dégonfler. »

Je repense à tous les meurtres qu'on a suivis, tout le trafic de stups en cours, à tous les petits entrepreneurs et les riverains de quartiers résidentiels qui servent de coursiers et de dealers. Je vois toutes les personnes qui passent commande sur le darknet, bien à l'écart de toutes les violences qu'elles financent. Il y a aussi les changeurs qui permettent de convertir en cryptomonnaie ou d'investir l'argent des crimes en produits de luxe ou en logements, en Suède comme à l'étranger.

La police constate de nouvelles alliances, des conflits internes aux réseaux, toutes les opérations coordonnées depuis l'étranger, notamment la Turquie. Et tout en bas de la chaîne, les « enfants soldats », des ados tueurs à gages prêts à assurer leur prochaine mission. Un jeune issu du milieu de la drogue me raconte qu'il y a une seule explication à l'exploitation des enfants : le durcissement des lois sur les armes pousse les adultes à prendre moins de risques, préférant laisser les « gosses » prendre les armes à leur place.

L'afflux de nouveaux enfants enrôlés est tellement constant que les autorités ont du mal à se tenir à jour. Cela ne concerne pas seulement les gamins des quartiers défavorisés, qui constituent la grande majorité des réseaux les plus violents, mais aussi des jeunes de classe moyenne aux parents d'origine suédoise. Et puis, il y a aussi des filles, qui y voient l'opportunité de gagner de l'argent.

La culture des gangs attire, d'autant plus au travers de la musique rap.

Un chef de gang condamné pour meurtre se dit agacé de ne plus avoir de contrôle sur les jeunes. Ils se gèrent tout seuls et surjouent la culture machiste qu'ils ont constatée chez leurs aînés, au point de vouloir se venger « en tuant des gens pour des broutilles ».

Un autre leader constate que les chats eux-mêmes ont entraîné de nouveaux conflits et que « le sang appelle le sang ».

Pour ma part, je suis frappé par le nombre affolant d'adolescents prêts à mourir ou à tuer. Et, en même temps, à l'heure où j'écris ces lignes, des tonnes de stups se dirigent vers les frontières de la Suède à bord de bateaux de pêche, de cargos et de camions.

REMERCIEMENTS

Avant toute chose, je tiens à remercier ma femme Linda et ma fille Agnes, venue au monde alors que ce livre n'était encore qu'un amas d'informations, de noms et de détails en vrac. En pleine découverte de la vie de jeune parent, j'ai entrepris le projet le plus complexe qui ait jamais pesé sur mes épaules. L'obsession que ce livre suscitait chez moi ne t'a pas toujours réjouie, mais tu as tenu bon et assumé cette énorme responsabilité. Je t'en serai éternellement reconnaissant.

Bien entendu, j'ai une profonde gratitude pour tous ceux qui ont accepté de répondre à mes questions, souvent à plusieurs reprises, pour m'aider à comprendre et à assurer l'exactitude des faits relatés. Vous étiez policiers, procureurs, familles, avocats, gardiens de prison et condamnés ou recherchés. Au fond, je suis convaincu que vous rêvez tous d'une société plus sûre pour vos proches.

J'aimerais remercier mon employeur, la SVT, qui me donne l'opportunité de pousser le métier de journaliste au point de révéler la partie immergée de l'iceberg au lieu de me contenter de ce qu'il nous laisse voir en surface.

En tant que jeune papa, j'ai eu la chance d'être récompensé par la fondation Natur & Kultur, qui m'a remis le prix du livre de débat, et je lui en suis extrêmement reconnaissant.

Enfin, je remercie profondément toute la maison d'édition Mondial pour m'avoir porté tout au long de ce travail. Un merci tout particulier à Gustav et Anton, vous êtes les meilleurs, et, associés à Olle et Simon, vous avez veillé à ce que ce récit touche un maximum de gens. En coulisses, Emma m'a apporté un soutien de tous les instants, avec le soutien précieux d'Adam, Alba, Nikki et Matilda, avec qui j'ai le plus travaillé.

Évidemment, il reste encore beaucoup de monde à remercier, mais je citerai mes collègues qui se sont relayés pour vérifier ma boîte aux lettres et ma famille qui m'a soutenu de toutes les manières possibles.

C'est vous tous qui avez rendu ça possible.

Diamant Salihu
Stockholm, mars 2023

L'AUTEUR

Diamant Salihu, d'origine albanaise et né dans l'actuel Kosovo, est un journaliste et auteur suédois spécialisé dans l'investigation du crime de gangs autour de Stockholm.

Salihu a été reporter pour différents médias suédois dont le journal *Expressen*, pour lequel il a été correspondant à Londres et à New York. Depuis 2017, il est reporter pour *Sveriges Television*, chaîne de télévision nationale suédoise, et travaille pour *Uppdrag granskning*, une émission de journalisme d'investigation.

En 2021, Salihu publie le livre d'enquête *Tills alla dör* sur les conflits entre différents gangs à Järvafältet. La même année, il reçoit le prix Stora Journalistpriset dans la catégorie Voix de l'année pour son travail sur la violence des gangs. En 2022, il poursuit son enquête sur les conséquences des guerres de gangs dans la région de Järva, pour l'émission *Våra barn dör* de la *SVT*.

Il a reçu de nombreux prix pour son travail :

- Stora Journalistpriset, catégorie voix de l'année (le plus grand prix de journalisme en Suède)
- Guldspaden (meilleur journaliste d'investigation)
- Natur & Kulturs big Non-Fiction prize (le plus grand prix de non-fiction en Suède)
- Wendelapriset (meilleur travail journalistique)
- Bernspriset (prix littéraire suédois)

En 2023, il publie son deuxième livre, *Décrypté*.

51-8866-2/01
ISBN : 978-2-01-723470-8
Dépôt légal : mai 2024
Achevé d'imprimer en mai 2024 par Grafica Veneta en Italie.

PAPIER À BASE DE
FIBRES CERTIFIÉES

hachette s'engage pour l'environnement en réduisant l'empreinte carbone de ses livres. Celle de cet exemplaire est de :
750 g éq. CO_2
Rendez-vous sur
www.hachette-durable.fr